应用型高等教育"十三五"规划教材

工 程 力 学

主　编　高　健
副主编　李　颖　陈敏志
主　审　蔡　新

中国水利水电出版社
www.waterpub.com.cn
·北　京·

内 容 简 介

本书概括介绍工程力学基本原理，重点介绍工程力学基本概念及基本计算方法，内容涵盖了理论力学的静力学和材料力学的主要内容，共分为 11 章，包括：绪论、工程力学基础、平面力系、空间力系、平面图形的几何性质、杆件的内力分析、轴向拉伸和压缩的强度计算、扭转的强度和刚度计算、梁的强度和刚度计算、杆件在组合变形下的强度计算、压杆的稳定计算，内容相互协调，减少不必要的重复。本书每章都配有一定数量的思考题和习题，以助于学生学习掌握有关知识。带 ＊ 号部分为不同专业选修内容。

为了帮助学生学习和加深理解，与课程教材配套有丰富的网络教学资源（工程力学精品课程网站：http://gclx.jpkc.cc/），便于教与学。

本书可作为高等院校工程水文、给排水工程与科学、工程管理、工程造价、环境、安全、采矿、暖通、地质、测量、冶金、化工及电类等专业中、少学时本科生和高职高专与成人高校师生、网络教育的教材或教学参考书，也可供相关工程技术人员参考。

图书在版编目（CIP）数据

工程力学 / 高健主编. -- 北京：中国水利水电出版社，2017.8（2022.7重印）
应用型高等教育"十三五"规划教材
ISBN 978-7-5170-5589-1

Ⅰ．①工… Ⅱ．①高… Ⅲ．①工程力学－高等学校－教材 Ⅳ．①TB12

中国版本图书馆CIP数据核字（2017）第167301号

书　　名	工程力学　GONGCHENG LIXUE
作　　者	主编　高健　副主编　李颖　陈敏志　主审　蔡新
出版发行	中国水利水电出版社
	（北京市海淀区玉渊潭南路 1 号 D 座　100038）
	网址：www.waterpub.com.cn
	E-mail：zhiboshangshu@163.com
	电话：（010）62572966-2205/2266/2201（营销中心）
经　　售	北京科水图书销售有限公司
	电话：（010）68545874、63202643
	全国各地新华书店和相关出版物销售网点
排　　版	北京鑫联必升文化发展有限公司
印　　刷	三河市龙大印装有限公司
规　　格	185mm×260mm　16 开本　17 印张　323 千字
版　　次	2017 年 8 月第 1 版　2022 年 7 月第 3 次印刷
印　　数	5001—7000册
定　　价	49.00元

前　言

本书依据本科工程类专业《工程力学》课程中、少学时教学计划和教学基本要求编写。本书可作为工程水文、给排水工程与科学、工程管理、工程造价、环境、安全、采矿、暖通、地质、测量、冶金、化工及电类等专业中、少学时本科生和高职高专与成人高校师生、网络教育的教材或教学参考书，也可供相关工程技术人员参考。

本书贯彻教育改革精神，突出新工科及工程应用型本科专业人才培养特点，以能力素质的培养为指导思想，对原有工程力学课程的教学内容、课程体系加以进一步分析和研究，在确保基本要求的前提下，删去了一些偏难、偏深的内容，不失课程理论系统性，着重基本概念和结论的工程应用，例题、习题结合工程实际，重视对学生工程意识和力学素养的训练和培养。

本书概括介绍工程力学基本原理，重点介绍工程力学基本概念及基本计算方法，分为工程静力学（包括工程力学基础、平面力系、空间力系等）和工程材料力学（包括基本变形杆件的内力分析和强度、刚度计算，压杆稳定和组合变形杆件的强度、刚度计算）两个部分，内容相互协调，减少不必要的重复。本书共分为 11 章，每章都附有一定数量的思考题和习题，以助于学生学习掌握有关知识。加 * 号部分为不同专业选修内容。

本书由浙江水利水电学院高健教授担任主编，李颖、陈敏志担任副主编，朱海东、余学芳参加了本书的编写工作。

本书承蒙河海大学、南京水利科学研究院博士生导师蔡新教授主审，对本书内容的正确性、合理性、实用性作全面审定，在此深表感谢！在此还要感谢对本书编写过程中给予大力支持与帮助的老师和同行们。

由于编者水平有限，本书难免有不妥之处，恳切希望读者予以批评指正。

编　者

2017 年 6 月

目 录

第 1 章

绪　论

1-1　工程力学的研究内容及其任务

1-1-1　工程力学的研究内容及其任务

工程力学（engineering mechanics）涉及众多的力学学科分支与广泛的工程技术领域。作为高等工科院校的一门技术基础课程，本书所论之"工程力学"只包含"工程静力学"（analysis of engineering statics）和"材料力学"（mechanics of materials）两部分内容。

"工程静力学"主要研究力的基本性质、物体受力分析的基本方法及物体在力系的作用下处于平衡的条件。在结构的设计与施工中，需要用到工程静力学的知识。如在设计厂房时，就要先分析屋架、吊车梁、柱、基础等构件受到哪些力的作用，需对它们分别进行受力分析。这些力中的大部分力是未知的，这些构件是在所有这些力的作用下处于平衡的，应用力系的平衡条件，可求出未知的那部分力。而要掌握力系的平衡条件，就要研究力的基本性质，研究力系的合成规律。只有应用工程静力学原理对构件进行受力分析并算出这些力，才能进一步设计这些构件的截面尺寸及钢筋配置情况等。

"材料力学"研究在外力的作用下，工程基本构件内部将产生什么力，这些力是怎样分布的；将发生什么变形，以及这些变形对于工程构件的正常工作将会产生什么影响。材料力学以杆、轴、梁等物体（统称构件）为研究对象，假设这些构件的材料是由均匀、连续且具有各向同性的线性弹性物质所构成，主要研究构件在外力作用下的应力、变形和能量，以及材料在外力和温度共同作用下所表现出的力学性能和失效行为。材料力学是工程设计的重要组成部分，即设计出杆状构件或零部件的合理形状和尺寸，以保证它们具有足够的强度、刚度和稳定性。在研究中，仅限于材料的宏观力学行为，不涉及材料的微观机理。

工程实际中，构件在工作时，荷载过大会使其丧失正常的工作能力，这种现象称为失效或破坏。为使构件在荷载作用下能正常工作而不破坏，也不发生过大的变形和不丧失稳定，要求构件满足三方面的要求，即强度要求、刚度要求、稳定性要求。

所谓强度（strength）是指构件受力后不发生破坏或不产生不可恢复的

变形的能力；所谓刚度（rigidity）是指构件受力后不发生超过工程允许的弹性变形的能力；所谓稳定性（stability）是指构件在压缩荷载的作用下，保持原有平衡状态的能力（细长直杆在轴向压力作用下，当压力超过一定数值时，在外界扰动下，杆会突然从直线平衡形式转变为弯曲的平衡形式）。

工程力学课程的任务就是讲授完成工程设计所需的基础知识，分析并确定构件所受各种外力的大小和方向；研究在外力作用下构件的内部受力、变形和失效的规律；提出保证构件具有足够强度、刚度和稳定性的设计准则与设计方法。

1-1-2　工程力学的研究对象

实际工程构件受力后，几何形状和几何尺寸都要发生改变，这种改变称为变形，这些构件统称为变形体（deformation body）。

当研究构件的受力时，在大多数情形下，变形都比较小，忽略这种变形对构件的受力分析不会产生什么影响。因此，在工程静力学中，可以将变形体简化为不变形的刚体（rigidity body）。

当研究作用在物体上的力与变形规律时，即使变形很小，也不能忽略。但是在研究变形问题的过程中，当涉及平衡问题时，大部分情形下依然可以沿用刚体模型。

例如，图 1-1（a）所示之塔式吊车。起吊重物后，组成塔吊的各杆件都要发生变形，这时可以认为塔吊是变形体。但是，如果仅研究保持塔吊平衡时重物质量与配重之间的关系时，又可以将塔吊整体视为刚体，如图 1-1（b）所示。

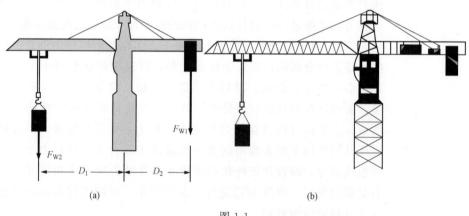

图 1-1

工程构件各式各样，但是构件的几何形状和几何尺寸可以大致分为杆、板、壳和块体等几类。

1）若构件在某一方向上的尺寸比其余两个方向上的尺寸大得多，则称为杆（bar）。梁（beam）、轴（shaft）、柱（column）等均属杆类构件，如图 1-2（a）中 $l \geqslant b$ 与 h 的构件。杆横截面中心的连线称为轴线。轴线为直线者称为直杆；轴线为曲线者称为曲杆。所有横截面形状和尺寸都相同者称为等截面杆；不同者称为变截面杆。

2）若构件在某一方向上的尺寸比其余两个方向上的尺寸小得多，为平面形状者称为板；为曲面形状者称为壳（shells），穹形屋顶、化工容器等均属此类，如图 1-2（b）所示中 $h \leqslant a$ 与 b 的平板和双曲扁壳。

3）若构件在三个方向上具有同一量级的尺寸，则称为块体（body）。水坝、建筑结构物基础等均属此类，如图 1-2（c）所示的块体。

本课程仅以等截面直杆（简称等直杆）作为研究对象。壳以及块体的研究属于"板壳理论"和"弹性力学"课程的范畴。

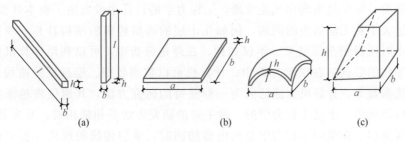

图 1-2

1-1-3 工程力学的研究方法

理论分析、试验分析和计算机分析是工程力学中三种主要的研究方法。

理论分析是以基本概念和定理为基础，经过严密的数学推演，得出问题的解析解答。它是广泛使用的一种方法。理论方法包括：①人们通过观察生活和生产实践中的各种现象，进行多次的科学试验，经过分析、综合和归纳，总结出力学的基本规律。例如，远在古代，人们为了提水制造了辘轳；为了搬运重物，使用了杠杆、斜面和滑轮等。制造和使用这些生活和生产工具，使人类对于机械运动有了初步的认识，并积累了大量的经验，经过分析、综合和归纳，逐渐形成了如"力"和"力矩"的基本概念，以及"二力平衡""杠杆原理""力的平行四边形法则"和"万有引力定律"等力学的基本规律。②在对事物观察和实验的基础上，经过抽象化建立力学模型，形成概念，在基本规律的基础上，经过逻辑推理和数学演绎，建立理论体系。如在工程静力学中，忽略物体的微小变形，把物体简化为刚体；在材料力学中，轴向拉压杆件受轴向力的平面假设，以及扭转轴受扭矩时的平面假设等。这种抽象化、理想化的方法，既简化了所研究的问题，同时也深刻地反映了事物的本质。需要注意的是，任何抽象化的模型都是相对的，当条件发生变化时，必须考虑影响事物的新的因素，建立新的模型。例如，在研究物体受外力作用而平衡时，可以忽略物体形状的改变，采用刚体模型；但要分析物体内部的受力状态或解决一些复杂物体系的平衡问题时，必须考虑物体的变形，则采用变形体模型。③将理论用于实践，在认识世界、改造世界中不断得到验证和发展。

试验方法就是以实验手段对各种力学问题进行分析研究，得到第一性的认识并总结出规律（定理、定律、公式、理论），建立以力学模型为表征的理论，并为解决工程问题作出贡献。例如，在静力学中，通过试验可测得两种材料的摩擦系数，在动力学中通过试验可以测得刚体的转动惯量等；材料力学中，材料的力学性能还可以通过试验测定；此外，经过简化得出的结论是否可信，也要由试验来验证；对于现有理论还不能解决的某些复杂的工程力学问题，有时要依靠试验方法得以解决。因此，试验方法在工程力学中占有重要地位。

随着计算机的出现和飞速发展，工程力学的计算手段发生了根本性变化，许多过去手算无法解决的问题，例如几十层的高层建筑的结构计算，现在仅用几小时便得到全部结果。不仅如此，在理论分析中，可以利用计算机推导难于导出的公式；在试验分析中，计算机可以整理数据、绘制试验曲线、选用最优参数等。计算机方法已成为一种独特的研究方法，其地位将越来越重要。应该指出，上述工程力学的三种主要的研究方法是相辅相成、互为补充、互相促进的。在学习工程力学经典内容的同时，掌握传统的理论分析与试验分析方法是很重要的，因为它是进一步学习工程力学其他内容以及掌握计算机分析方法的基础。

1-1-4　工程力学的学习方法

工程力学系统比较强，各部分有比较紧密的联系，学习时要循序渐进，并及时解决不清楚的问题。

要注意深入体会和掌握一些基本概念，不仅掌握公式的推导，还应理解其物理意义。

要注意各个章节的主要内容和重点；要注意有关概念的来源、含义和用途；要注意各个章节之间在内容和分析问题的方法上有什么不同，又有什么联系。要学会思考，善于发现问题，并加以解决。

做习题是运用基本理论解决实际问题的一种基本训练。要注意例题的分析方法和解题步骤，从中得到启发。通过做题，可以较深入地理解和掌握一些基本概念和基本理论。既要做足够数量的习题，更要重视做题的质量。

要学会从一般实际问题中抽象出力学问题，进行理论分析。在分析中，要力求做到既能做定性的分析，又能做定量的计算。

1-1-5　力学的发展

力学和天文学是最早形成的两门自然学科。17 世纪牛顿奠定了经典力学的基础，随后得到快速发展，到 19 世纪末，力学已发展到很高的水平。从此开始了工程技术问题的结合。进入 20 世纪，力学在诸多工程技术的发展中起着重要、甚至是关键的作用，对人类文明起了极大的推动作用。力学的参与而形成的工程或技术科学有：航空航天技术的科学、船舶工程科学、土木工程科学（包含水力工程）、机械工程科学、运输工程科学、能源技术科学、海洋科学、地矿科学以及兵器工程科学等；以及诸多高新技术无不与力学密切相关，如长江三峡工程、杭州跨海大桥、动车组提速、"嫦娥奔月""神七"飞天等。

我国历史悠久，很早就发明和利用了杠杆、斜面和滑轮等简单机械。《墨经》中就有关于力学的论述，如力的定义、重心和力矩的概念、柔索不能抵抗弯曲等。公元前 250 年，在秦国蜀郡太守李冰的领导下建成了至今仍闻名中外的都江堰。公元 31 年，东汉时的杜诗创造了水排，这是世界上最早的水利机械。公元 132 年，东汉的张衡发明了精密度很高的候风地动仪，这是世界上最早的地震仪。在建筑方面，隋代工匠李春建造的赵州桥（图 1-3，在河北赵县），拱券净跨度达 37.4m，券高只有 7m，拱极平缓，桥两端还做了小券拱，既节省材料，减轻自重，增加美观，还可宣泄洪水，增加桥的安全。桥宽从两端向中间逐渐减小，使两旁各券拱向内倾斜，大大加强了桥的稳定性。公元 3 世纪，我国已出现了铁索桥；大渡河上的泸定铁索桥，建于 17 世纪末，净长百米，至今完好无损（图 1-4）。建筑技术方面的重要著作有北宋初年木工喻皓的《木经》，以及李诫于 1100 年主编写成的《营造法式》，这是世界上最早最完备的建筑学专著，它总结了结构的力学分析和计算，统一了建筑规范。斗拱（图 1-5）是我国木工创造的，它可以增大支点接触面积，并减小木梁的跨度。山西应县至今保存完好的木塔（图 1-6），高 67m，建于 1056 年，塔中有五十多种形式的斗拱。新中国成立以来，我国各项建筑与力学相互促进，取得了很多杰出的成就。铁路工程技术方面，如著名的南京长江大桥和世界最长的行车铁路两用吊桥香港青马大桥（图 1-7），以及青藏铁路（图 1-8）、京沪高铁等，说明我国铁路工程技术已达到相当高的水平。在公路建设方面，建成了川藏、青藏、新藏公路，著名的上海杨浦大桥（主跨 602m），江阴长江公路大桥（主跨 1385m）及杭州湾跨海大桥（图 1-9）等。在航天建设方面，1970 年成功地发射了第一颗人造地球卫星，后又多次实现了卫星的回收；2007 年发射了嫦娥一号月球探测卫星；2003 年第一次成功发射了神舟七号载人飞船（图 1-10）。在房屋建筑方面，如上海金茂大厦（图 1-11）等。在水利水电建设方面，有荆州分洪工程及遍布在黄河、长江等大小河流上的水电站，如长江葛洲坝水电站、长江三峡水电站（图 1-12）等。此外，我国的现代机械机电工业、汽车工业、造船工业、航空工业等也都从无到有地逐步建立起来。

图1-3 赵州桥

图1-4 泸定铁索桥

图1-5 斗拱

图1-6 山西应县木塔

图1-7 香港青马大桥

图1-8 青藏铁路

图 1-9　杭州湾跨海大桥

图 1-10　神州七号载人飞船

图 1-11　上海金茂大厦

图 1-12　长江三峡水电站

　　当前，各种新型结构不断涌现，地震、冲击波、风压力、水压力和机器振动等对结构的影响，都对力学工作者提出了许多新的问题。许多力学课题的解决，表明了我国力学科学水平的提高。在实现科学现代化的进程中，还会有更多的力学课题等待我们去解决。同时应看到，与世界先进水平相比，我们还有不小的差距，应坚持不懈，努力促进我国力学的更大发展。

1-2　荷载的分类与组合

1-2-1　荷载的分类

　　实际的工程结构由于其作用和工作条件的不同，作用在它们上面的力是多种多样的。广义地讲，作用在结构上的荷载和其他外来作用，都可以称为结构的荷载。如图 1-13 所示为房屋结构的屋架，屋架所受到的力有：屋面的自重传给屋架的力、屋架本身的自重、风及雪的压力，以及两端柱或砖墙的支承力等。

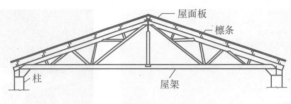

图 1-13

在工程力学中，我们把作用在物体上的力一般分为两种：一种是使物体运动或使物体有运动趋势的主动力，例如重力、风压力等；另一种是阻碍物体运动的约束力，这里所谓约束，就是指能够限制某构件运动（包括移动、转动）的其他物体（如支承屋架的柱）。而约束作用于被约束构件上的力就称为约束力（例如，柱对屋架的支承力）。

通常把作用在结构上的主动力称为荷载，而把约束力称为反力。荷载与反力是互相对立又互相依存的一个矛盾的两个方面。它们都是其他物体作用在结构上的力，所以又统称为外力。在外力作用下，结构内（如屋架内）各部分之间将产生相互作用的力称为内力。结构的强度和刚度问题，都直接与内力有关，而内力又是由外力所引起和确定的。在结构设计中，首先要分析和计算作用在结构上的外力，然后进一步计算结构中的内力。因此，合理地确定结构所受的荷载，是进行结构受力分析的前提。如将荷载估计过大，则设计的结构尺寸将偏大，造成浪费；如将荷载估计过小，则设计的结构不够安全。

本节主要讨论作用在结构上的荷载。在工程实际中，结构受到的荷载是多种多样的，为了便于分析，将从不同的角度，对荷载进行分类。

1. 荷载按其作用在结构上的时间久暂分为恒载和活载

（1）恒载

恒载是指作用在结构上的不变荷载，即在结构建成以后，其大小和位置都不再发生变化的荷载，例如，构件的自重和土压力等。构件的自重可根据构件尺寸和材料的密度进行计算。例如，截面为 $20cm \times 50cm$ 的钢筋混凝土梁，总长为 6m，已知钢筋混凝土的密度 $\rho = 2450kg/m^3$，则梁的重力为

$$G = \rho g V = 2450 \times 9.8 \times 0.2 \times 0.5 \times 6N = 14\ 406N$$

式中，ρ——密度，即构件材料单位体积的质量，kg/m^3；

V——构件的体积，m^3，

g——重力加速度（$g = 9.8m/s^2$）。

总重力除以长度就得该梁每米长度的重力，单位为 N/m，称线荷载，以 q 表示

$$q = \frac{14\ 406}{6} = 2401N/m$$

楼板每平方米的重力称面荷载，用 p 表示，单位为 N/m^2。例如，8cm 厚的钢筋混凝土楼板，其面荷载为

$$p = \rho g \times 0.08 = 2450 \times 9.8 \times 0.08 = 1920.8 \text{N/m}^2$$

重力的单位也可用"kN"来表示（1kN＝1000N）。

（2）活载

活荷载是指在施工和建成后使用期间可能作用在结构上的可变荷载。所谓可变荷载，就是这种荷载有时存在、有时不存在，它们的作用位置及范围可能是固定的（如风荷载、雪荷载、仓库中堆放的货物等），也可能是移动的（如吊车荷载、桥梁上行驶的车辆、会议室的人群等）。不同类型的房屋建筑，因其使用情况不同，活荷载的大小就不相同。各种常用的活荷载，在《建筑结构荷载规范》中都有详细规定，并以每平方米面积的荷载来表示。例如，住宅、办公楼、托儿所、医院病房、会议室等民用建筑的楼面活荷载，目前规范定为 2000N/m^2。

2. 荷载按其作用在结构上的分布情况分为分布荷载和集中荷载

（1）分布荷载

分布荷载是指满布在结构某一表面上的荷载，又可分为均布荷载和非均布荷载两种。

图 1-14（a）所示为梁的自重，荷载连续作用，大小各处相同，这种荷载称为均布荷载。梁的自重是以每米长度重力来表示，单位是 N/m 或 kN/m，又称为线均布荷载。图 1-14（b）所示为板的自重也是均布荷载，它是以每平方米面积重力来表示的，单位是 N/m^2 或 kN/m^2，故又称为面均布荷载。图 1-14（c）所示为一水池，壁板受到水压力的作用，水压力的大小是与水的深度成正比的，这种荷载形成一个三角形的分布规律，即荷载连续作用，但大小各处不相同，称为非均布荷载。

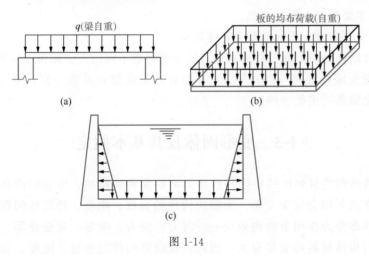

图 1-14

（2）集中荷载

集中荷载是指作用在结构上的荷载一般总是分布在一定的面积上，当分布面积远小于结构的尺寸时，则可认为此荷载是作用在结构的一点上，称为集中荷载。例如，汽车通过轮胎作用在桥面上的力、吊车的轮子对吊车梁的

压力、屋架传给柱子或砖墙的压力等，都可认为是集中荷载。其单位一般用 N 或 kN 来表示。

3．荷载按其作用在结构上的性质分为静荷载和动荷载

（1）静荷载

静荷载是指荷载从零慢慢增加至最后的确定数值后，其大小、位置和方向就不再随时间而变化，这样的荷载称为静荷载。如结构的自重、一般的活荷载等。

（2）动荷载

动荷载是指荷载的大小、位置、方向随时间的变化而迅速变化，称为动荷载。在这种荷载作用下，结构产生显著的加速度，因此，必须考虑惯性力的影响。如动力机械产生的荷载、波浪压力、地震力等。

以上是从三种不同角度将荷载分为三类，但它们不是孤立无关的，例如，结构的自重，它既是恒载，又是分布荷载，也是静荷载。

1-2-2　荷载的组合

通常在工程结构设计中，又把荷载分为主要荷载、附加荷载和特殊荷载三种。主要荷载是结构在正常使用条件下经常作用的荷载，如自重、土压力、水压力等。附加荷载是不经常出现的临时荷载，如施工中吊车的移动荷载等。特殊荷载是在特殊情况下出现的荷载，如地震、爆炸冲击波等。

在结构设计中，需要按各种荷载出现的实际可能性加以组合。根据不同的工程领域，按结构在不同时期所承担的任务，有不同的荷载组合，一般情况下采用如下组合：

1）主要荷载。

2）主要荷载＋附加荷载。

3）主要荷载＋附加荷载＋特殊荷载。

设计结构时对上面三种荷载组合应分别考虑不同的安全储备。对第 1）种组合，安全储备应高一些；第 2）种组合，安全储备可低一些；第 3）种组合，安全储备可更低一些。

1-3　变形固体及其基本假定

构件所用的材料虽然在物理性质方面是多种多样的，但它们的共同点是在外力作用下均会发生变形。为解决构件的强度、刚度、稳定性问题，需要研究构件在外力作用下的内效应——内力、应力、变形、应变能等。这些内效应又与构件材料的变形有关。因此，在研究构件的强度、刚度、稳定性问题时，不能将物体看作为刚体，而应将组成构件的固体材料视为可变形固体。在进行理论分析时，为使问题得到简化，对材料的性质作如下的基本假设。

（1）连续性假设

认为在材料体积内部充满了物质，密实而无孔隙。在此假设下，物体内的一些物理量才能用坐标的连续函数表示它们的变化规律。实际上，可变形固体内部存在气孔、杂质等缺陷，但其与构件尺寸相比极为微小，可忽略不计。

（2）均匀性假设

认为材料内部各部分的力学性能是完全相同的。所以，在研究构件时，可取构件内任意的微小部分作为研究对象。

（3）各向同性假设

对于各向同性的材料（如钢材、铸铁、玻璃、混凝土等），认为材料沿各个方向的力学性能完全相同，即物体的力学性能不随方向的不同而改变，对这类材料从不同方向作理论分析时，可得到相同的结论。

有的材料沿不同方向表现出不同的力学性能，如木材、竹材、复合材料，称这种材料为各向异性材料。本书着重研究的是各向同性的材料。

构件在受外力作用的同时将发生变形。在撤除外力后构件能恢复的变形部分称为弹性变形，而不能恢复的变形部分称为塑性变形。在工程实际中，常用的钢材、铸铁、混凝土等材料制成的构件在外力作用下的弹性变形与构件整个尺寸相比是微小的，所以，称之为小变形。在弹性变形范围内作静力分析时，构件的长度可按原始尺寸进行计算。

综上所述，当对构件进行强度、刚度、稳定性等力学方面的研究时，把构件材料看作连续、均匀、各向同性、在弹性范围内和小变形情况下工作的可变形固体。

1-4　杆件的几何特性与基本变形形式

工程力学在研究杆件的强度、刚度和稳定性问题时，首先要了解杆件的几何特性及其基本变形形式。

1-4-1　杆件的几何特性

杆件的长度方向称为纵向，垂直长度的方向称为横向。工程上经常遇到的杆件是指纵向尺寸较横向尺寸为大得多的杆件。在实际工程中的梁、柱等构件就是典型的杆件实例。

杆件有两个常用到的几何元素：横截面和轴线。前者指垂直杆件长度方向的截面，后者为各横截面形中心的连线，两者具有互相垂直的关系，如图1-15 所示。

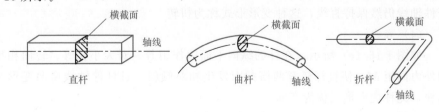

图 1-15

按杆件轴线的形状，分为直杆、曲杆和折杆。而等直杆就是轴线为直线且横截面形状、尺寸均不改变的杆件。

1-4-2 杆件的基本变形形式

在外荷载作用下，实际杆件的变形是复杂的。但此复杂的变形总可以分解为几种基本变形的形式。杆件的基本变形形式有下列四种。

（1）轴向拉伸或轴向压缩

在一对大小相等、方向相反、作用线与杆件轴线相重合的轴向外力作用下，使杆件在长度方向发生伸长变形的称为轴向拉伸［图 1-16（a）］；长度方向发生缩短变形的称为轴向压缩［图 1-16（b）］。

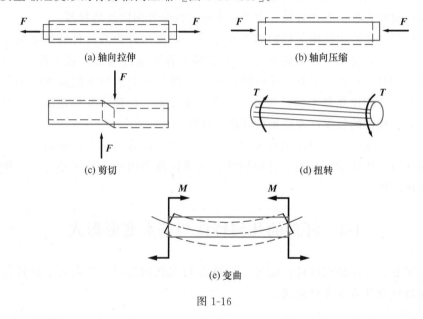

(a) 轴向拉伸　　　　　　　　　　　(b) 轴向压缩

(c) 剪切　　　　　　　　　　　(d) 扭转

(e) 变曲

图 1-16

（2）剪切

在一对大小相等、方向相反、作用线相距很近的横向力作用下，杆件的主要变形是横截面沿外力作用方向发生错动［图 1-16（c）］，这种变形形式称为剪切。

（3）扭转

如图 1-16（d）所示，在一对大小相等、转向相反、作用平面与杆件轴线垂直的外力偶矩 T 作用下，直杆的相邻横截面将绕着轴线发生相对转动，而杆件轴线仍然保持直线，这种变形形式称为扭转。

（4）弯曲

如图 1-16（e）所示，在杆的纵向平面内作用着一对大小相等、转向相反的外力偶矩 M，使直杆任意两横截面发生相对倾斜，且杆件轴线弯曲变形为曲线，此种变形形式称为弯曲。

从第 6 章开始将要讨论杆件在每种基本变形下的强度、刚度以及压杆的稳定问题。然后进一步讨论杆件具有几种变形的组合变形问题。

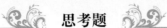

思考题

思考题

1-1 工程力学的研究对象是什么?

1-2 工程力学的基本任务有哪些?

1-3 何为杆件? 试举出工程中杆件的实际例子。

1-4 工程力学中有哪些研究方法? 列举在工程实际中的应用。

第 2 章

工程力学基础

2-1 力的基本性质

2-1-1 基本概念

1. 力的概念

1）力的定义。力是物体之间相互的机械作用，因此，力不能离开物体而存在，它总是成对地出现。物体在力的作用下，可能产生如下的效应：一是使物体的运动状态发生变化（称之为外效应）；二是使物体发生变形（称之为内效应）。例如，推小车是通过人手与小车的相互作用，使小车由静止开始运动——小车运动状态发生改变；弹簧受拉后会伸长，受压后会缩短；火车通过桥梁时会使桥梁变弯（弯曲变形）。

2）力的三要素。力对物体的效应由力的大小、方向和作用点三要素所决定。力的大小反映了物体间相互作用的强弱程度。力的方向指的是静止质点在该力作用下开始运动的方向；沿该方向画出的直线称为作用线，力的方向包含力的作用线在空间的方位和指向。力的作用点是物体相互作用位置的抽象化。实际上两个物体接触处总会占有一定的面积，力总是作用于物体的一定面积上的。如果这个接触面积很小，则可将其抽象为一个点，这时作用力称为集中力。例如，汽车通过轮胎作用在桥面上的力。如果接触面积比较大，力在整个接触面上分布作用，这时的作用力称为分布力。例如，桥梁的自重，沿整个桥梁连续分布。

3）力的单位。力常用的国际单位为 N 或 kN。

4）力的表示。用一个有向线段来表示。

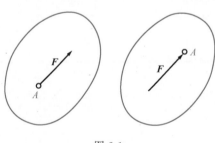

力是一个矢量（图 2-1），常常用黑体字表示，如 F。做图表示时，用线段的长度（按所定的比例尺）表示矢量的大小，用箭头表示矢量的指向，用箭尾或箭头表示该力的作用点。也常用普通字母（如 F）表示力的大小。

图 2-1

2．力系的概念

所谓力系是指作用在物体上的一群力。

根据力系中各力作用线的分布情况可将力系分为平面力系和空间力系两大类。各力作用线位于同一平面内的力系称为平面力系，各力作用线不在同一平面内的力系称为空间力系。

若两个力系分别作用于同一物体上时，其效应完全相同，则称这两个力系为等效力系。在特殊情况下，如果一个力与一个力系等效，则称此力为该力系的合力，而力系中的各力称为此合力的分力。用一个简单的等效力系（或一个力）代替一个复杂力系的过程称为力系的简化。力系的简化是工程静力学的基本问题之一。

3．平衡的概念

平衡是指物体相对于惯性参考系保持静止或做匀速直线运动的状态。

平衡是物体机械运动的一种特殊形式。在一般的工程技术问题中，常取地球作为惯性参考系。例如，静止在地面的房屋、桥梁、水坝等建筑物，在直线轨道上作等速运动的火车，它们都在各种力系作用下处于平衡状态。使物体处于平衡状态的力系称为平衡力系。研究物体平衡时，作用在物体上的力系应满足的条件是工程静力学的又一基本问题。

力系简化的目的之一是为了导出力系的平衡条件。而力系的平衡条件是设计结构、构件和机械零件时静力计算的基础。

2-1-2　力的基本性质

力的基本性质是人们在长期的生活和生产实践中积累的关于物体间相互机械作用性质的经验总结，又经过实践的反复检验，证明是符合机械运动本质的最普遍、最一般的客观规律。它是研究力系简化和力系平衡条件的依据。

性质 1：二力平衡原理。

作用于刚体上的两个力，使刚体平衡的必要与充分条件是：这两个力大小相等，方向相反，作用线共线，作用于同一个物体上（图 2-2）。

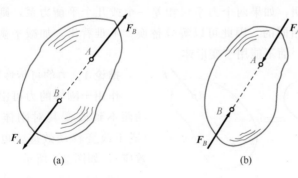

图 2-2

需要注意的是，对于刚体，上述二力平衡条件是必要与充分的，但只能受拉，不能受压的柔性体，上述二力平衡条件只是必要的，而不是充分的。例如，如图 2-3 所示之绳索，当承受一对大小相等方向相反的拉力作用时可以保持平衡，但是如果承受一对大小相等、方向相反的压力作用时，绳索便不能平衡。

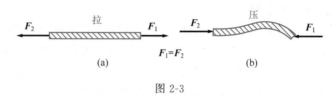

图 2-3

在两个力的作用下保持平衡的构件称为二力构件，简称二力杆。二力杆可以是直杆，也可以是曲杆。例如，如图 2-4 所示结构的直杆 AB、曲杆 AC 就是二力杆。

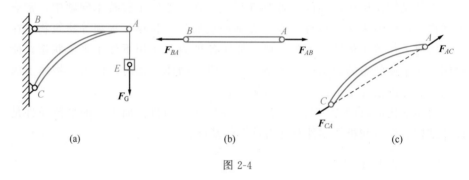

图 2-4

性质 2：加减平衡力系原理。

在作用于刚体的任意力系上，加上或减去任意平衡力系，并不改变原力系对刚体的作用效应。

该性质的正确性是显而易见的，因为平衡力系中的各力对于刚体的运动效应抵消，从而使刚体保持平衡。所以在一个已知力系上，加上或减去任意平衡力系，并不改变原力系对刚体的作用效应。

该性质表明，如果两个力系只相差一个或几个平衡力系，则它们对刚体的作用效应是相同的，因此可以等效替换。不难看出，加减平衡力系原理也只适用于刚体，而不能用于变形体。

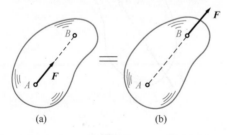

图 2-5

推论 1：力的可传性原理。

作用于刚体的力可沿其作用线移动而不致改变其对刚体的运动效应（既不改变移动效应，也不改变转动效应），如图 2-5 所示。

例如，用小车运送物品时（图 2-6），不论在车后 A 点用力 F 推车，或在车前同一直线上的 B 点用力 F 拉车，效果都是一样的。

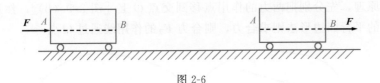

图 2-6

注意：

1）不能将力沿其作用线从作用刚体移到另一刚体。

2）力的可传性原理只适用于刚体，不适用于变形体。

例如，如图 2-7（a）所示直杆，在 A、B 两处施加大小相等，方向相反、沿同一作用线的两个力 F_1 和 F_2，这时，杆件将产生拉伸变形。若将力 F_1 和 F_2 分别沿其作用线移至 B 点和 A 点，如图 2-7（b）所示，这时，杆件则产生压缩变形。这两种变形效应显然是不同的。因此，力的可传性只限于研究力的运动效应。在考虑物体变形时，力矢不得离开其作用点，是固定矢量。

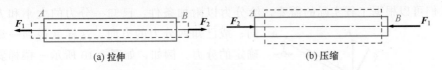

(a) 拉伸　　　　　　　　　　(b) 压缩

图 2-7

性质 3：力的合成与分解。

（1）力的合成

当有两个力作用在物体上某一点时，这两个力对物体作用的效应可用一个合力来代替。这个合力也作用在该点上，合力的大小与方向用这两个力为边的平行四边形的对角线来确定。这个规律称为力的平行四边形法则。

如图 2-8（a）所示，既可用力的平行四边形法则来确定其合力为

$$F_R = F_1 + F_2 \tag{2-1}$$

力的平行四边形法则可以简化为三角形法则，如图 2-8（b）所示，力三角形的两边由两分力矢首尾相连组成，第三边则为合力矢 F_R，它由第一个力的起点指向最后一个力的终点，而合力的作用点仍在二力交点。

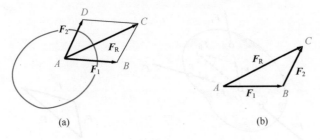

(a)　　　　　　　　　　　(b)

图 2-8

力的平行四边形法则无论对刚体或变形体都是适用的，但对于刚体，只要两个分力 F_1，F_2 的作用线 [图 2-9（a）] 相交于一点 O，那么，可根据力的

可传性原理，先分别把两力的作用点移到交点 O 上 ［图 2-9 （b）］，然后，再应用力的平行四边形法则求合力，则合力 F_R 的作用线通过 O 点。

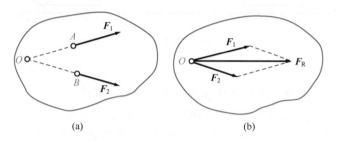

图 2-9

（2） 力的分解

根据两力合成的原理，同样，可将一个力分解为两个汇交力。但是，以这个力为对角线时，可作出无数个平行四边形，可得到无数多组分力，所以，人们可以根据工程实际的需要，给分力以附加条件：已知一分力的大小和方向；或已知两分力的方向，这样就得到一组确定的分力。例如，如图 2-10 所示一楼梯斜梁 AB，其上作用一竖直向下的集中力 F，我们常将 F 力分解为垂直于斜梁的 F_y，和平行于斜梁的 F_x：

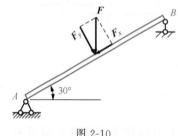

图 2-10

$$F_y = F\cos30°$$
$$F_x = F\sin30°$$

推论 2：三力平衡汇交定理。

刚体受三力作用而平衡，若其中两力作用线汇交于一点，则另一力的作用线必汇交于同一点，且三力的作用线共面（必共面，在特殊情况下，力在无穷远处汇交——平行力系），如图 2-11 （a） 所示。

【证明】 因为 F_1，F_2，F_3 为平衡力系，所以 F_R，F_3 也为平衡力系。

又因为二力平衡必等值、反向、共线，所以三力 F_1，F_2，F_3 必汇交，且共面。

因此，三个力 F_1，F_2 和 F_3 构成封闭三角形，如图 2-11 （b） 所示。

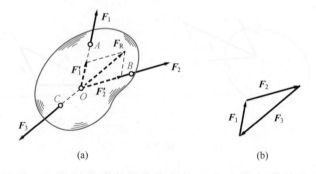

图 2-11

性质 4：作用力和反作用力定律。

两个物体相互作用的力总是同时存在，两力的大小相等，方向相反，沿同一直线，分别作用在这两个物体上。即两力等值、反向、共线、异体且同时存在。

这一定律就是牛顿第三定律，不论物体是静止的还是运动着，这一定律都成立。注意，作用力与反作用力这一对力并不在同一物体上出现，分别作用在两个物体上。在研究某一物体的运动或平衡时，只应考虑它所受到的别的物体对它作用的力，而不应考虑它作用于别的物体的力。

例如，如图 2-12（a）所示，一厂房建筑物坐立在基础桩上。如图 2-12（b）所示，假设建筑物对每根桩的作用力为 F_1，那么，基础桩将以 F'_1 的反作用力作用在建筑物上。对于作用力 F_1 来说，建筑物是施力体，基础桩为受力体，而对反作用力 F'_1 来说，基础桩就是施力体，建筑物变为受力体。如果将建筑物与基础桩作为整体考虑 ［图 2-12（a）］，那么，整体通过基础桩对地基土层所施的压力是 F_2（图 2-12 中未画出），地基土层以反作用力作用在基础桩上；在该整体的重心 C 处作用有重力 W，这是地球对建筑物整体的作用力，同时建筑物整体给地球一个反作用力 W'（图 2-12 未画出）。请读者自行分析这两对作用力与反作用力中，哪个为施力体？哪个为受力体？

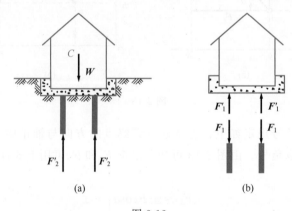

图 2-12

应当注意的是，必须把两个平衡力和作用力与反作用力区别开来。它们虽然都满足等值、反向、共线的条件，但前者作用在同一物体上；后者是分别作用在两个不同的物体上，它们不符合二力平衡条件，不能构成平衡力系。

性质 5：刚化原理。

变形体在某一力系作用下处于平衡，如将此变形体变成刚体（刚化为刚体），则平衡状态保持不变。

此原理建立了刚体的平衡条件和变形体的平衡条件之间的联系，它说明了变形体平衡时，作用在其上的力系必须满足把变形体硬化为刚体后刚体的平衡条件。这样，就能把刚体的平衡条件应用到变形体的平衡中去，从而扩大了刚体静力学的应用范围，这在弹性力学和流体力学中有重要的意义。

应该指出，刚体的平衡条件对于变形体来说，只是必要的，而非充分的。因此，要研究变形体是否平衡，仅有刚体平衡条件是不够的，还需另外附加条件。

2-2 力在坐标轴上的投影

2-2-1 力在平面直角坐标轴上的投影

如图 2-13 所示，在力 F 作用的平面内建立直角坐标系 Oxy。由力 F 的起点 A 和终点 B 分别向 x 轴引垂线，得垂足 a、b，则线段 ab 冠以适当的正负号称为力 F 在 x 轴上的投影，用 F_x 表示，即 $F_x = \pm ab$；同理，力 F 在 y 轴上的投影为 $F_y = \pm a'b'$。

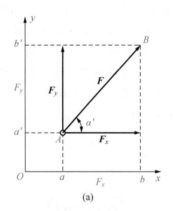
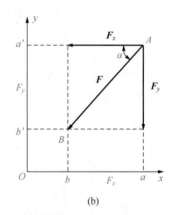

图 2-13

投影的正负号规定如下：若从起点到终点的方向与轴正向一致，投影取正号；反之，取负号。由图 2-13 可知，投影 F_x 和 F_y 可用下式计算为

$$\left.\begin{array}{l} F_x = \pm F\cos\alpha \\ F_y = \pm F\sin\alpha \end{array}\right\} \tag{2-2}$$

式中，α——力 F 与 x 轴正向所夹的锐角。

上式表明力在轴上的投影为代数量，投影的大小等于力的大小乘以力与轴所夹锐角的余弦，其正负可根据上述规则直观判断确定。

在图 2-13 中还画出了力 F 沿直角坐标轴方向的分力 F_x 和 F_y。应当注意，力的投影 F_x、F_y 与力的分力 F_x、F_y 是不同的，力的投影只有大小和正负，它是标量，而力的分力是矢量，有大小，有方向，其作用效果还与作用点或作用线有关。当 Ox、Oy 轴垂直时，力沿坐标轴分力的大小与力在坐标轴上投影的绝对值相等，投影为正号时表示分力的指向和坐标轴的指向一致，而当投影为负号时，则表示分力指向与坐标轴指向相反。

【例 2-1】 已知 $F_1 = 100\text{N}$，$F_2 = 50\text{N}$，$F_3 = 60\text{N}$，$F_4 = 80\text{N}$，各力方向如

图 2-14 所示。试分别求出各力在 x 轴和 y 轴上的投影。

解　由式（2-2）可求出各力在 x、y 轴上的投影

$$F_{1x} = F_1\cos30° = 100 \times 0.866 = 86.6\text{N}$$

$$F_{1y} = F_1\sin30° = 100 \times 0.5 = 50\text{N}$$

$$F_{2x} = F_2 \times 3/5 = 50 \times 0.6 = 30\text{N}$$

$$F_{2y} = -F_2 \times 4/5 = -50 \times 0.8 = -40\text{N}$$

$$F_{3x} = 0$$

$$F_{3y} = F_3 = 60\text{N}$$

$$F_{4x} = F_4 \times \cos135° = -80 \times 0.707 = -56.56\text{N}$$

$$F_{4y} = F_4 \times \sin135° = 80 \times 0.707 = 56.56\text{N}$$

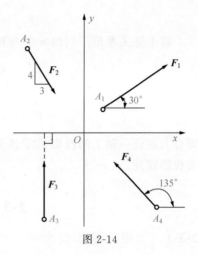

图 2-14

2-2-2　合力投影定理

设刚体受一平面汇交力系 F_1、F_2、F_3 作用，如图 2-15（a）所示。在力系所在平面内做直角坐标系 Oxy，从任一点 A 做力的多边形 $ABCD$，如图 2-15（b）所示。

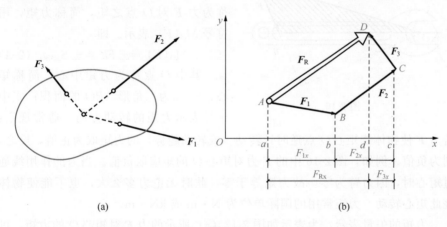

(a)　　　　　　　　　　(b)

图 2-15

在图 2-15 中：$AB = F_1$，$BC = F_2$，$CD = F_3$，$AD = F_R$。

各分力及合力在 x 轴上的投影分别为

$$F_{1x} = ab \qquad F_{2x} = bc \qquad F_{3x} = -cd \qquad F_{Rx} = ad$$

由图 2-15 可知

$$F_{Rx} = ad = ab + bc - cd$$

由此可得

$$F_{Rx} = F_{1x} + F_{2x} + F_{3x}$$

同理，合力与各分力在 y 轴上的投影关系是

$$F_{Ry} = F_{1y} + F_{2y} + F_{3y}$$

将上述关系推广到由 n 个力 $\boldsymbol{F}_1$，$\boldsymbol{F}_2$，$\cdots$，$\boldsymbol{F}_n$ 组成的平面汇交力系，则有

$$\left. \begin{array}{l} F_{Rx} = F_{1x} + F_{2x} + \cdots + F_{nx} = \sum_{i=1}^{n} F_{ix} \\ F_{Ry} = F_{1y} + F_{2y} + \cdots + F_{ny} = \sum_{i=1}^{n} F_{iy} \end{array} \right\} \qquad (2\text{-}3)$$

即合力在任一轴上的投影等于各分力在同一轴上的投影的代数和。这就是合力投影定理。

2-3 力　矩

2-3-1　力矩的基本概念

力矩的概念最早是由人们使用滑车、杠杆这些简单机械而产生的。使用过扳手的读者都能体会到：用扳手拧紧螺母（图 2-16）时，作用在扳手上的力 $\boldsymbol{F}$ 使螺母绕 O 点的转动效应不仅与力的大小成正比，而且与点 O 到力作用线的垂直距离 h 成正比。点 O 到力作用线的垂直距离称为力臂。

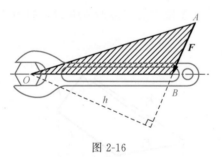

图 2-16

由此，定义力 $\boldsymbol{F}$ 与力臂 h 的乘积作为力 $\boldsymbol{F}$ 使螺母绕点 O 转动效应的度量，称为力 $\boldsymbol{F}$ 对 O 点之矩，简称力矩，用符号 $M_O(F)$ 表示。即

$$M_O(F) = \pm Fh = \pm S_{\triangle ABO} \qquad (2\text{-}4)$$

其中 O 点称为力矩中心，简称矩心；$S_{\triangle ABO}$ 为三角形 ABO 的面积；式中 $\pm$ 号表示力矩的转动方向。通常规定：若力 $\boldsymbol{F}$ 使物体绕矩心 O 点逆时针转动（或转动趋势）的力矩取为正值，反之，则为负值。例如，图 2-16 中的 $\boldsymbol{F}$ 力对矩心 O 的矩应取负值。当力的作用线通过矩心时，因力臂为零，故力矩等于零，此时无论力多么大，也不能使物体绕此矩心转动。力矩常用的国际单位为 N·m 或 kN·m。

力矩的矢量表示：为表示如图 2-17（a）所示的力 $\boldsymbol{F}$ 对矩心 O 的力矩，可从矩心 O 沿力 $\boldsymbol{F}$ 作用平面的法线 On 作一矢量来表示，如图 2-17（b）所示，矢量的模表示力矩的大小，矢量的指向按右手螺旋规则确定，即四个手指表示力矩转向 [图 2-17（b）中虚线所示]，拇指表示力矩矢量的指向。

由图 2-17（b）可联想到，如何度量一力对垂直于该力作用平面的某一轴的转动效应。如图 2-17（c）所示，若 $\boldsymbol{F}$ 力作用平面与垂直轴（On）的交点为 O，由 O 点向 $\boldsymbol{F}$ 力作垂线 h，那么，力对该轴之矩为

$$\boldsymbol{M}_n(F) = Fh \qquad (2\text{-}5)$$

又如图 2-18 所示，利用撬棍撬起重物时，常在离重物较近的撬棍下填上一作为支点 O 的铁块，人手加力点则尽量远离此支点，这样就使撬棍绕着支

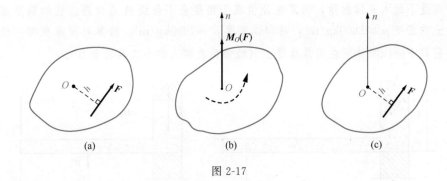

图 2-17

点转动，而容易将重物撬起。所以，撬起重物的力矩是力 F 乘以力臂 l_2，而重力为 W 的重物对 O 点产生一个反力矩为重力 W 乘以力臂 l_1，当 $Fl_2 > Wl_1$ 时，重物才能被撬起，而考虑重物刚刚被撬动的情况，此时可认为两力矩的数值相等：

$$Fl_2 = Wl_1$$

$$F = \frac{Wl_1}{l_2}$$

由上式可知，当增大 l_2 或缩小 l_1，都能减少 F 值。

【例 2-2】　如图 2-19 所示为用小手锤拔起钉子的两种加力方式。两种情形下，加在手柄上的力 F 的数值都等于 100N，方向如图 2-19 所示。手柄的长度 $l = 300$mm。试求：两种情况下，力 F 对点 O 之矩。

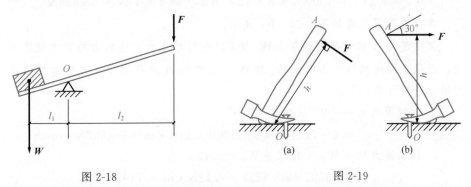

图 2-18　　　　　　　　　　　图 2-19

解　（1）在如图 2-19（a）所示中的情形下，力臂为点 O 到力 F 作用线的垂直距离 h 等于手柄长度 l，力 F 使手锤绕 O 点逆时针方向转动，所以 F 对 O 点之矩的代数值为

$$M_O(F) = Fh = Fl = 100 \times 300 \times 10^{-3} \text{N} \cdot \text{m} = 30 \text{N} \cdot \text{m}$$

（2）在如图 2-19（b）所示中的情形下，力臂为 $h = l\cos30°$

力 F 使手锤绕 O 点顺时针方向转动，所以 F 对 O 点之矩的代数值为

$$M_O(F) = -Fh = Fl\cos30° = 100 \times 300 \times 10^{-3} \times \cos30° \text{N} \cdot \text{m} = 25.98 \text{N} \cdot \text{m}$$

【例 2-3】　一钢筋混凝土带雨篷的门顶过梁的尺寸如图 2-20（a）所示，过梁和雨篷板的长度（垂直纸平面）均为 4m。设此过梁上砌砖至 3m 高时，便要

将雨篷下的木支撑拆除，验算在此情况下雨篷会不会绕 A 点倾覆。已知钢筋混凝土的密度 $\rho_1 = 2600\mathrm{kg/m^3}$，砖砌体密度 $\rho_2 = 1900\mathrm{kg/m^3}$。验算时需考虑有一检修荷载 $F = 1\mathrm{kN}$ 作用在雨篷边缘上（检修荷载即人和小工具的重力）。

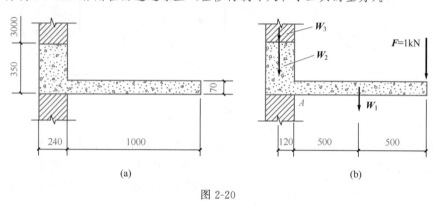

图 2-20

解 令雨篷、过梁及 3m 高砖墙的体积分别为 V_1，V_2，V_3，则

雨篷重
$$W_1 = \rho_1 g V_1 = 2600 \times 9.8 \times (70 \times 10^{-3} \times 1 \times 4)\mathrm{N} = 7134\mathrm{N}$$

过梁重
$$W_1 = \rho_1 g V_2 = 2600 \times 9.8 \times (350 \times 10^{-3} \times 240 \times 10^{-3} \times 4)\mathrm{N} = 8561\mathrm{N}$$

砖墙重
$$W_1 = \rho_2 g V_3 = 1900 \times 9.8 \times (240 \times 10^{-3} \times 3 \times 4)\mathrm{N} = 53\,626\mathrm{N}$$

各荷载作用位置如图 2-20（b）所示。

使雨篷绕 A 点倾覆的因素是 W_1 和 F，它们对 A 点产生的力矩称为倾覆力矩，而阻止雨篷倾覆的因素是 W_2 和 W_3，它们对 A 点产生的反力矩为抗倾覆力矩。分别计算如下：

$$\begin{aligned} \text{倾覆力矩} &= -W_1 \times 0.5 - F \times 1 \\ &= (-7134 \times 0.5 - 1000 \times 1)\mathrm{N \cdot m} = -4567\mathrm{N \cdot m} \end{aligned}$$

$$\begin{aligned} \text{抗倾覆力矩} &= W_2 \times 0.12 + W_3 \times 0.12 \\ &= (8561 + 53\,625) \times 0.12\mathrm{N \cdot m} = 7462\mathrm{N \cdot m} \end{aligned}$$

由上面计算结果可知，抗倾覆力矩大于倾覆力矩，所以，雨篷不会倾覆。

2-3-2 合力矩定理

前面介绍了力矩的概念和计算式子。在工程实际中，有时直接计算一力对某点力臂的值较麻烦，而计算该力的分力对该点的力臂值却很方便，因此，下面要介绍合力对某点之矩与该合力的分力对某点之力矩间的关系。

如果平面力系（F_1，F_2，$\cdots$，F_n）可以合成为一个合力 F_R，则可以证明

$$M_O(F_R) = M_O(F_1) + M_O(F_2) + \cdots + M_O(F_n)$$

或者简写成

$$M_O(\boldsymbol{F}_R) = \sum_{i=1}^{n} M_O(\boldsymbol{F}_i) \qquad (2\text{-}6)$$

即平面力系的合力对平面内任一点之矩，等于其各分力对同一点之矩的代数和。这说明合力矩对物体的转动效应与各分力对物体转动效应的总和是等效的，但应该注意相加的各个力矩的矩心必须相同。它适用于任何平面力系。由此可简化力矩的计算。

【例 2-4】 如图 2-21 所示 AB 悬臂梁的自由端 B，作用一个在 xOy 平面内、与 x 方向夹角 30°的力 $F = 2\text{kN}$。AB 梁的跨度 $l = 4\text{m}$，求 $\boldsymbol{F}$ 力对 A 点之力矩。

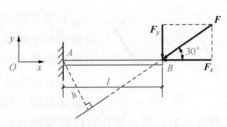

图 2-21

解 解题时直接求力臂 h 的大小稍觉麻烦，如利用合力矩定理，可较为方便地计算出 $\boldsymbol{F}$ 力对 A 点之矩。把力 $\boldsymbol{F}$ 分解为水平分力 $\boldsymbol{F}_x$ 与垂直分力 $\boldsymbol{F}_y$，由合力矩定理得：

$$M_A(\boldsymbol{F}) = M_A(\boldsymbol{F}_x) + M_A(\boldsymbol{F}_y) = 0 + F\sin30° \times 4 = 2 \times 0.5 \times 4\text{kN} \cdot \text{m} = 4\text{kN} \cdot \text{m}$$

请读者自己算一下 $M_A(\boldsymbol{F})$ 值，是否与 $[M_A(\boldsymbol{F}_x) + M_A(\boldsymbol{F}_y)]$ 值相等。

2-3-3　力矩的平衡

在日常生活中，常常用秤杆来称物体的重力（图 2-22）。物体的重力 $\boldsymbol{W}$ 随着不同物体而改变着，但左边 h_1 是不变的，另一边秤砣的重力 $\boldsymbol{F}$ 也是不变的。而 h_2 随着 $\boldsymbol{W}$ 的改变而改变。当秤杆保持水平而不发生转动，秤杆处于平衡状态，此时秤杆力矩平衡的条件为

$$Wh_1 = Fh_2$$

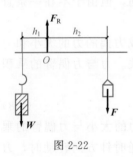

图 2-22

当考虑力矩的正负号时，可将上式写成

$$Wh_1 + (-Fh_2) = 0$$

推广到物体受到很多力作用时，要保持物体的平衡，也应有

$$M_O(\boldsymbol{F}_1) + M_O(\boldsymbol{F}_2) + \cdots + M_O(\boldsymbol{F}_n) = 0$$

或写作

$$\sum_{i=1}^{n} M_O(\boldsymbol{F}_i) = 0 \qquad (2\text{-}7)$$

简写为

$$\sum \boldsymbol{M}_O = 0$$

这就是物体在力矩作用下的平衡条件：作用在物体上同一平面内的各力，对支点或转轴之矩的代数和应为零。

2-4 力　偶

2-4-1　力偶的概念

作用在同一物体上的两个大小相等、方向相反，且不共线的平行力，叫作力偶。

图 2-23

力偶常用记号（F，F'）表示。力偶中两力作用线所确定的平面称为力偶作用面，两力作用线之间的垂直距离称为力偶臂，如图 2-23 所示。

在日常生活和工程实际中，物体受力偶作用的情形是常见的。如图 2-24 所示，钳工用丝锥在工件上加工螺纹孔时，双手加在铰杠两端的力；又如图 2-25 所示，汽车司机转动方向盘时，双手加在方向盘上的两个力。此外，人们用两个手指拧钢笔套、钟表发条、拧水龙头、瓶盖等，都是物体受力偶作用的例子。

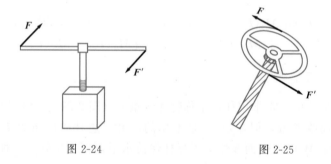

图 2-24　　　　　　　　　　　　图 2-25

需要注意的是，组成力偶的两个力虽然等值、反向，但由于不在一条直线上，因此力偶并不是平衡力系。

实践表明，平面力偶对物体的转动效应取决于组成力偶的力的大小和力偶臂的长短，同时也与力偶在其作用平面内的转向有关。力与力偶臂的乘积称为力偶矩，用记号 $M(F$，$F')$ 表示，简记为 M。即

$$M = \pm F \cdot h \tag{2-8}$$

在平面问题中，力偶矩是代数量，其绝对值等于力的大小与力偶臂的乘积，正负号表示力偶的转向，通常规定：力偶使物体逆时针方向转动时，力偶矩为正；反之为负。

力偶矩的单位与力矩单位相同，即为 N·m 或 kN·m。力偶矩的大小、力偶的转向、力偶的作用平面称为平面力偶的三要素。

2-4-2　力偶的性质

力偶是大小相等、方向相反，且不共线的一对力，它对物体产生的是转动的效应，而力对物体产生的是移动的效应，所以力与力偶是两个互相独立的量，不能用一个力来代替或平衡力偶。

那么，力偶与力矩有什么共同点呢？它们的相同之处为都使物体产生转动的效应，使物体产生逆时针转动为正，顺时针转动为负；两者的量纲是相同的，为（力的单位）×（长度的单位）。它们的不同点为力矩是力对物体上某一点而言的，对于不同的点，力臂不同，故力矩值也异，而力偶在其作用平面内可任意移动或转动，而不改变该力偶对物体的转动效应。

由力偶的定义及其对刚体的作用效应，可得力偶如下性质：

1）力偶不能简化为一个力，即力偶不能与一个力等效，也不能与一个力平衡，力偶只能与力偶平衡。

2）力偶对其作用平面内任一点之矩恒等于力偶矩，与矩心位置无关。

【证明】　设有力偶（F，F'），其力偶矩为

$$M = \pm F \cdot h$$

图 2-26 所示，在力偶作用平面内任取一点 O 为矩心。设 O 点到力 F 作用线的垂直距离为 x。力偶对 O 点的力矩，即组成力偶的两个力对 O 点力矩的代数和为

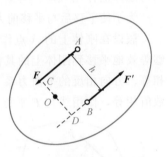

图 2-26

$$M = M_O(F) + M_O(F') = F \times \overline{OC} + F' \times \overline{OD} = Fh$$

这个性质表明，力偶使物体绕其作用面内任一点的转动效应都是相同的。

3）作用在同一平面内的两个力偶，若两者力偶矩大小相等，转向相同，则两力偶等效。

由力偶的等效性质可以得到以下两个推论。

推论 1：只要保持力偶矩的大小和转向不变，力偶可以在其作用平面内任意转移，而不改变它对刚体的作用效应。即力偶对刚体的作用效应与力偶在其作用平面内的位置无关。

推论 2：只要保持力偶矩的大小和转向不变，可以同时改变组成力偶的力的大小和力偶臂的大小，而不改变力偶对刚体的作用效应。

此外，还可以证明：只要保持力偶矩的大小和转向不变，力偶可以从一个平面移至另一个与之平行的平面，而不会改变对刚体的效应。

关于力偶等效的性质和推论，不难通过实践加以验证。如钳工用丝锥加工螺纹和司机转动方向盘，只要保持力偶矩大小和转向不变，双手施力的位置可以任意调整，其效果相同。

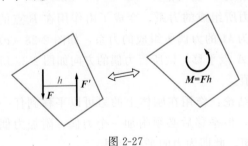

图 2-27

由力偶的性质可知，在平面问题中，力偶对刚体的转动效应完全取决于力偶矩。因此，分析与力偶有关的问题时，不必知道组成力偶的力的大小和力偶臂的长度，只需知道力偶矩的大小和转向即可，故可以用带箭头的弧线来表示力偶，如图 2-27 所示。

图中弧线所在的平面代表力偶作用面，箭头表示力偶的转向，M 表示力偶矩的大小。

2-5　力的平移定理

根据力的可传性，作用在刚体上的力，可以沿其作用线移动，而不会改变力对刚体的作用效应。但是，如果将作用在刚体上的力，从一点平行移动至另一点，力对刚体的作用效应将发生变化。

能不能使作用在刚体上的力平移到作用线以外的任意点，而不改变原有力对刚体的作用效应？答案是肯定的。

为了使平移后与平移前力对刚体的作用等效，需要应用加减平衡力系原理。

假设在刚体上的 A 点作用一力 F，如图 2-28（a）所示，为了使这一力能够等效地平移到刚体上的其他任意一点（如 B 点），先在这一点施加一对大小相等、方向相反的平衡力系（F，F'），这一对力的数值与作用在 A 点的力 F 数值相等，作用线与 F 平行，如图 2-28（b）所示。

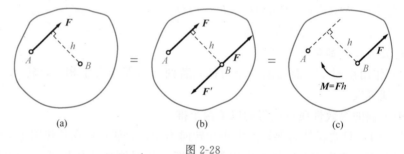

图 2-28

根据加减平衡力系原理，施加上述平衡力系后，力对刚体的作用效应不会发生改变。因此，施加平衡力系后，由 3 个力组成的新力系对刚体的作用与原来的一个力等效。增加平衡力系后，作用在 A 点的力 F 与作用在 B 点的力 F' 组成一力偶，这一力偶的力偶矩 M 等于力 F 对 O 点之矩，即

$$M = M_O(F) = -Fh$$

这样，施加平衡力系后由三个力所组成的力系，变成了由作用在 B 点的力 F 和作用在刚体上的一个力偶矩为 M 的力偶所组成的力系，如图 2-28（c）所示。如果将作用在 B 点的力 F 向 A 点平移，则所得力偶的方向如图 2-28 所示力偶方向相反，这时力偶矩为正值。

根据以上分析，可以得到以下结论：作用在刚体上的力可以平移到任一点，而不改变它对刚体的作用效应，但平移后必须附加一个力偶，附加力偶的力偶矩等于原力对于新作用点之矩。此即为力的平移定理。

力向一点平移结果表明，一个力向任一点平移，得到与之等效的一个力和一个力偶；反之，作用于同一平面内的一个力和一个力偶，也可以合成作用于另一点的一个力。

应当注意的是，力的平移定理只适用于刚体，而不适用于变形体，并且力只能在同一刚体上平行移动。

力线的平移定理不但可帮助解决下面一节的平面任意力系的简化问题，而且也可解释一些实际问题。如用丝锥攻丝时［图 2-29（a）］，要求两手作用在铰手上的 F、F' 为大小相等、方向相反的一对力，组成一个力偶，对丝锥产生绕 O 点转动的效应，如图 2-29（b）所示该力偶矩 $M=Fh$。如果只在铰手的 A 端作用一个 $2F$ 的力［图 2-29（c）所示］，这样虽然对丝锥产生的转动效应与图 2-29（a）所示相同，但丝锥容易折弯。这是因为可以将作用在 A 端 $2F$ 的力平移简化至 O 点［图 2-29（d）］，以一个 $2F$ 的力与一个力偶矩 $M'=2F×h/2=Fh$ 组成的力系与原力 $2F$ 等价。力偶矩 M' 与图 2-29（b）中力偶矩 M 等价，而图 2-29（d）中作用在 O 点的 $2F$ 力使丝锥发生弯折。

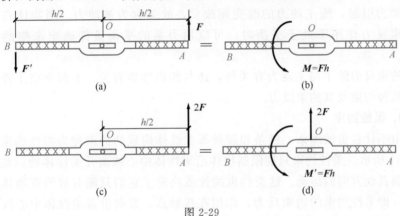

图 2-29

力的平移定理不仅是力系向一点简化的依据，而且可以用来分析工程中某些力学问题。如一厂房中行车梁立柱受力如图 2-30（a）所示，当研究立柱的内效应时，将 F 力平移至立柱轴线的 O 点处［图 2-30（b）］，得到一个中心压力 F' 和一个附加力偶矩为 M 的力偶。该力偶矩 $M=M_O(F)=Fe$，式中，e 称为偏心距。力 F' 使柱产生压缩变形，而力偶 M 使柱产生弯曲变形。

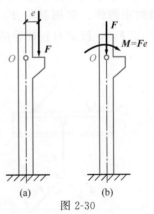

图 2-30

2-6　约束与约束反力

根据物体在空间的运动是否受到周围其他物体的限制，通常把物体分为两类：一类称为自由体，这类物体不与其他物体接触，在空间任何方向的运动都不受限制。例如，在空中飞行的飞机、炮弹和宇宙飞船等。另一类物体称为非自由体，这类物体在空间的运动受到与之相接触的其他物体的限制，使其沿某些方向不能运动。例如，搁置在墙上的梁，用绳索悬挂的重物，沿轨道运行的火车，支承在轴承上的轴等，都是非自由体。

限制非自由体运动的周围物体称为该非自由体的约束。如上述墙是梁的约束，绳索是重物的约束，钢轨是火车的约束，轴承是轴的约束。由于约束限制了物体的运动，即改变了物体的运动状态。因此，约束必然受到被约束物体的作用力；同时，约束亦给被约束物体以反作用力，这种力称为约束反力，简称反力。约束反力的方向，总是与约束所能阻碍的物体运动的方向相反；约束反力的作用点就在约束与被约束物体的接触处。

作用在物体上的力除了约束反力外，还有荷载，如重力、土压力、水压力、电磁力等，它们的作用使物体运动状态发生变化或产生运动趋势，称为主动力。主动力一般是已知的，或可根据已有的资料确定。约束反力由主动力引起，随主动力的改变而改变，故又称为被动力。当物体在荷载和约束反力作用下处于平衡时，可应用力系的平衡条件确定未知的约束反力。

约束反力除了与主动力有关外，还与约束性质有关。下面介绍工程中常见的几种约束及其约束反力。

1. 柔性约束

由不计自重的绳索、链条和胶带等柔性体构成的约束称为柔性约束，如图 2-31 所示。柔性约束只能限制物体沿柔性体中心线离开柔性体的运动，而不限制其他方向的运动。这类约束的性质决定了它们只能对被约束物体施加拉力，即柔性约束的约束反力，作用在接触点，方向沿着柔性体中心线背离被约束物体。常用符号 F_T 表示。如图 2-31 所示中钢索对钢梁的约束反力 F_{TA}、F_{TB}，胶带对胶带轮的约束反力 F_{T1}、F_{T2} 都属于柔性约束反力。

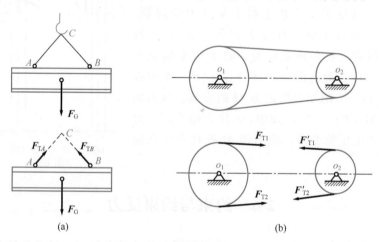

(a)   (b)

图 2-31

2. 光滑面约束

不计摩擦的光滑平面或曲面若构成对物体运动限制时，称为光滑面约束，如图 2-32 所示。

　　光滑面约束，只能限制物体沿接触面公法线并向约束内部的运动。因此，光滑面约束的约束反力，作用在接触点，方向沿接触面公法线且指向被约束物体，即为压力。这种约束反力又称为法向反力，通常用符号 F_N 表示，如图 2-32 （a）所示中小球所受的约束反力 F_{NA}。如果一个物体以其棱角与另一物体光滑面接触，如图 2-32 （b）所示，则约束反力沿此光滑面在该点的法线方向并指向受力物体。与柔性约束类似，光滑面约束的反力方向是已知的，只有大小是未知的。

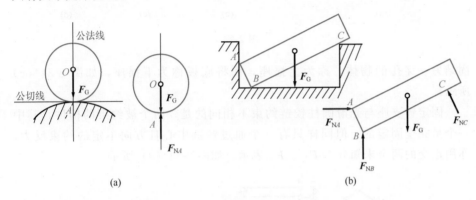

图 2-32

3. 光滑圆柱铰链约束

　　将两个钻有相同直径圆孔的构件 A 和 B，用销钉 C 插入孔中相连接，如图 2-33 （a）所示。不计销钉与孔壁的摩擦，销钉对所连接的物体形成的约束称为光滑圆柱铰链约束，简称铰链约束或中间铰。如图 2-33 （b）所示为铰链约束的结构简图。铰链约束的特点是只限制物体在垂直于销钉轴线的平面内沿任意方向的相对移动，但不限制物体绕销钉轴线的相对转动和沿其轴线方向的相对滑动。在主动力作用下，当销钉和销钉孔在某点 D 光滑接触时，销钉对物体的约束反力 F_C 作用在接触点 D，且沿接触面公法线方向。即铰链的约束反力作用在垂直销钉轴线的平面内，并通过销钉中心，如图 2-33 （c）所示。

　　由于销钉与销钉孔壁接触点的位置与被约束物体所受的主动力有关，往往不能预先确定，故约束反力 F_C 的方向亦不能预先确定。因此，通常用通过铰链中心两个大小未知的正交分力 F_{Cx}、F_{Cy} 来表示，如图 2-33 （d）所示。分力 F_{Cx} 和 F_{Cy} 的指向可任意假定。

4. 固定铰支座

　　将结构物或构件连接在墙、柱、基础等支承物上的装置称为支座。用光滑圆柱铰链把结构物或构件与支承底板连接，并将底板固定在支承物上而构成的支座，称为固定铰支座。如图 2-34 （a）所示为其构造示意，其结构简图如图 2-34 （b）所示。为避免在构件上穿孔而影响构件的强度，通常在构件上

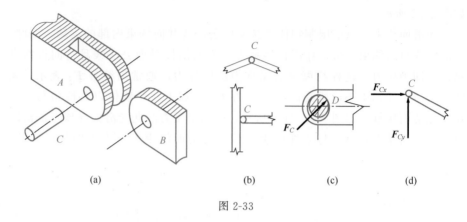

图 2-33

固结另一穿孔的物体，称为上摇座，而将底板称为下摇座，如图 2-34（c）所示。

固定铰支座与光滑圆柱铰链约束不相同的是，两个被约束的构件，其中一个是完全固定的。但同样只有一个通过铰链中心且方向不定的约束反力，亦用正交的两个未知分力 F_{Ax}、F_{Ay} 表示，如图 2-34（d）所示。

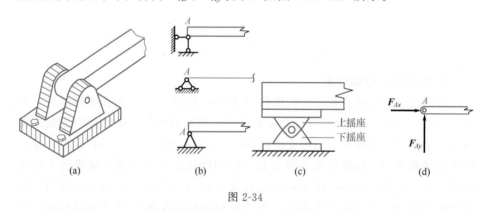

图 2-34

在房屋建筑中，由于构造要求不同，但只要它具有约束两个方向移动的性能，而不约束转动，也可视为固定铰支座。如图 2-35（a）表示一木梁的端部，它通常与埋设在混凝土垫块中的锚栓相连接，在荷载作用下，梁端部 A 处的水平移动和竖向移动受到限制，但仍可绕 A 点做微小的转动，其简图用图 2-35（b）来表示。如图 2-35（c）所示为预制钢筋混凝土柱，将柱的下端插入杯形基础预留的杯口中后，用沥青麻丝填实，在荷载作用下，柱脚 A 的水平和竖向位移被限制，但它仍可做微小的转动，其简图用图 2-35（d）来表示。如图 2-35（e）所示为现浇钢筋混凝土柱，柱在基础面上截面缩小，放有弹性垫板，其内钢筋交叉设置，这样在基础面上柱子虽不能有水平和竖向移动，但阻止转动的性能却大大削弱了，所以，也可视为固定铰支座，其简图见图 2-35（d）。

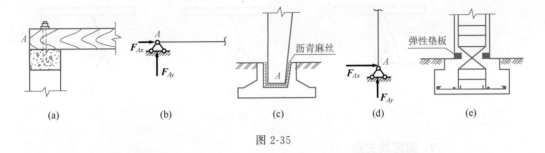

图 2-35

5. 可动铰支座（活动铰支座）

在固定铰支座底板与支承面之间安装若干个辊轴，就构成了可动铰支座，又称为辊轴支座，如图 2-36（a）所示。如图 2-36（b）所示为其结构简图。当支承面光滑时，这种约束只能限制物体沿支承面法线方向的运动，而不能限制物体沿支承面方向的移动和绕铰链中心的转动。因此，可动铰支座的约束反力垂直支承面，且通过铰链中心。常用符号 **F** 表示，作用点位置用下标注明，如图 2-36（c）所示 **F**$_A$。

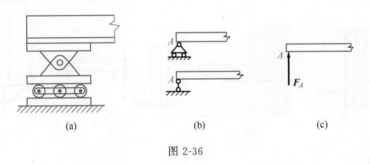

图 2-36

在桥梁、屋架等结构中常采用可动铰支座，以保证在温度变化等因素作用下，结构沿其跨度方向能自由伸缩，不致引起结构的破坏。例如，在房屋建筑中，常在某些构件支承处垫上沥青杉板之类的柔性材料，这样，当构件受到荷载作用时，它的 A 端可以在水平方向做微小的移动，又可绕 A 点做微小的转动，这种情况也可看成是活动铰支座，如图 2-37 所示。

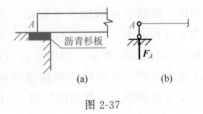

图 2-37

6. 链杆约束

两端各以铰链与不同物体连接且中间不受力的直杆称为链杆，如图 2-38（a）所示。如图 2-38（b）所示为其结构简图。这种约束力只能限制物体沿链杆轴线方向的运动，而不限制其他方向的运动。因此，链杆对物体的约束反力为沿着链杆两端铰链中心连线方向的压力或拉力，常用符号 **F** 表示，如图 2-38（c）所示 **F**$_A$。链杆属于二力杆的一种特殊情形，一般的二力杆作为约束时，根据其自身的受力特点，即可确定它对被约束物体的约束反力。

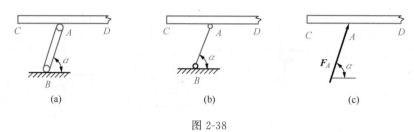

图 2-38

7. 固定端支座

固定端支座也是工程结构中常见的一种约束。如图 2-39（a）所示为钢筋混凝土柱与基础整体浇筑时柱与基础的连接端，如图 2-39（b）所示为嵌入墙体一定深度的悬臂梁的嵌入端都属于固定端支座，如图 2-39（c）所示为其结构简图。这种约束的特点是：在连接处具有较大的刚性，被约束物体在该处被完全固定，即不允许被约束物体在连接处发生任何相对移动和转动。固定端支座的约束反力分布比较复杂，但在平面问题中，可简化为一个水平反力 F_{Ax}、一个铅垂反力 F_{Ay} 和一个反力偶 M_A，如图 2-39（d）所示。

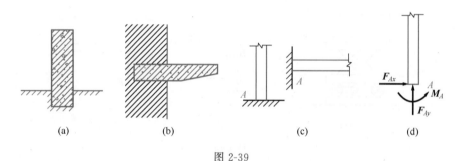

图 2-39

例如，如图 2-40（a）所示为预制钢筋混凝土柱，在基础杯口内用细石混凝土浇灌填实。当柱插入杯口深度符合一定要求时，可认为柱脚是固定在基础内，限制了柱脚的水平移动、竖向移动和转动。当结构受到荷载作用时，为了分析方便，其反力可简化为水平反力 F_{Ax}、竖向反力 F_{Ay} 和反力矩 M_A，如图 2-40（b）所示。如图 2-41（a）所示为常见的房屋雨篷，在荷载作用下 A 端的水平、竖向移动和转动均受到限制，因此，A 端可视为固定支座，有三个方向的反力，其简图如图 2-41（b）所示。

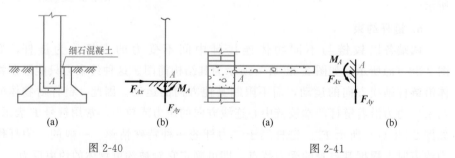

图 2-40   图 2-41

以上介绍的几种约束都是所谓的理想约束。工程结构中的约束形式是多种多样的，有些约束与理想约束极为接近，有些则不然。因此，在选取结构计算简图时，应根据约束对被约束物体运动的限制情况作适当简化，使之成为某种相应的理想约束。如图 2-42 所示，木梁的端部与预埋在

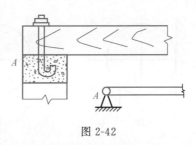

图 2-42

混凝土垫块中的锚栓相连接，梁在该端的水平位移和竖向位移都被阻止，但梁端可以做微小的转动，故应将其简化为固定铰支座。

2-7 物体的受力分析与受力图

求解工程静力学问题时，首先要确定物体受哪些力作用，每个力的作用位置和方向；其次，还要确定哪些力是已知的，哪些力是未知的，以及未知力的数值。这个过程称为物体的受力分析。

受力分析时所研究的物体称为研究对象。为了清晰地表示物体的受力情况，必须解除研究对象的全部约束，并将其从周围物体中分离出来，单独画出它的简图，这种解除了约束并被分离出来的研究对象称为分离体或隔离体。将周围物体对研究对象的全部作用力（包括主动力和约束反力）都用力矢量标在分离体相应的位置上，得到物体受力的简明图形，称为受力图。

画受力图的步骤如下：

1）选取研究对象，画分离体图。根据题意，选择合适的物体作为研究对象，研究对象可以是一个物体，也可以是几个物体的组合或整个系统。

2）画分离体所受的主动力。

3）画约束反力。根据约束的类型和性质画出相应的约束反力作用位置和作用方向。

画物体受力图是求解静力学问题的一个重要步骤。下面举例说明受力图的画法。

【例 2-5】 具有光滑表面、重力为 F_W 的圆柱体，放置在刚性光滑墙面与刚性凸台之间，接触点分别为 A 和 B 两点，如图 2-43（a）所示。试画出圆柱体的受力图。

解 （1）选择研究对象。本例中要求画出圆柱体的受力图，所以，只能以圆柱体作为研究对象。

（2）取隔离体，画受力图。将圆柱体从如图 2-43（a）所示的约束中分离出来，即得到隔离体——圆柱体。作用在圆柱体上的力有如下两种。

主动力： 圆柱体所受的重力 F_W，沿铅垂方向向下，作用点在圆柱体的重心处。

约束力： 因为墙面和圆柱体表面都是光滑的，所以，在 A、B 两处均为

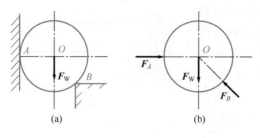

图 2-43

光滑面约束，约束力垂直于墙面，指向圆柱体中心；圆柱与凸台间接触也是光滑的，也属于光滑面约束，约束力作用线沿两者的公法线方向，即沿 B 点与 O 点的连线方向，指向 O 点。于是，可以画出圆柱体的受力图，如图 2-43（b）所示。

【例 2-6】 梁 A 端为固定铰链支座，B 端为辊轴支座，支承平面与水平面夹角为 30°。梁中点 C 处作用有集中力，如图 2-44（a）所示。如不计梁的自重，试画出梁的受力图。

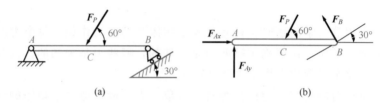

图 2-44

解 （1）选择研究对象。本例中只有 AB 梁一个构件，所以 AB 梁就是研究对象。

（2）解除约束，取隔离体将 A、B 两点的约束解除，也就是将 AB 梁从原来图 2-44（a）所示的系统中分离出来。

（3）分析主动力与约束力，画出受力图。首先，在梁的中点 C 处画出主动力 F_P。然后，再根据约束性质，画出约束力：因为 A 端为固定铰链支座，其约束力可以用一个水平分力 F_{Ax} 和一个垂直分力 F_{Ay} 表示；B 端为辊轴支座，约束力垂直于支承平面并指向 AB 梁，用 F_B 表示，画出梁的受力图如图 2-44（b）所示。

【例 2-7】 管道支架如图 2-45（a）所示。重为 F_G 的管子放置在杆 AC 上。A、B 处为固定铰支座，C 为铰链连接。不计各杆自重，试分别画出杆 BC 和 AC 的受力图。

解 （1）取 BC 杆为研究对象。因不计杆重，BC 为二力杆件，故所受 B、C 铰链的约束反力必沿两铰链中心连线方向，受力图如图 2-45（b）所示。

（2）取杆 AC 为研究对象。它所受的主动力为管道的压力 F_G，A 处为固定铰支座，约束反力方向未知，可用 F_{Ax} 和 F_{Ay} 两正交分力表示。在铰链 C 处受有二力杆 BC 的约束反力 F'_C，根据作用与反作用定律，$F_C = -F'_C$，杆 AC 受力图如图 2-45（c）所示。

【例 2-8】 三铰刚架受力如图 2-46（a）所示。试分别画出杆 AC、BC 和整体的受力图。各部分自重均不计。

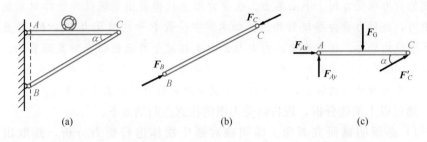

图 2-45

解　（1）取右半刚架杆 BC 为研究对象。由于不计自重，且只在 B、C 两处受铰链的约束反力作用而平衡，故 BC 为二力构件，其约束力 F_B、F_C 必沿 B、C 两铰链中心连线方向，且 $F_B = -F_C$，受力图如图 2-46（b）所示。

（2）取左半刚架杆 AC 为研究对象。AC 所受的主动力为荷载 F。在铰链 C 处受有右半拱的约束反力 F'_C，且 $F_C = -F'_C$，在 A 处受固定铰支座的约束反力，可用正交分力 F_{Ax}、F_{Ay} 表示，受力图如图 2-46（c）所示。

（3）取整体为研究对象。它所受的力有主动力 F，A、B 处固定铰支座约束反力 F_{Ax}、F_{Ay} 和 F_B，受力图如图 2-46（d）所示。整体的受力图也可表示为如图 2-46（e）所示的形式，在此不再赘述。

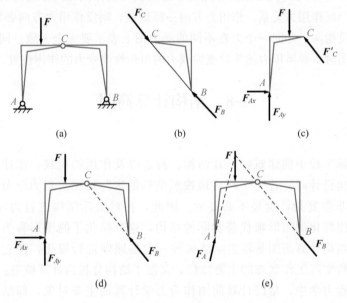

图 2-46

应该注意的是，在对整个系统（或系统中几个物体的组合）进行受力分析时，系统内物体间相互作用的力称为系统的内力。如本例中杆 AC 和杆 BC 在铰 C 处相互作用的力 F_C 和 F'_C。系统的内力成对出现，并且互为作用力与反作用力关系，它们对系统的作用效应互相抵消，除去它们并不影响系统的平衡，故系统的内力在受力图上不必画出。在受力图上只需画出系统以外物体对系统的作用力，这种力称为系统的外力。如本例中荷载 F 和约束反力 F_A，F_B 都是作用于系统的外力。还应注意，内力与外力是相对于所选的研究对象而言的。例如当取 AC 为研究对象时，F'_C 为外力，但取整体为研究对象时 F'_C 又成为内力。可见，内力与外力的区分，只有相对于某一确定的研究对象才有意义。

通过以上例题分析，现将画受力图的注意点归纳如下。

1）必须明确研究对象。即明确对哪个物体进行受力分析，并取出分离体。

2）正确确定研究对象受力的个数。由于力是物体间相互的机械作用，因此每画一个力都应明确它是哪一个物体施加给研究对象的，绝不能凭空产生，也不可漏画任何一个力。凡是研究对象与周围物体相接触的地方，都一定存在约束反力。

3）要根据约束的类型分析约束反力。即根据约束的性质确定约束反力的作用位置和方向，绝不能主观臆测。有时可利用二力杆或三力平衡汇交定理确定某些未知力的方向。

4）在分析物体系统受力时应注意三点：①当研究对象为整体或为其中某几个物体的组合时，研究对象内各物体间相互作用的内力不要画出，只画研究对象以外物体对研究对象的作用力。②分析两物体间相互作用的力时，应遵循作用力与反作用力关系，作用力方向一经确定，则反作用力方向必与之相反，不可再假设指向。③同一个力在不同的受力图上表示要完全一致。同时，注意在画受力图时不要运用力的等效变换或力的可传性改变力的作用位置。

2-8　结构计算简图

结构计算简图

在实际工程中的建筑物，其结构、构造以及作用的荷载，往往是比较复杂的。结构设计时，若完全严格地按照结构的实际情况进行力学分析，会使问题变得非常复杂，也是不必要的。因此，在对实际结构进行力学分析时，有必要采用简化的图形来代替实际的结构，这种简化了的图形称为结构的计算简图。结构计算简图是将实际结构按一定的原则进行简化，使它成为既能反映原结构实际工作状态的主要特征，又便于结构分析的计算模型。

在工程力学中，是以计算简图作为力学计算的主要对象，即结构的计算简图就是实际结构的代表，一切计算都是按计算简图进行的。因此，在结构设计中，如果计算简图取错了，就会出现设计差错，甚至造成严重的工程事故。所以合理选取计算简图是一项十分重要的工作，必须引起足够的重视。

在选取结构的计算简图时，一般来说，应遵循如下两个原则。

1）既要忽略次要因素，又要尽可能地反映结构的主要受力情况。

2）使计算工作尽量简化，而计算结果又要有足够的精确性。

在上述两个原则的前提下，对实际结构主要从以下三个方面进行简化。

1. 杆件及杆与杆之间的连接构造的简化

（1）杆件的简化

杆系结构是由细而长的杆件组成的。通常，当杆件的长度大于其截面高度 5 倍以上时，可以用杆件的轴线来代替杆件，用杆轴线所形成的几何轮廓代替原结构。如图 2-47（a）所示为一箱形结构的剖面示意图，由各杆轴线所形成的结构的几何轮廓，即为计算简图，如图 2-47（b）所示。

（2）结点的简化

在结构中，杆件与杆件相连接处称为结点（或节点）。尽管各杆之间连接的形式有各种各样，特别是材料不同，连接的方式就有很大的差异，但在计算简图中，只简化为两种理想的连接方式，即铰结点和刚结点。

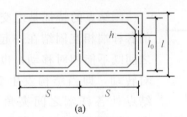 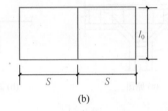

图 2-47

铰结点的特征是，汇交于结点的各杆端不能相对移动，但可以相对转动。用理想铰来连接杆件的例子在实际工程结构中是极少的，但从结点的构造来分析，把它们近似地看成铰结点所造成的误差并不显著。如图 2-48（a）所示为典型的合页式铰，如图 2-48（d）所示为其计算简图。如图 2-48（b）、(c) 所示分别为木结构与钢结构的结点构造图，它们通常简化为铰结点，计算简图如图 2-48（e）、(f) 所示。

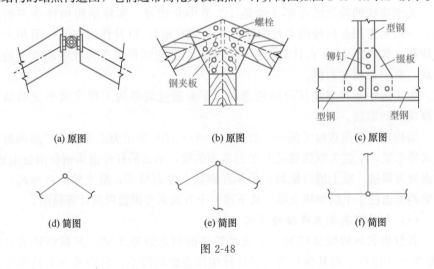

图 2-48

如图 2-49（a）所示为一木屋架的结点构造图，可认为各杆之间有微小的转动，其杆与杆之间的连接可简化为铰结点，用图 2-49（b）表示。又如

图 2-50 （a）所示为木结构或钢筋混凝土梁中经常采用的一种连接方式，计算时也可简化为铰结点，其简图如图 2-50 （b）所示。

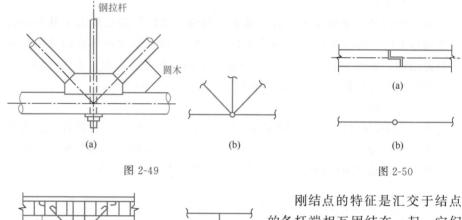

图 2-49　　　　　　　　　　　　　　　　　图 2-50

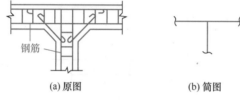

图 2-51

刚结点的特征是汇交于结点的各杆端相互固结在一起，它们之间既不能相对移动，也不能相对转动，即当结构发生变形时，结点处各杆端之间夹角保持不变。如图 2-51 （a） 所示为钢筋混凝土结构的结点构造图，如图 2-51 （b） 所示为它的计算简图。

2. 支座的简化

支座通常简化为固定端、固定铰支座、活动铰支座和弹性支座等形式。支座的简化主要是根据支座的实际构成和变形特点来决定，可对照本章 2-6 节所述的内容进行简化。

3. 荷载的简化

关于荷载的简化已在第 1 章第 1-2 节中介绍过，实际结构构件受到的荷载，一般是作用在构件内各处的体荷载 （如自重），以及作用在某一面积上的面荷载 （如风压力）。在计算简图中，把它们简化到作用在构件纵轴线上的线荷载、集中荷载和力偶。

为了进一步理解计算简图的选取，下面通过简单的工程实例来说明结构计算简图的取法。

结构计算简图选取实例一。如图 2-52 （a）、(b) 所示为工业建筑厂房内的组合式吊车梁，上弦为钢筋混凝土 T 形截面的梁，下面的杆件由角钢和钢板组成，结点处为焊接。梁上铺设钢轨，吊车在钢轨上左右移动，最大轮压 $F_1 = F_2$，吊车梁两端由柱子上的牛腿支承。从下述三个方面来考虑选取其计算简图。

（1） 杆件及其相互连接的简化

各杆由其纵轴线来代替，上弦是整体的钢筋混凝土梁，其截面较大，故 AB 为一连续杆，而其他杆件与 AB 杆相比截面均较小，它们基本上只承受轴力，即视为链杆。AE、BK、EK、CE 和 DK 各杆之间连接均简化为铰接，其中，C、D 铰联在 AB 梁的下方。

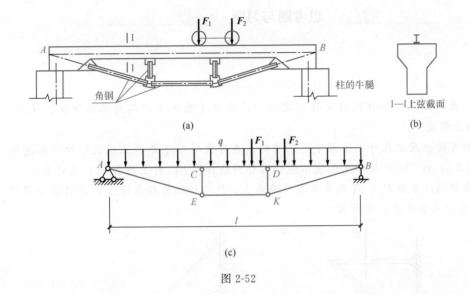

(a)

I—I上弦截面

(b)

(c)

图 2-52

（2）支座的简化

整个吊车梁搁置在柱的牛腿上，相互之间仅由较短的焊缝连接，吊车梁既不能上下移动，也不能水平移动，但梁受到荷载后，梁的两端可以做微小的转动。此外，当温度变化时，梁还可以自由伸缩，为便于计算，并考虑到支座的反力情况，将支座简化成一端为固定铰支座，另一端为可动铰支座。又吊车梁的两端与柱子牛腿支承接触面的长度较小，可取梁两端与柱子牛腿接触面中心的间距，即两支座间的水平距离作为梁的计算跨度 l。

（3）荷载的简化

作用在整个吊车梁上的荷载有恒载和活荷载两种。恒载包括钢轨、梁自重，可简化为作用在沿纵轴线上的均布荷载 q，活荷载是轮压 F_1 和 F_2，由于轮子与钢轨的接触面积很小，可简化为分别作用在两点上的集中荷载。

综合以上所述，吊车梁的计算简图如图 2-52（c）所示。

怎样才能恰当地选取实际结构的计算简图，是结构设计中比较复杂的问题，不仅要掌握上面所述的两个基本原则和方法，而且需要有较多的实践经验。对于一些新型结构往往还要通过反复试验和实践，才能获得比较合理的计算简图。必须指出，由于结构的重要性、设计进行的阶段、计算问题的性质和计算工具等因素的不同，即使是同一结构也可以取不同的计算简图。在一般情况下是：

1）对于重要的结构，应该选取比较精确的计算简图。

2）初步设计阶段可选取粗略的计算简图，在技术设计阶段则应该选取比较精确的计算简图。

3）对结构进行静力计算时，应该选取比较复杂的计算简图，而对结构作动力稳定计算时，由于问题比较复杂，可以选取比较简单的计算简图。

4）结构的设计计算，随着电子计算机的广泛应用，可采用较精确的计算简图。

思考题与习题

思考题

2-1 作用于刚体上大小相等、方向相同的两个力对刚体的作用是否等效？

2-2 在二力平衡原理和作用与反作用定律中，作用于物体上的二力都是等值、反向、共线，其区别在哪里？

2-3 力的可传性原理在什么情形下是正确的，在什么情形下是不正确的？对于如图所示结构，作用在杆 AC 上 D 点的力 F 能不能沿其作用线传至 BC 杆上的 E 点？为什么？

2-4 等直杆 AB 重为 F_G，A 端靠在光滑墙面上，B 端用绳索拴在墙上。试问在如图所示位置时，AB 杆能否平衡？为什么？

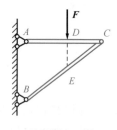

思考题 2-3 图

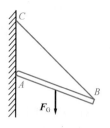

思考题 2-4 图

2-5 若不计自重，图示结构中构件 AC 是否是二力构件？若考虑自重，情况又怎样？

2-6 图示结构中力 F 作用于销钉 C 上，试问销钉 C 对杆 AC 的力与销钉 C 对杆 BC 的力是否等值、反向、共线？为什么？

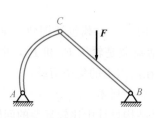

思考题 2-5 图

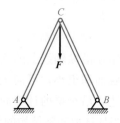

思考题 2-6 图

2-7 平面中的力矩与力偶矩有什么异同？

2-8 既然一个力偶不能和一个力平衡，那么图中的轮子为什么能够平衡呢？

2-9 图示各梁的支座反力是否相同？为什么？

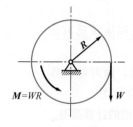

思考题 2-8 图

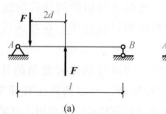

思考题 2-9 图

2-10　试判断图中所画受力图是否正确？若有错误，请改正。假定所有接触面都是光滑的，图中凡未标出自重的物体，自重不计。

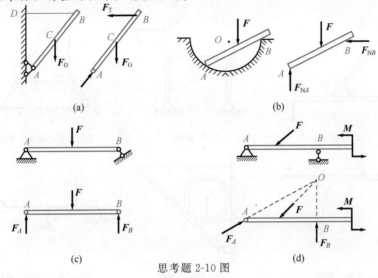

思考题 2-10 图

习　题

2-1　画出如图所示物体的受力图。未画重力的物体的重量均不计，所有接触处都为光滑接触。

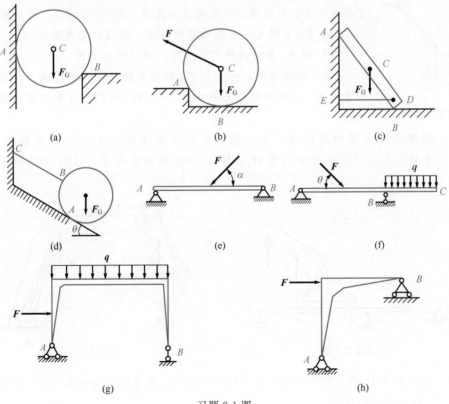

习题 2-1 图

2-2 画出如图所示各指定物体的受力图。未画重力的物体重量均不计，所有接触处的摩擦均不计。

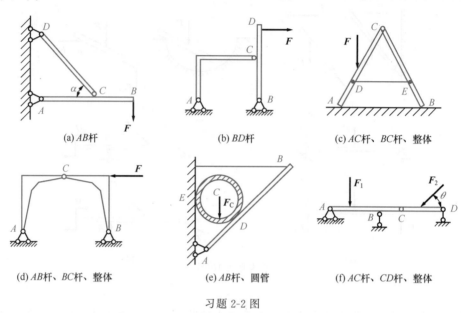

(a) AB杆 (b) BD杆 (c) AC杆、BC杆、整体

(d) AB杆、BC杆、整体 (e) AB杆、圆管 (f) AC杆、CD杆、整体

习题 2-2 图

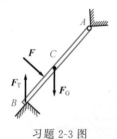

习题 2-3 图

2-3 如图所示为一排水孔闸门的计算简图。闸门重为 F_G，作用于其重心 C。F 为闸门所受的总水压力，F_T 为启门力。试画出：

（1）F_T 不够大，未能启动闸门时，闸门的受力图。

（2）力 F_T 刚好将闸门启动时，闸门的受力图。

2-4 如图所示，一重为 F_{G1} 的起重机停放在两跨梁上，被起重物体重为 F_{G2}。试分别画出起重机、梁 AC 和 CD 的受力图。梁的自重不计。

2-5 挖掘机的简图如图所示。Ⅰ、Ⅱ、Ⅲ为液压活塞，A、B、C 处均为铰链约束。挖斗重 W，AB、BC 部分分别重 W_1、W_2。试分别画出挖斗、AB、BC 三部分的受力图。

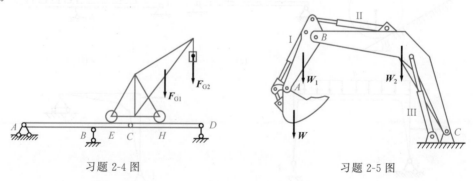

习题 2-4 图   习题 2-5 图

2-6 已知 $F_1 = 100$N，$F_2 = 150$N，$F_3 = F_4 = 200$N，各力的方向如图所示。试分别求出各力在 x 轴和 y 轴上的投影。

2-7 已知平面一般力系 $F_1=50$N，$F_2=60$N，$F_3=50$N，$F_4=80$N，各力方向如图所示，各力作用点的坐标依次是 A_1（20，30）、A_2（30，10）、A_3（40，40）、A_4（0，0），坐标单位是 mm，求出各力在 x 轴和 y 轴上的投影。

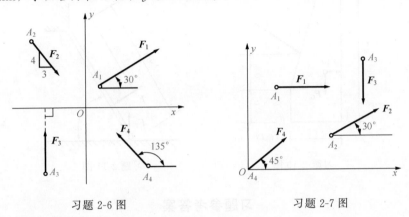

习题 2-6 图   习题 2-7 图

2-8 计算如图所示中力 F 对 O 点之矩。

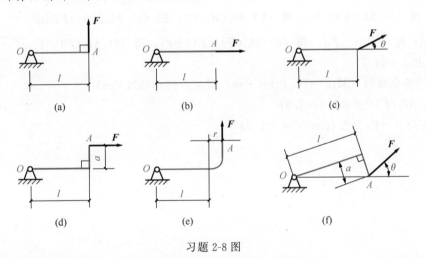

习题 2-8 图

2-9 已知图示水平放置的矩形钢板的长 $a=4$m，宽 $b=2$m，为使钢板恰好转动，顺长边需加两个力 F 与 F'，并且 $F=F'=100$kN。现考虑在钢板上怎样加力可使所用的力最小而钢板亦能转动，并求出此最小力的值。

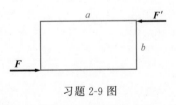

习题 2-9 图

2-10 挡土墙如图所示，已知单位长墙重 $F_G=95$kN。墙背土压力 $F=66.7$kN。试计算各力对前趾点 A 的力矩，并判断墙是否会倾倒。

2-11 如图所示，两水池由闸门板分开，闸门板与水平面成 60°角，板长 2.4m。右池无水，左池总水压力 F 垂直于板作用于 C 点，F_T 为启门力。试写出两力对 A 点之矩计算式。

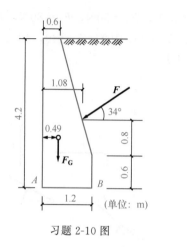

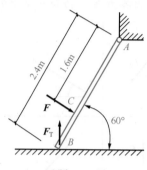

习题 2-10 图　　　　　　　习题 2-11 图

习题参考答案

2-1～2-7　答案略

2-8　图（a）$M_O(F)=Fl$，图（b）$M_O(F)=0$，图（c）$M_O(F)=Fl\sin\theta$

图（d）$M_O(F)=-Fa$，图（e）$M_O(F)=F(l+r)$，图（f）$M_O(F)=F\sqrt{l^2+a^2}\sin\theta$

2-9　$F_{min}=44.7$N

2-10　不会倾倒（$M_{A倾}=77.42$kN·m，$M_{A抗}=86.83$kN·m）

2-11　$M_A(F)=F\times1.6=1.6F$

$M_A(F_T)=-F_T\times2.4\cos60°=-1.2F_T$

第 3 章

平面力系

3-1　平面力系的简化

3-1-1　力系等效与简化的概念

1. 力系的主矢与主矩

由任意多个力所组成的力系（F_1，F_2，$\cdots$，F_n）中所有力的矢量和，称为力系的主矢量，简称为主矢，用 F_R 表示，即

$$F_R = \sum_{i=1}^{n} F_i \tag{3-1}$$

力系中所有力对于同一点（O）之矩的矢量和，称为力系对这一点的主矩，用 M_O 表示，即

$$M_O = \sum_{i=1}^{n} M_O(F_i) \tag{3-2}$$

需要指出的是，主矢只有大小和方向，并未涉及作用点；主矩却是对于确定点的。因此，对于一个确定的力系，主矢是唯一的；主矩并不是惟一的，同一个力系对于不同的点，其主矩一般不相同。

2. 等效的概念

如果两个力系的主矢和主矩分别对应相等，两者对于同一刚体就会产生相同的运动效应，因而称这两个力系为等效力系。

3. 简化的概念

所谓力系的简化，就是将由若干个力和力偶所组成的力系，变为一个力或一个力偶，或者一个力与一个力偶的简单而等效的情形。这一过程称为力系的简化。力系简化的基础是力向一点平移定理。

3-1-2　平面汇交力系的简化

如果作用在物体上各力的作用线都在同一平面内，而且相交于同一点，则该力系称为平面汇交力系。例如，起重机起吊重物时，如图 3-1（a）所示，作用于吊钩 C 的三根绳索的拉力 F，F_A，F_B 都在同一平面内，且汇交于一点，组成平面汇交力系，如图 3-1（b）所示。又如图 3-2 所示的桁架的结点作用有 F_1，F_2，F_3，F_4 四个力，且相交于 O 点，也构成平面汇交力系。

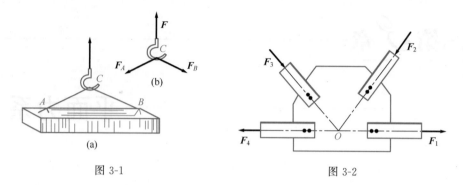

图 3-1   图 3-2

平面汇交力系的简化可采用几何法和解析法。这里仅讨论解析法。

由第 2 章力的多边形法则可知，平面汇交力系可以简化为通过汇交点的合力，现用解析法求合力的大小和方向。

设有平面汇交力系 F_1，F_2，$\cdots$，F_n，如图 3-3（a）所示，在力系所在的平面内任意选取一直角坐标系 Oxy，为了方便，取力系的汇交点为坐标原点。应用合力投影定理，即式（2-3）求合力在正交轴上的投影 F_{Rx} 和 F_{Ry}。由图 3-3（b）中的几何关系，可得出合力 F_R 的大小和方向为

$$\left.\begin{aligned}
F_R &= \sqrt{F_{Rx}^2 + F_{Ry}^2} = \sqrt{\left(\sum_{i=1}^n F_{ix}\right)^2 + \left(\sum_{i=1}^n F_{iy}\right)^2} \\
\tan\alpha &= \left|\frac{F_{Ry}}{F_{Rx}}\right|
\end{aligned}\right\} \quad (3\text{-}3)$$

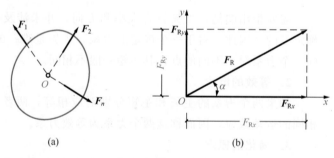

(a)   (b)

图 3-3

式中，F_{Rx}、F_{Ry}——合力 F_R 分别在 x 轴和 y 轴上的投影；

$\displaystyle\sum_{i=1}^n F_{ix}$、$\displaystyle\sum_{i=1}^n F_{iy}$——力系中所有的力在 x 轴和 y 轴上投影的代数和；

α——合力 F_R 与 x 轴所夹的锐角，合力的指向由 $\displaystyle\sum_{i=1}^n F_{ix}$、$\displaystyle\sum_{i=1}^n F_{iy}$ 的正负号决定，合力作用线通过力系的汇交点。

【例 3-1】 固定于墙内的环形螺钉上，作用有三个力 F_1、F_2、F_3，各力的方向如图 3-4（a）所示，各力的大小分别 $F_1=3\text{kN}$、$F_2=4\text{kN}$、$F_3=5\text{kN}$。试求：螺钉作用在墙上的力。

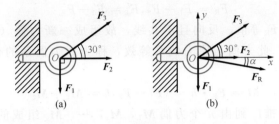

图 3-4

解 要求螺钉作用在墙上的力就是要确定作用在螺钉上所有力的合力。确定合力可以利用力的平行四边形法则，对力系中的各个力两两合成。但是，对于力系中力的个数比较多的情形，这种方法显得很繁琐。而采用合力的投影表达式（2-3），则比较方便。

为了应用式（2-3），首先需要建立坐标系 Oxy，如图 3-4（b）所示。先将各力分别向 x 轴和 y 轴投影，然后代入式（2-3），得

$$F_x = \sum_{i=1}^{n} F_{ix} = F_{1x} + F_{2x} + F_{3x} = (0 + 4 + 5\cos30°)\text{kN} = 8.33\text{kN}$$

$$F_y = \sum_{i=1}^{n} F_{iy} = F_{1y} + F_{2y} + F_{3y} = (-3 + 0 + 5\sin30°)\text{kN} = -0.5\text{kN}$$

由此可由式（3-3）求得合力 $\boldsymbol{F}$ 的大小与方向（即其作用线与 x 轴的夹角）

$$F = \sqrt{F_x^2 + F_y^2} = \sqrt{(8.33)^2 + (-0.5)^2}\text{kN} = 8.345\text{kN}$$

$$\cos\alpha = \frac{F_x}{F} = \frac{8.33}{8.345} = 0.998, \quad \alpha = 3.6°$$

3-1-3 平面力偶系的简化

作用在同一平面内的若干个力偶组成的力系称为平面力偶系。设在物体某平面内作用两个力偶 $\boldsymbol{M}_1$ 和 $\boldsymbol{M}_2$，如图 3-5（a）所示，根据平面力偶等效的性质及推论，将上述力偶进行等效变换。为此，任选一线段 $AB=h$ 作为公共力偶臂，变换后的等效力偶中各力的大小分别为

$$F_1 = F_1' = M_1/h, \quad F_2 = F_2' = M_2/h$$

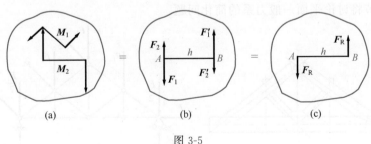

图 3-5

再将如图 3-5（b）所示中作用在 A 点和 B 点的力简化（设 $F_1 > F_2$）得

$$F_R = F_1 - F_2, F'_R = F'_1 - F'_2$$

由于 F_R 与 F'_R 等值、反向且不共线，故组成一新力偶（F_R，F'_R），如图3-5（c）所示。此力偶与原力偶系等效，称为原力偶系的合力偶。其力偶矩为

$$M = F_R \cdot h = (F_1 - F_2)h = M_1 + M_2$$

将上述关系推广到由 n 个力偶 M_1，M_2，…，M_n 组成的平面力偶系，则有

$$M = \sum_{i=1}^{n} M_i = \sum M_i \tag{3-4}$$

即平面力偶系可以合成为一个合力偶，合力偶的力偶矩等于各分力偶矩的代数和。

【例 3-2】 作用在刚体上的六个力组成处于同一平面内的 3 个力偶（F_1，F'_1）、（F_2，F'_2）和（F_3，F'_3），如图 3-6 所示，其中 $F_1 = 200N$、$F_2 = 600N$、$F_3 = 400N$。图中长度单位为 mm，试求三个平面力偶所组成的平面力偶系的合力偶矩。

解 根据平面力偶系的简化结果，由式（3-4）得本例中 3 个力偶所组成的平面力偶系的合力偶的力偶矩，等于 3 个力偶的力偶矩之代数和，即

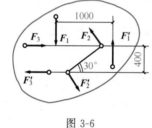

图 3-6

$$M = \sum_{i=1}^{n} M_i = M_1 + M_2 + M_3$$

$$= \left(200 \times 1 + 600 \times \frac{0.4}{\sin 30°} - 400 \times 0.4 \right) N \cdot m$$

$$= 520 N \cdot m$$

3-1-4 平面一般力系的简化

平面一般力系是指各力的作用线在同一平面内但不都汇交于一点也不都互相平行的力系，又称为平面任意力系。如图 3-7（a）所示屋架，屋架受重力荷载 F_1、风荷载 F_2 及支座反力 F_{Ax}，F_{Ay}，F_B 的作用，这些力的作用线都在屋架的平面内，组成一个平面力系，如图 3-7（b）所示。

本节将讨论平面一般力系的简化问题。

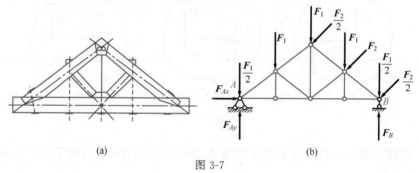

(a)　　　　　　　　　(b)

图 3-7

1. 平面一般力系的简化

设在某刚体上作用一平面任意力系 $\boldsymbol{F}_1$，$\boldsymbol{F}_2$，$\cdots$，$\boldsymbol{F}_n$，如图 3-8（a）所示。在力系所在平面内选一点 O 作为简化中心。根据力的平移定理，将力系中各力向简化中心 O 点平移，同时附加相应的力偶，于是原力系就等效地变换为作用于简化中心 O 点的平面汇交力系 $\boldsymbol{F}_1'$，$\boldsymbol{F}_2'$，$\cdots$，$\boldsymbol{F}_n'$ 和力偶矩分别为 $\boldsymbol{M}_1$，$\boldsymbol{M}_2$，$\cdots$，$\boldsymbol{M}_n$ 的力偶组成的附加平面力偶系，如图 3-8（b）、（c）所示。其中，$\boldsymbol{F}_1'=\boldsymbol{F}_1$，$\boldsymbol{F}_2'=\boldsymbol{F}_2$，$\cdots$，$\boldsymbol{F}_n'=\boldsymbol{F}_n$；$M_1=M_O(\boldsymbol{F}_1)$，$M_2=M_O(\boldsymbol{F}_2)$，$\cdots$，$M_n=M_O(\boldsymbol{F}_n)$。分别将这两个力系合成如图 3-8（d）所示。

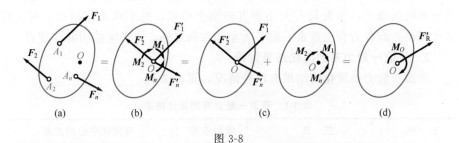

图 3-8

（1）主矢

作用在简化中心的平面汇交力系可以简化为一个合力

$$\boldsymbol{F}_R' = \boldsymbol{F}_1'+\boldsymbol{F}_2'+\cdots+\boldsymbol{F}_n' = \sum \boldsymbol{F}' = \sum \boldsymbol{F}$$

即合力矢等于原力系所有各力的矢量和。力矢 $\boldsymbol{F}_R'$ 称为原力系的主矢，其大小和方向可用解析法计算。主矢 $\boldsymbol{F}_R'$ 在直角坐标轴上的投影为

$$\left.\begin{aligned}
F_{Rx}' &= F_{1x}'+F_{2x}'+\cdots+F_{nx}' = \sum_{i=1}^{n} F_{ix}' = \sum_{i=1}^{n} F_{ix} \\
F_{Ry}' &= F_{1y}'+F_{2y}'+\cdots+F_{ny}' = \sum_{i=1}^{n} F_{iy}' = \sum_{i=1}^{n} F_{iy}
\end{aligned}\right\}$$

则

$$\left.\begin{aligned}
F_R' &= \sqrt{F_{Rx}'^2+F_{Ry}'^2} = \sqrt{\left(\sum_{i=1}^{n} F_{ix}\right)^2+\left(\sum_{i=1}^{n} F_{iy}\right)^2} \\
\tan\alpha &= \left| \frac{F_{Ry}'}{F_{Rx}'} \right|
\end{aligned}\right\} \tag{3-5}$$

（2）主矩

附加平面力偶系可以简化为一个合力偶，合力偶矩为

$$M_O = M_1+M_2+\cdots+M_n = M_O(\boldsymbol{F}_1)+M_O(\boldsymbol{F}_2)+\cdots+M_O(\boldsymbol{F}_n) = \sum M_O(\boldsymbol{F}_i)$$

即合力偶矩等于原力系所有各力对简化中心 O 点力矩的代数和。M_O 称为原力系对简化中心的主矩。

上述分析结果表明：平面力系向作用面内任意一点简化，一般情形下，得到一个力——主矢和一个力偶——主矩。所得力的作用线通过简化中心，

它等于力系中所有力的矢量和；所得力偶仍作用于原平面内，其力偶矩数值等于力系中所有力对简化中心之矩的代数和。

由于力系向任意一点简化其主矢都是等于力系中所有力的矢量和，所以主矢与简化中心的选择无关；主矩则不然，主矩等于力系中所有力对简化中心之矩的代数和，对于不同的简化中心，力对简化中心之矩各不相同，所以，主矩与简化中心的选择有关。因此，当提及主矩时，必须指明是对哪一点的主矩。例如，M_O 就是指对 O 点的主矩。

需要注意的是，一般情况下，向 O 点简化所得的主矢或主矩，并不是原力系的合力或合力偶，它们中的任何一个并不与原力系等效。主矢与合力是两个不同的概念，主矢只有大小和方向两个要素，并不涉及作用点，可在任意点画出；而合力有三要素，除了大小和方向之外，还必须指明其作用点。

2. 平面一般力系的简化结果讨论

平面一般力系简化的结果有四种情况，见表 3-1。

表 3-1 平面一般力系的简化结果

主 矢		主 矩	最后结果	与简化中心的关系
$F_R' = 0$	1	$M = 0$	平衡	与简化中心无关
	2	$M \neq 0$	合力偶	与简化中心无关
$F_R' \neq 0$	3	$M = 0$	合力	合力作用线过简化中心
	4	$M \neq 0$	合力	合力作用线距简化中心为 $d = \lvert M \rvert / F_R'$

由表 3-1 可见，平面一般力系简化的最后结果，可归纳为三种情况。

1）简化为一个力，第 3、4 种情况。

2）简化为一个力偶，第 2 种情况。

3）力系平衡，第 1 种情况。

【例 3-3】 试求如图 3-9（a）所示平面力系简化的最终结果。

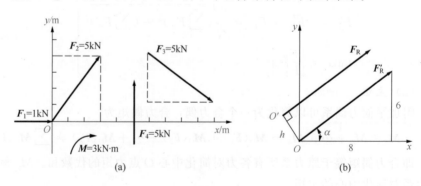

(a)　　　　　　　(b)

图 3-9

解 将各力向 O 点简化。

（1）主矢为

$$F'_{Rx} = \sum F_x = (1+3+4)\text{kN} = 8\text{kN}$$

$$F'_{Ry} = \sum F_y = (4-3+5)\text{kN} = 6\text{kN}$$

$$F'_R = \sqrt{(F'_{Rx})^2 + (F'_{Ry})^2} = \sqrt{8^2+6^2} = 10\text{kN}$$

主矢 F'_R 与 x 轴的夹角 α 为

$$\tan\alpha = |F'_{Ry}/F'_{Rx}| = 3/4, \alpha = 36.87°$$

因为 $F'_{Rx}>0$，$F'_{Ry}>0$，故 α 在第一象限，如图 3-9（b）所示。

（2）主矩为

$$M_O = \sum M_O(F_i) = -4F_{3x} - 6F_{3y} + 5F_4 - M$$

$$= (-16-18+25-3)\text{kN}\cdot\text{m} = -12\text{kN}\cdot\text{m}$$

（3）计算合力。因为 $F'_R \neq 0$，$M_O \neq 0$，力系合成一个合力，且

$$F_R = F'_R = 10\text{kN}$$

作用线距简化中心 O 点为

$$h = |M_O/F'_R| = \frac{12}{10}\text{m} = 1.2\text{m}$$

注意到 M_O 为负，合力 F_R 的作用位置如图 3-9（b）所示。

3-2　平面一般力系的平衡

3-2-1　平面一般力系的平衡条件与平衡方程

当力系的主矢和对于任意一点的主矩同时等于零时，力系既不能使物体发生移动，也不能使物体发生转动，即物体处于平衡状态。因此，力系平衡的必要与充分条件是力系的主矢和对任意一点的主矩同时等于零。这一条件简称为平衡条件。

满足平衡条件的力系称为平衡力系。

对于平面力系，根据本章中所得到的主矢表达式（3-1）和主矩的表达式（3-2），力系的平衡条件可以写成

$$F'_R = \sqrt{F'^2_{Rx} + F'^2_{Ry}} = \sqrt{(\sum_{i=1}^n F_{ix})^2 + (\sum_{i=1}^n F_{iy})^2} = 0$$

$$M_O = \sum_{i=1}^n M_O(F_i) = 0$$

将式（3-1）的矢量形式，改写为力的投影形式，得到

$$\sum_{i=1}^n F_{ix} = 0, \quad \sum_{i=1}^n F_{iy} = 0, \quad \sum_{i=1}^n M_O(F_i) = 0$$

这一组方程称为平面力系的平衡方程。通常将平衡方程中的前第 1、第 2 两式称为力平衡投影方程；第 3 式称为力矩平衡方程。为了书写方便，通常将平面力系的平衡方程写成

$$\sum F_x = 0, \quad \sum F_y = 0, \quad \sum M_O(F) = 0 \qquad (3\text{-}6)$$

上述平衡方程表明，平面力系平衡的必要与充分条件是：力系中所有的力在直角坐标系 Oxy 的各坐标轴上的投影的代数和以及所有的力对任意点之矩的代数和同时等于零。

平面力系的平衡方程除了式（3-6）所示的基本形式外，还有二力矩式方程和三力矩式方程。若将式（3-6）中两个投影方程中的某一个用力矩式方程代替，则可得到下列二力矩式平衡方程

$$\sum F_x = 0, \quad \sum M_A(F) = 0, \quad \sum M_B(F) = 0 \qquad (3\text{-}7)$$

附加条件：A、B 连线不能垂直投影轴 x。否则，式（3-7）就只是平面任意力系平衡的必要条件，而不是充分条件。

若将式（3-6）中的两个投影方程都用力矩式方程代替，则可得三力矩式平衡方程，即

$$\sum M_A(F) = 0, \quad \sum M_B(F) = 0, \quad \sum M_C(F) = 0 \qquad (3\text{-}8)$$

附加条件：A、B、C 三点不共线。否则，式（3-8）只是平面任意力系平衡的必要条件而不是充分条件。

上述三组平衡方程中，投影轴和矩心都是任意选取的，所以可写出无数个平衡方程，但只要满足其中一组，其余方程就都自动满足，故独立的平衡方程只有三个，最多可求解三个未知量。

【例 3-4】 如图 3-10（a）所示为一悬臂式起重机，A、B、C 处都是铰链连接。梁 AB 自重 $F_G = 1\text{kN}$，作用在梁的中点，提升重量 $F_P = 8\text{kN}$，杆 BC 自重不计，求支座 A 的反力和杆 BC 所受的力。

解 （1）取梁 AB 为研究对象，受力图如图 3-10（b）所示。A 处为固定铰支座，其反力用两分力 F_{Ax}、F_{Ay} 表示；杆 BC 为二力杆，它的约束反力 F_T 沿 BC 轴线，并假设为拉力。

（2）选取投影轴和矩心。为使每个方程中未知量尽可能少，避免解联立方程，以 A 点或 B 点为矩心，取如图 3-10（b）所示的直角坐标系 Axy。

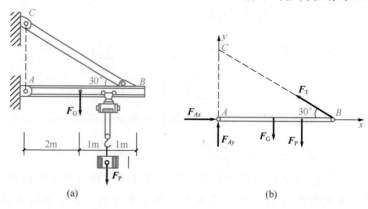

图 3-10

（3）列平衡方程并求解。梁 AB 所受各力组成平面一般力系，用二力矩形式的平衡方程求解这三个未知力。

由

$$\sum M_A(F) = 0, \quad -F_G \times 2 - F_P \times 3 + F_T \sin 30° \times 4 = 0$$

得

$$F_T = (2F_G + 3F_P)/(4 \times \sin 30°) = (2 \times 1 + 3 \times 8)/(4 \times 0.5) \text{kN} = 13 \text{kN}$$

由

$$\sum M_B(F) = 0, \quad -F_{Ay} \times 4 + F_G \times 2 + F_P \times 1 = 0$$

得

$$F_{Ay} = (2F_G + F_P)/4 = (2 \times 1 + 8)/4 \text{kN} = 2.5 \text{kN}$$

由

$$\sum F_x = 0, \quad F_{Ax} - F_T \times \cos 30° = 0$$

得

$$F_{Ax} = F_T \times \cos 30° = 13 \times 0.866 \text{kN} = 11.26 \text{kN}$$

（4）校核。

$$\sum F_y = F_{Ay} - F_G - F_P + F_T \times \sin 30° = 2.5 - 1 - 8 + 13 \times 0.5 = 0$$

可见计算无误。

【例 3-5】 A 端固定的悬臂梁 AB 受力如图 3-11（a）所示。梁的全长上作用有集度为 q 的均布荷载；自由端 B 处承受一集中力 F_P 和一力偶 M 的作用。已知 $F_P = ql$，$M = ql^2$，l 为梁的长度。试求固定端处的约束力。

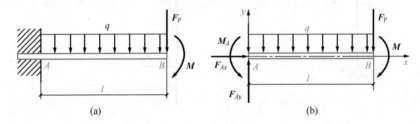

图 3-11

解 （1）研究对象、隔离体与受力图。本例中只有梁一个构件，以梁 AB 为研究对象，解除 A 端的固定端约束，代之以约束力 F_{Ax}、F_{Ay} 和约束力偶 M_A，梁 AB 的受力图如图 3-11（b）所示。图中 F_P、M、q 为已知的外加荷载，是主动力。

（2）将均布荷载简化为集中力。先介绍分布荷载的概念。当荷载连续地作用在整个构件或构件的一部分上时，称为分布荷载。如水压力、土压力和构件的自重等。如果荷载系分布在一个狭长范围内，则可以把它简化为沿狭长面的中心线分布的荷载，称为线荷载。例如，梁的自重就可以简化为沿梁的轴线分布的线荷载。

当各点线荷载的大小都相同时，称为均布线荷载；当线荷载各点大小不相同时，称为非均布线荷载。

各点荷载的大小用荷载集度 q 表示，某点的荷载集度表示线荷载在该点的密集程度。其常用单位为 N/m 或 kN/m。

可以证明：按任一平面曲线分布的线荷载，其合力的大小等于分布荷载图的面积，作用线通过荷载图形的形心，合力的指向与分布力的指向相同。

作用在梁上的均匀分布力的合力大小等于荷载集度与作用长度的乘积，即 ql；合力的方向与均布荷载的方向相同；合力作用线通过均布荷载作用段的中点。

（3）建立平衡方程。求解未知约束力通过对 A 点的力矩平衡方程，可以求得固定端的约束力偶 M_A；利用两个力的平衡方程求出固定端的约束力 F_{Ax} 和 F_{Ay}。

$$\sum F_x = 0, \quad F_{Ax} = 0$$

$$\sum F_y = 0, \quad F_{Ay} - ql - F_P = 0, \quad F_{Ay} = 2ql$$

$$\sum M_A(F) = 0, \quad M_A - ql \times l/2 - F_P \times l - M = 0, \quad M_A = \frac{5}{2}ql^2$$

【例 3-6】 如图 3-12（a）所示刚架。B 处为刚性结点，A 处为固定铰链支座；C 处为辊轴支座。若图中 F_P 和 l 均为已知，求 A、C 两处的约束力。

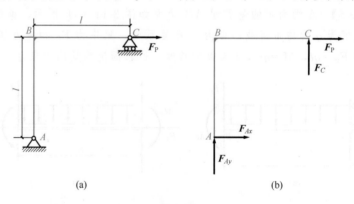

图 3-12

解 （1）研究对象、隔离体和受力图。以刚架 ABC 为研究对象，解除 A、C 两处的约束：A 处为固定铰支座，假设互相垂直的两个约束力为 F_{Ax} 和 F_{Ay}；C 处为辊轴支座，只有一个约束力 F_C，垂直于支承面，假设方向向上。于是，刚架 ABC 的受力如图 3-12（b）所示。

（2）应用平衡方程求解未知力。首先，通过对 A 点的力矩平衡方程，可以求得辊轴支座 C 处的约束力 F_C；然后，用两个力平衡的投影方程求出固定铰链支座 A 处的约束力 F_{Ax} 和 F_{Ay}。

$$\sum M_A(F) = 0, \quad F_C \times l - F_P \times l = 0, \quad F_C = F_P$$

$$\sum F_x = 0, \qquad F_{Ax} + F_P = 0, \qquad F_{Ax} = -F_P$$

$$\sum F_y = 0, \qquad F_{Ay} + F_C = 0, \qquad F_{Ay} = -F_C = -F_P$$

其中 $\boldsymbol{F}_{Ax}$ 和 $\boldsymbol{F}_{Ay}$ 均为负值，表明 $\boldsymbol{F}_{Ax}$ 和 $\boldsymbol{F}_{Ay}$ 的实际方向均与假设的方向相反。

3-2-2　几种特殊平面力系的平衡方程

平面汇交力系、平面平行力系和平面力偶系可以看作是平面力系的特殊情况。它们的平衡方程均可由式（3-6）、式（3-7）导出。

1. 平面汇交力系

若取汇交点为矩心，则式（3-6）中的力矩式方程自动满足，故其平衡方程为

$$\sum F_x = 0, \quad \sum F_y = 0 \tag{3-9}$$

由于只有两个方程，所以最多可以求解两个未知量。

【例 3-7】　支架由直杆 AB、AC 构成，A、B、C，三处都是铰链，在 A 点悬挂质量为 $F_G = 20\text{kN}$ 的重物，如图 3-13（a）所示，求杆 AB、AC 所受的力。杆的自重不计。

解　（1）取 A 铰为研究对象。

（2）画受力图。如图 3-13（b）所示，因杆 AB、AC 都是二力直杆，它们对铰 A 的约束反作用力都沿着各自的轴线方向，并设为拉力。

（3）建立坐标系。如图 3-13（b）所示，将坐标轴分别和两未知力垂直，使运算简化。

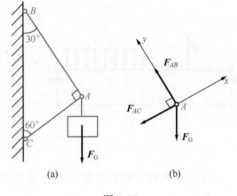

图 3-13

由

$$\sum F_x = 0, \quad -F_{AC} - F_G\cos60° = 0$$

得

$$F_{AC} = -F_G\cos60° = -10\text{kN（压）}$$

由

$$\sum F_y = 0, \quad F_{AB} - F_G\sin60° = 0$$

得

$$F_{AB} = F_G\sin60° = 17.3\text{kN（拉）}$$

计算结果 F_{AB} 为正，表示该力实际指向与受力图中假设的指向一致，表明 AB 杆件受拉；F_{AC} 为负，表示该力实际指向与受力图中假设的指向相反，说明杆件 AC 受压。

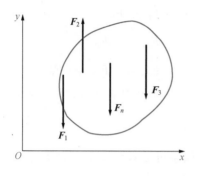

图 3-14

2. 平面平行力系

对于如图 3-14 所示的平面平行力系 F_1, F_2, …, F_n, 取 Ox 轴与各力垂直，则式（3-6）中 $\sum F_x = 0$ 恒满足，于是独立的平衡方程就只有两个，即

$$\sum F_y = 0, \qquad \sum M_O(F) = 0$$

$$(3\text{-}10)$$

【例 3-8】 如图 3-15（a）所示水平梁受荷载 $F = 20\text{kN}$、$q = 10\text{kN/m}$ 作用，梁的自重不计，试求 A、B 处的支座反力。

解 （1）取梁 AB 为研究对象。

（2）画受力图。梁上作用的荷载 F、q 和支座反力 F_B 相互平行，故支座反力 F_A 必与各力平行，才能保证力系为平衡力系。这样，荷载和支座反力组成平面平行力系，如图 3-15（b）所示。

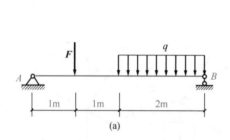

(a)

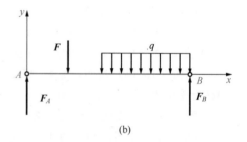

(b)

图 3-15

（3）列平衡方程并求解。建立坐标系，如图 3-15（b）所示。
由

$$\sum M_A(F) = 0, \quad F_B \times 4 - F \times 1 - q \times 2 \times 3 = 0$$

得

$$F_B = (F \times 1 + q \times 2 \times 3)/4 = (20 \times 1 + 10 \times 6)/4\text{kN} = 20\text{kN}$$

由

$$\sum F_y = 0, \quad F_A + F_B - F - q \times 2 = 0$$

得

$$F_A = F + q \times 2 - F_B$$
$$= (20 + 10 \times 2 - 20)\text{kN} = 20\text{kN}$$

【例 3-9】 塔式起重机简图如图 3-16所示。已知机架重量 $F_{G1} = 500\text{kN}$，重心 C 至右轨 B 的距离 $e = 1.5\text{m}$；起吊重量 $F_{G2} = 250\text{kN}$，其作用线至右轨 B 的最远距离 $L = 10\text{m}$；两轨间距 $b = 3\text{m}$。为使起

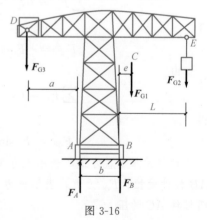

图 3-16

重机在空载和满载时都不致倾倒，试确定平衡锤的重量 F_{G3}（其重心至左轨 A 的距离 $a=6\text{m}$）。

解　为了保证起重机不倾倒，须使作用在起重机上的主动力 $\boldsymbol{F}_{G1}$、$\boldsymbol{F}_{G2}$、$\boldsymbol{F}_{G3}$ 和约束力 $\boldsymbol{F}_A$、$\boldsymbol{F}_B$ 所组成的平面平行力系在满载和空载时都满足平衡条件，因此，平衡锤的重量应有一定的范围。

（1）满载时，若平衡锤重量太小，起重机可能绕 B 点向右倾倒。开始倾倒的瞬间，左轮与轨道 A 脱离接触，这种情形称为临界状态。这时，$F_A=0$。满足临界状态平衡条件的平衡锤重为所必需的最小平衡锤重 F_{G3min}。于是由

$$\sum M_B(\boldsymbol{F})=0, \quad F_{G3min}(a+b)-F_{G1}e-F_{G2}L=0$$

解得

$$F_{G3min}=361\text{kN}$$

（2）空载时，$F_{G2}=0$，若平衡锤太重，起重机可能绕 A 点向左倾倒。在临界状态下，$F_B=0$。满足临界状态平衡条件的平衡锤重将是所允许的最大平衡锤重 F_{G3max}。于是由

$$\sum M_A(F)=0, \quad F_{G3max}a-F_{G1}(e+b)=0$$

解得

$$F_{G3max}=375\text{kN}$$

综上所述，为保证起重机在空载和满载时都不倾倒，平衡锤的重量应满足

$$361\text{kN}>F_{G3}>375\text{kN}$$

3. 平面力偶系

由平面力偶系的合成结果可知，若力偶系平衡，其合力偶矩必等于零；反之，若合力偶矩等于零，则原力偶系必定平衡。平面力偶系平衡的必要和充分条件是：力偶系中所有各力偶的力偶矩的代数和等于零，即

$$\sum M=M_1+M_2+\cdots+M_n=0 \tag{3-11}$$

【**例 3-10**】　一简支梁 AB，在 C 处受一力偶作用如图 3-17（a）所示，已知力偶矩从 $M_e=100\text{kN}\cdot\text{m}$，梁跨度 $l=5\text{m}$，求 A、B 两支座的反力。

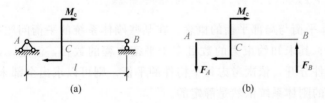

图 3-17

解　取 AB 梁为脱离体，由于梁处于平衡状态，欲必有支座反力组成的力偶矩与外荷载 $\boldsymbol{M}_e$ 平衡。令 B 处支反力 R_B 垂直于 AB 梁，所以，$\boldsymbol{F}_A$ 也垂直于 AB 梁，并假设 $\boldsymbol{F}_A$、$\boldsymbol{F}_B$ 的方向如图 3-17（b）所示。由力偶平衡条件：

$$-M_e + F_B l = 0$$

得

$$F_B = \frac{M_e}{l} = \frac{100}{5}\text{kN} = 20\text{kN}$$

因 $\boldsymbol{F}_A$ 与 $\boldsymbol{F}_B$ 组成一个力偶，故有

$$F_A = F_B = 20\text{kN}$$

答案为正值，说明假设方向与实际相符合。

3-3　简单刚体系统的平衡问题

实际工程结构大都是由两个或两个以上构件通过一定约束方式连接起来的系统，因为在工程静力学中构件的模型都是刚体，所以，这种系统称为刚体系统。前几章中，实际上已经遇到过一些简单刚体系统的问题，其约束与受力都比较简单，比较容易分析和处理。分析刚体系统平衡问题的基本原则与处理单个刚体的平衡问题是一致的，很重要的是要正确判断刚体系统的静定性质，并选择合适的研究对象。现分述如下。

3-3-1　刚体系统静定与静不定的概念

在前几节所研究的问题中，作用在刚体上的未知力的数目正好等于独立的平衡方程数目。因此，应用平衡方程，可以解出全部未知量。这类问题称为静定问题，相应的结构称为静定结构。实际工程结构中，为了提高结构的强度和刚度，或者为了满足其他工程要求，常常需要在静定结构上，再加上一些构件或者约束，从而使作用在刚体上未知约束力的数目多于独立的平衡方程数目，因而仅仅依靠刚体平衡条件还不能求出全部未知量。这类问题称为静不定问题，相应的结构称为静不定结构或超静定结构。对于静不定问题，必须考虑物体因受力而产生的变形、补充某些方程，才能使方程的数目等于未知量的数目。求解静不定问题，将在本书后面章节中介绍。

3-3-2　刚体系统的平衡问题的特点与解法

1）整体平衡与局部平衡的概念。在某些刚体系统的平衡问题中，若仅考虑整体平衡，其未知约束力的数目多于平衡方程的数目，但是，如果将刚体系统中的构件分开，依次考虑每个构件的平衡，则可以求出全部未知约束力。这种情形下的刚体系统依然是静定的。

求解刚体系统的平衡问题需要将平衡的概念加以扩展，即系统如果整体是平衡的，则组成系统的每一个局部以及每一个刚体也必然是平衡的。

2）研究对象有多种选择。由于刚体系统是由多个刚体组成的，因此，研究对象的选择对于能不能求解以及求解过程的繁简程度有很大关系。一般先以整个系统为研究对象，虽然不能求出全部未知约束力，但可求出其中一个或几个未知力。

3）对刚体系统作受力分析时，要分清内力和外力。内力和外力是相对的，需视选择的研究对象而定。研究对象以外的物体作用于研究对象上的力称为外力，研究对象内部各部分间的相互作用力称为内力。内力总是成对出现，它们大小相等、方向相反、作用线同在一直线上，分别作用在两个相连接的物体上。考虑以整体为研究对象的平衡时，由于内力在任意轴上的投影之和以及对任意点的力矩之和始终为零，因而不必考虑。但是，一旦将系统拆开，以局部或单个刚体作为研究对象时，在拆开处，原来的内力变成了外力，建立平衡方程时，必须考虑这些力。

4）刚体系统的受力分析过程必须严格根据约束的性质确定约束力，特别要注意互相连接物体之间的作用力与反作用力，使作用在平衡系统整体上的力系和作用在每个刚体上的力系都满足平衡条件。

常常有这样的情形，作用在系统上的力系似乎满足平衡条件，但由此而得到的单个刚体本身的力系却是不平衡的，这显然是不正确的。这种情形对于初学者时有发生。

【例 3-11】 如图 3-18（a）所示之静定结构称为多跨静定梁，由 AB 和 BC 梁在 B 处用中间铰连接而成。其中 C 处为辊轴支座，A 处为固定端。DE 段梁上承受均布荷载作用，荷载集度为 q；E 处作用有外加力偶，其力偶矩为 M。若 q、M、l 等均为已知，试求：A、C 两处的约束力。

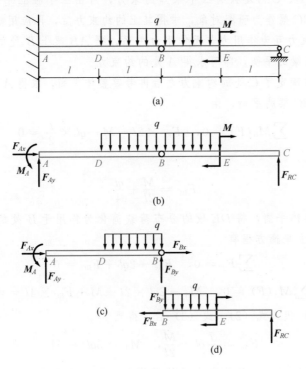

图 3-18

解 （1）受力分析。在固定端 A 处有三个约束力，设为 $\boldsymbol{F}_{Ax}$、$\boldsymbol{F}_{Ay}$ 和 $\boldsymbol{M}$；在辊轴支座 C 处有一个竖直方向的约束力 $\boldsymbol{F}_{RC}$。对于结构整体，这些约束力都是系统的外力。若将结构从 B 处拆开成两个刚体，则铰链 B 处的约束力可以用相互垂直的两个分量表示，但作用在两个刚体上同一处的约束力互为作用力与反作用力，这种约束力对于拆开的单个刚体是外力，对于拆开之前的系统，却是内力。这些力在考察结构整体平衡时并不出现。因此，整体结构的受力如图 3-18（b）所示；AB 和 BC 两个刚体的受力如图 3-18（c）、（d）所示。

（2）考察整体平衡。整体结构的受力图，如图 3-18（b）所示，其上作用有四个未知约束力，而平面力系独立的平衡方程只有三个，因此，仅仅考察整体平衡不能求得全部未知约束力，但是可以求得其中某些未知量。例如，由整体平衡方程

$$\sum F_x = 0$$

可得到

$$F_{Ax} = 0$$

（3）考察局部平衡。如图 3-18（c）、（d）所示为拆开后的 AB 梁和 BC 梁的受力图。

AB 梁在 A、B 两处作用有五个约束力，其中已求得 $F_{Ax} = 0$，尚有四个是未知的，故杆 AB 梁不宜最先选作研究对象。

BC 梁在 B、C 两处共有三个未知约束力，可由三个独立平衡方程求解。因此，先以 BC 梁作为研究对象，求得其上的约束力后，再应用拆开后两部分在 B 处的约束力互为作用力与反作用力关系，得 AB 梁上 B 处的约束力。最后再考察 AB 梁的平衡，即可求得 A 处的约束力。

也可以在确定了 C 处的约束力之后再考察整体平衡，求得 A 处的约束力。

先考察 BC 梁的平衡，由

$$\sum M_B(F) = 0, \quad F_{RC} \times 2l - M - ql \times \frac{l}{2} = 0$$

求得

$$F_{RC} = \frac{M}{2l} + \frac{ql}{4} \tag{1}$$

再考察整体平衡，将 DE 段的分布荷载简化为作用于 B 处的集中力，其值为 $2ql$。建立平衡方程有

$$\sum F_y = 0, \quad F_{Ay} - 2ql + F_{RC} = 0 \tag{2}$$

$$\sum M_A(F) = 0, \quad M_A - 2ql \times 2l - M + F_{RC} \times 4l = 0 \tag{3}$$

将式（1）代入式（2）、式（3）后，得到

$$F_{Ay} = \frac{7}{4}ql - \frac{M}{2l}, \quad M_A = 3ql^2 - M$$

（4）结果验证。为了验证上述结果的正确性，建议读者再以 AB 梁为研究对象，应用已经求得的 F_{Ay} 和 M_A，确定 B 处的约束力，与考察 BC 梁平衡

求得的 B 处约束力互相印证。

对于初学者,上述验证过程显得过于烦琐,但对于工程设计,为了确保安全可靠,这种验证过程却是非常必要的。

【例 3-12】 三铰拱在顶部受有荷载集度为 q 的均布荷载作用,各部分尺寸如图 3-19(a)所示。试求支座 A、B 及 C 铰处的约束反力。

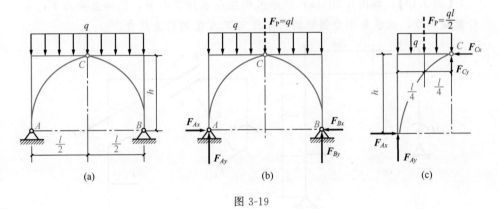

图 3-19

解 (1)以整体为研究对象,受力图如图 3-19(b)所示,属平面任意力系。A、B 两处共有四个未知的约束反力,而只有三个独立的平衡方程。虽然不能求出全部未知力,但有三个约束反力的作用线通过 A 点或 B 点,可以解出部分未知力。平衡方程如下:

由

$$\sum M_A(F) = 0, \quad F_{By}l - ql\frac{l}{2} = 0$$

得

$$F_{By} = \frac{ql}{2}$$

由

$$\sum M_B(F_i) = 0, \quad -F_{Ay}l + ql\frac{l}{2} = 0$$

得

$$F_{Ay} = \frac{ql}{2}$$

由

$$\sum F_x = 0, \quad F_{Ax} - F_{Bx} = 0$$

得

$$F_{Ax} = F_{Bx}$$

(2)将系统从 C 处拆开,以左半拱 AC 为研究对象,其受力如图 3-19(c)所示,列平衡方程。

由

$$\sum M_C(F) = 0, \quad F_{Ax} \times h - F_{Ay} \times \frac{l}{2} + q \frac{l}{2} \times \frac{l}{4} = 0$$

得

$$F_{Ax} = F_{Bx} = \frac{ql^2}{8h}$$

【例 3-13】 如图 3-20（a）所示机构在图示位置平衡，已知主动力 **F**，各杆重量不计，试求集中力偶矩的大小及支座 A 处的约束反力。

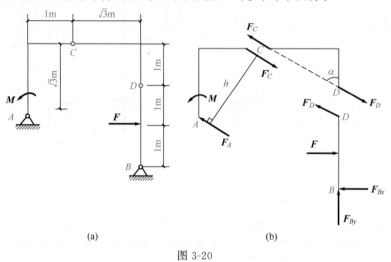

图 3-20

解 （1）取 CD 杆为研究对象。由于 CD 杆为二力杆，因此它所受到的 C、D 两铰链的约束反力必沿 C、D 两点连线。其受力如图 3-20（b）所示，由几何关系可知 $\alpha = 60°$。

（2）取 BD 杆为研究对象，其受力如图 3-20（b）所示，于是有

$$\sum M_B(F) = 0, \quad F'_D \times \sin\alpha \times 2 - F \times 1 = 0$$

$$F'_D = \frac{F}{2\sin\alpha} = \frac{F}{2\sin 60°} = \frac{\sqrt{3}F}{3}$$

$$F_C = F_D = F'_D = \frac{\sqrt{3}F}{3}$$

（3）以 AC 为研究对象，其受力如图 3-20（b）所示。由于 AC 杆上的主动力只有力偶 **M**，根据力偶只能与力偶平衡的性质可知，**F**$_A$ 与 **F**$'_C$ 必组成一力偶与主动力偶 **M** 平衡。由图 3-20 中几何关系可求得力偶（F_A，F'_C）的力偶臂为：$h = \sqrt{(\sqrt{3})^2 + 1^2} = 2$m，$F_A = F'_C = \frac{\sqrt{3}F}{3}$。

由

$$\sum M = 0, \quad M - F'_C \times h = 0$$

得

$$M = F'_C \cdot h = \left(\frac{\sqrt{3}F}{3}\right) \times 2 = \frac{2\sqrt{3}F}{3}$$

通过以上例题分析，可概括出求解物系平衡问题的一般步骤和要点。

1）弄清题意，判断物体系统的静定性质，确定是否可解。

2）正确选择研究对象。一般先取整体为研究对象，求得某些约束反力。然后，根据要求的未知量，选择合适的局部或单个物体为研究对象。注意研究对象选取的次序，每次所取的研究对象上未知力的个数，最好不要超过该研究对象所受力系独立平衡方程式的个数，避免求解研究对象的联立方程。

3）正确画出研究对象的受力图。根据约束的性质和作用与反作用定律，分析研究对象所受的约束力。只画研究对象所受的外力，不画内力。

4）分别考虑不同的研究对象的平衡条件，建立平衡方程，求解未知量。列平衡方程时，要选取适当的投影轴和矩心，列相应的平衡方程，尽量使一个方程只含一个未知量，以使计算简化。

5）校核。利用在解题过程中未被选为研究对象的物体进行受力分析，检查是否满足平衡条件，以验证所得结果的正确性。

3-4　考虑摩擦时物体的平衡

摩擦是一种普遍存在于机械运动中的自然现象。在实际机械与结构中，完全光滑的表面是不存在的。两物体接触面之间一般都存在摩擦。在一些问题中，如重力坝的抗滑稳定、闸门的启闭及胶带传动等，摩擦是重要的甚至是决定性的因素，是必须考虑的。研究摩擦的目的就是要充分利用其有利的一面，克服其不利的一面。按照接触物体之间相对运动的形式，摩擦可分为滑动摩擦和滚动摩擦两种。根据接触物体之间是否存在润滑剂，滑动摩擦又可分为干摩擦和湿摩擦。本书只介绍干摩擦时物体的平衡问题。

3-4-1　滑动摩擦

1. 静滑动摩擦定律

当物体接触面间有相对滑动的趋势但仍保持相对静止时，沿接触点公切面彼此作用着阻碍相对滑动的力，称为静滑动摩擦力，简称静摩擦力，常用 F 表示。

考察如图 3-21（a）所示之质量为 m、静止地放置于水平面上的物块，设两者接触面都是非光滑面。

在物块上施加水平力 F_P，并令其自零开始连续增大，当力较小时，物块具有相对滑动的趋势。这时，物块的受力

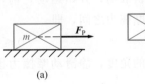

图 3-21

如图 3-21（b）所示。因为是非光滑面接触，故作用在物块上的约束力除法向力 F_N 外，还有一与运动趋势相反的静滑动摩擦力 F。

当 $F_P = 0$ 时，由于两者无相对滑动趋势，故静摩擦力 $F = 0$。当 F_P 开始增加时，静摩擦力 F 随之增加，因为存在 $F = F_P$，物块仍然保持静止。

F_P 再继续增加，达到某一临界值 F_{Pmax} 时，摩擦力达到最大值，$F = F_{max}$，物块处于临界状态。其后，物块开始沿力 F_P 的作用方向滑动。

物块开始运动后，静滑动摩擦力突变至动滑动摩擦力 F_d。此后，主动力 F_P 的数值若再增加，则摩擦力基本上保持为常值 F_d。

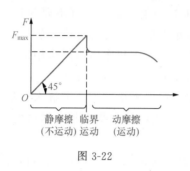

图 3-22

上述过程中，主动力与摩擦力之间的关系曲线如图 3-22 所示。根据库仑（Coulomb）摩擦定律，最大静摩擦力与正压力成正比，其方向与相对滑动趋势的方向相反，而与接触面积的大小无关，即

$$F_{max} = f_s F_N \qquad (3\text{-}12)$$

式中，f_s——静摩擦因数。静摩擦因数 f_s 主要与材料和接触面的粗糙程度有关，其数值可在工程手册中查到。但由于影响摩擦因数的因素比较复杂，所以如果需要较准确的 f_s 数值，则应由实验测定。表 3-2 列出了某些材料的 f_s 值以供参考。

表 3-2　几种常见材料的摩擦因数

材　　料	摩　擦　因　数			
	静摩擦因数		动摩擦因数	
	无润滑剂	有润滑剂	无润滑剂	有润滑剂
钢-钢	0.15	0.10～0.12	0.15	0.05～0.10
钢-铸铁	0.30		0.18	0.05～0.15
铸铁-铸铁		0.18	0.15	0.07～0.12
皮革-铸铁	0.30～0.50	0.15	0.60	0.15
橡皮-铸铁			0.80	0.50
木材-木材	0.40～0.60	0.10	0.20～0.50	0.07～0.15

上述分析表明，开始运动之前，即物体保持静止时，静摩擦力的数值在零与最大静摩擦力之间，即

$$0 \leqslant F \leqslant F_{max} \qquad (3\text{-}13)$$

从约束的角度，静滑动摩擦力也是一种约束力，而且是在一定范围内取值的约束力。

2. 动滑动摩擦定律

若两个物体之间已发生相对滑动，则接触面之间产生的阻碍滑动的力称为动滑动摩擦力，简称动摩擦力。根据大量实验，得到与静摩擦定律相似的

动摩擦定律：动摩擦力的方向与接触物体间相对速度方向相反，大小与正压力成正比，即

$$F_d = f_d F_N \qquad (3\text{-}14)$$

式中，f_d——动摩擦因数，其值与接触物的材料及表面的状况有关外，还与两物体相对滑动的速度有关，随着相对滑动速度的增大而略有减小。当相对速度变化不大时，可将其视为常数。实验表明，f_d 略小于 f_s，在一般的工程计算中，可以认为两者近似相等。

3-4-2　考虑摩擦时物体的平衡

考虑摩擦时的平衡问题，与不考虑摩擦时的平衡问题有着共同特点，即物体平衡时应满足平衡条件，解题方法与过程也基本相同。

但是，这类平衡问题的分析过程也有其特点：首先，受力分析时必须考虑摩擦力，而且要注意摩擦力的方向与相对滑动趋势的方向相反；其次，在滑动之前，即处于静止状态时，摩擦力不是一个定值，而是在一定的范围内取值。

【例 3-14】　如图 3-23（a）所示为放置于斜面上的物块。物块产生的重力 $F_W = 1000\text{N}$；斜面倾角为 30°。物块承受一方向自左至右的水平推力，其数值为 $F_P = 400\text{N}$。若已知物块与斜面之间的摩擦因数 $f_s = 0.2$。

求　（1）物块处于静止状态时，静摩擦力的大小和方向。

（2）使物块向上滑动时，力 F_P 的最小值。

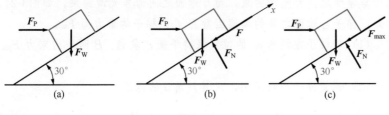

图 3-23

解　根据本例的要求，需要判断物块是否静止。这一类问题的解法是：假设物体处于静止状态，首先由平衡方程求出静摩擦力 F 和法向反力 F_N。再求出最大静摩擦力 F_{max}。将 F 与 F_{max} 加以比较，若 $|F| \leqslant F_{max}$，物体处于静止状态，所求 F 有意义；若 $|F| > F_{max}$，物体已进入运动状态，所求 F 无意义。

（1）确定物块静止时的摩擦力 F 值（$|F| \leqslant F_{max}$）。以物块为研究对象，假设物块处于静止状态，并有向上滑动的趋势，受力如图 3-23（b）所示。其中摩擦力的指向是假设的，若结果为负，表明实际指向与假设方向相反。由

$$\sum F_x = 0, \quad F_P\cos30° - F_W\sin30° - F = 0$$

得

$$F = -153.6\text{N} \qquad (1)$$

负号表示实际摩擦力 F 的指向与图 3-23 中所设方向相反，即物体实际上有下滑的趋势，摩擦力的方向实际上是沿斜面向上的。于是，由

$$\sum F_y = 0, \quad F_N - F_W \cos 30° - F_P \sin 30° = 0$$
$$F_N = 1066N$$

最大静摩擦力为

$$F_{max} = f_s F_N = 0.2 \times 1066N = 213.2N \tag{2}$$

比较式（1）和式（2），得到 $|F| < F_{max}$。

因此，物块在斜面上静止；摩擦力大小为 153.6N，其指向沿斜面向上。

（2）确定物块向上滑动时所需主动力 F_P 的最小值 F_{Pmin}。仍以物块为研究对象，此时，物块处于临界状态，即力 F_P 略大于 F_{Pmin}，物块就将发生运动，摩擦力 F 达到最大值 F_{max}。这时，根据运动趋势确定 F_{max} 的实际方向，物块的受力如图 3-23（c）所示。

建立平衡方程和关于摩擦力的物理方程

$$\sum F_x = 0, \quad F_{Pmin} \cos 30° - F_W \sin 30° - F_{max} = 0 \tag{3}$$

$$\sum F_y = 0, \quad F_N - F_W \cos 30° - F_{Pmin} \sin 30° = 0 \tag{4}$$

$$F_{max} = f_s F_N \tag{5}$$

将式（3）、式（4）、式（5）联立，解得

$$F_{Pmin} = 878.75N$$

当力 F_P 的数值超过 878.75N 时，物块将沿斜面向上滑动。

【例 3-15】 梯子的上端 B 靠在铅垂的墙壁上，下端 A 搁置在水平地面上。假设梯子与墙壁之间为光滑约束，而与地面之间为非光滑约束，如图 3-24（a）所示。已知：梯子与地面之间的摩擦因数为 f_s；梯子的重力为 F_W。

设 （1）若梯子在倾角 α_1 的位置保持平衡，求 A、B 两处约束力 F_{NA}、F_{NB} 和摩擦力 F_A。

（2）若使梯子不致滑倒，求其倾角 α 的范围。

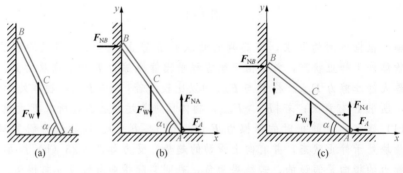

(a)　　　　　　　(b)　　　　　　　(c)

图 3-24

解 （1）梯子在倾角 α_1 的位置保持平衡时的约束力。这种情形下，梯子的受力如图 3-25（b）所示。其中将摩擦力 F_A 作为一般的约束力，假设其方向如图 3-24（b）所示。于是有

$$\sum M_A(F) = 0, \quad F_W \times \frac{l}{2} \times \cos\alpha_1 - F_{NB} \times l \times \sin\alpha_1 = 0$$

$$\sum F_y = 0, \qquad F_{NA} - F_W = 0$$

$$\sum F_x = 0, \qquad F_A + F_{NB} = 0$$

由此解得

$$F_{NB} = \frac{F_W \cos\alpha_1}{2\sin\alpha_1}$$

$$F_{NA} = F_W$$

$$F_A = -F_{NB} = -\frac{F_W}{2}\cot\alpha_1$$

所得 $\boldsymbol{F}_A$ 的结果为负值，表明梯子下端所受的摩擦力与图 3-24（b）中假设的方向相反。

（2）求梯子不滑倒的倾角 α 的范围。这种情形下，摩擦力 $\boldsymbol{F}_A$ 的方向必须根据梯子在地上的滑动趋势预先确定，不能任意假设。于是，梯子的受力如图 3-24（c）所示。

平衡方程和物理方程分别为

$$\sum M_A(F) = 0, \quad F_W \times \frac{l}{2} \times \cos\alpha - F_{NB} \times l \times \sin\alpha = 0$$

$$\sum F_y = 0, \quad F_{NA} - F_W = 0$$

$$\sum F_x = 0, \quad -F_A + F_{NB} = 0$$

$$F_A = f_s F_{NA}$$

由此解得，保持梯子平衡时的临界倾角为

$$\alpha = \text{arccot}(2f_s)$$

由常识可知，角度 α 越大，梯子越易保持平衡，故平衡时梯子对地面的倾角范围为

$$\alpha \geqslant \text{arccot}(2f_s)$$

3-4-3　摩擦角和自锁

在岩土工程、机械设计等领域，还要用到摩擦角的概念。如图 3-25（a）所示。物体在主动力 $\boldsymbol{F}_P$、$\boldsymbol{F}_W$ 作用下处于平衡。支承面法向约束力 $\boldsymbol{F}_N$ 和静摩擦力 $\boldsymbol{F}$，可以合成为一个力 $\boldsymbol{F}_R$，称为全约束反力。当物体处于平衡的临界状态时，$F = F_{max}$，夹角 φ 也达到最大值 φ_m，如图 3-25（b）所示，全约束反力与接触面法线间的夹角 φ_m 称为摩擦角。显然有

$$\tan\varphi_m = \frac{F_{max}}{F_N} = \frac{f_s F_N}{F_N} = f_s \tag{3-16}$$

即摩擦角 φ_m 的正切等于静摩擦系数 f_s。

因为静摩擦力的变化有一个范围（$0 \leqslant \boldsymbol{F} \leqslant F_{max}$），所以全反力 $\boldsymbol{F}_R$ 与法线的夹角也有一个变化范围（$0 \leqslant \varphi \leqslant \varphi_m$），由摩擦角的概念，全反力 $\boldsymbol{F}_R$ 的作用

线只能在摩擦角 φ_m 内。因此，如果作用在物体上的主动力的合力 $\boldsymbol{F}_Q$ 的作用线在摩擦角之内，如图 3-26 所示，则不论其大小如何，总可以与全反力平衡，因而物体必处于静止状态，这种现象称为自锁。产生自锁现象需满足的条件称为自锁条件。显然，自锁条件为 $0 \leqslant \varphi_m$。

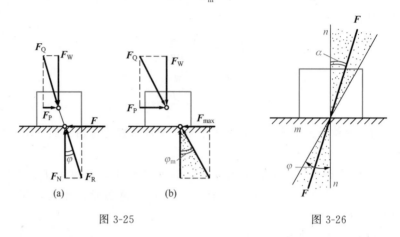

图 3-25   图 3-26

工程中常用自锁原理设计某些机构和夹具，如螺旋千斤顶、压榨机等。但在另一些情况下，又要防止自锁现象发生，如水闸闸门启闭时，就应注意避免自锁，以防闸门卡住。

思考题与习题

思考题

3-1 一个平面力系是否总可用一个力平衡，是否总可用适当的两个力平衡，为什么？

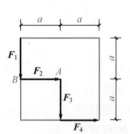

思考题 3-2 图

3-2 力系如图所示，且 $F_1 = F_2 = F_3 = F_4$。试问力系向 A 点和 B 点简化的结果分别是什么？两种结果是否等效？

3-3 若平面力系向 A、B 两点简化的主矩都为零，试问该力系是否为平衡力系？为什么？

3-4 若平面力系满足 $\sum F_x = 0$ 和 $\sum F_y = 0$，但不满足 $\sum M_O = 0$，试问该力系的简化结果是什么？

3-5 平面汇交力系的平衡方程能否写成一投影式和一力矩式？能否写成二力矩式？其矩心和投影轴的选择有何限制？

3-6 如图所示，如选取的坐标系的 y 轴不与各力平行，则平面平行力系的平衡方程是否可写出 $\sum F_x = 0$，$\sum F_y = 0$ 和 $\sum M_O(F) = 0$ 三个独立的平衡方程，为什么？

3-7 重物 F_G 置于水平面上，受力如图所示，是拉还是推省力？若 $\alpha = 30°$，摩擦系数为 0.25，试求在物体将要滑动的临界状态下，F_1 与 F_2 的大小相差多少？

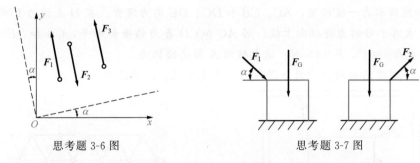

思考题 3-6 图　　　　　　　　　　思考题 3-7 图

3-8　试判断图示各平衡问题哪些是静定的？哪些是超静定的？为什么？

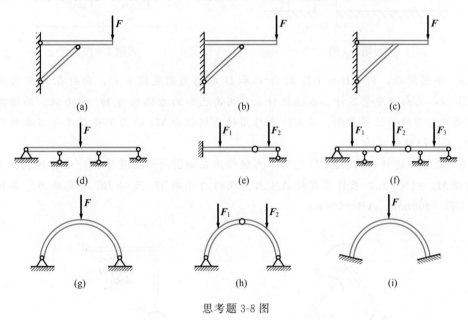

思考题 3-8 图

习　题

3-1　支架由杆 AB、AC 构成，A、B、C 三处均为铰接，在 A 点悬挂重 W 的重物，杆的自重不计。求图 (a)、(b) 两种情形下，杆 AB、AC 所受的力，并说明它们是拉力还是压力。

3-2　汽车吊如图所示。车重 $F_{G1}=26$kN，起吊装置重 $F_{G2}=31$kN，作用线通过 B 点，起重臂重 $F_G=4.5$kN，求最大起重量 F_{max}（提示：起重量大到临界状态时，A 处将脱离接触，约束反力 $F_{NA}=0$）。

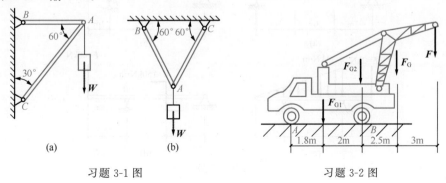

习题 3-1 图　　　　　　　　　　　习题 3-2 图

3-3 如图所示为一拔桩架，AC、CB 和 DC、DE 均为绳索。在 D 点用力 F 向下拉时，即有铰力 F 大若干倍的力将桩向上拔。若 AC 和 CD 各为铅垂和水平，CB 和 DE 各与铅垂和水平方向成角 $\alpha=4°$，$F=400N$，试求桩顶 A 所受的拉力。

3-4 一个桥梁桁架所受荷载如图所示，求支座 A、B 的反力。

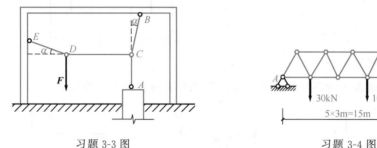

习题 3-3 图　　　　　　　　　习题 3-4 图

3-5 如图所示，杆 AB 和 CD 的 A 端和 D 端均为固定铰支座，两杆在 C 处为光滑接触，$CD=l$，且两杆重量不计。在 AB 杆上作用有已知的力偶矩为 M_1 的力偶，为保持系统在如习题 3-5 图所示位置平衡，在 CD 上作用的力偶矩为 M_2 的力偶应满足什么条件？并求此时 A、C、D 处的反力。

3-6 铰接四连杆机构 $ABCD$ 受两个力偶作用在如图所示位置平衡。设作用在杆 CD 上力偶的矩 $M_1=1N \cdot m$，求作用在杆 AB 上力偶的力偶矩 M_2 及杆 BC 所受的力。各杆自重不计，$CD=400mm$，$AB=600mm$。

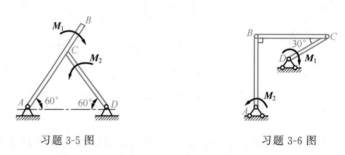

习题 3-5 图　　　　　　　　　习题 3-6 图

3-7 求图示各梁的支座反力。

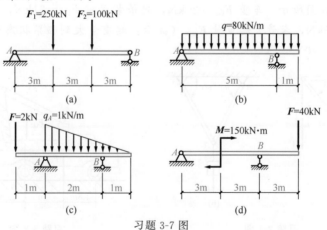

习题 3-7 图

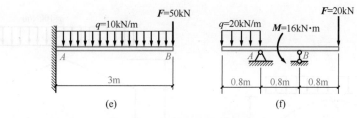

(e)   (f)

习题 3-7 图（续）

3-8 求如图所示刚架的支座反力。

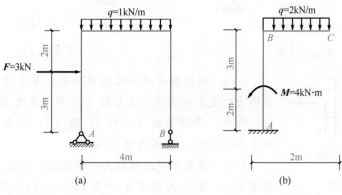

(a)   (b)

习题 3-8 图

3-9 求图示多跨静定梁的支座反力。

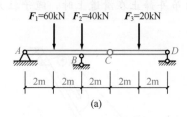

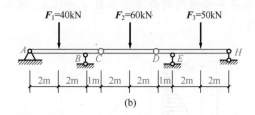

(a)   (b)

习题 3-9 图

3-10 多跨梁由 AB 和 BC 用铰链 B 连接而成，支承、跨度及荷载如图所示。已知 $q=10\text{kN/m}$，$M=40\text{kN·m}$。不计梁的自重，求固定端 A 及支座 C 处的约束反力。

3-11 如图所示三铰拱，求其支座 A、B 的反力及铰链 C 的约束反力。

3-12 求图示三铰构架的支座反力。

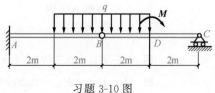

习题 3-10 图

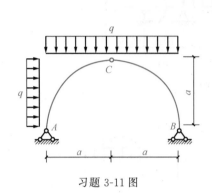

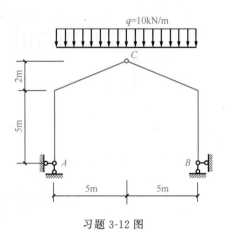

习题 3-11 图 习题 3-12 图

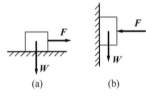

习题 3-13 图

3-13 判断图示两物体能否平衡? 并求这两个物体所受的摩擦力的大小和方向。已知图(a)中物体重 $W=1000\text{N}$, 拉力 $F=200\text{N}$, 摩擦因数 $f=0.3$; 图(b)中物体重 $W=200\text{N}$, 压力 $F=500\text{N}$, 摩擦因数 $f=0.3$。

3-14 混凝土坝的横断面如图所示,坝高 50m,底宽 44m,水深 45m,混凝土的密度 $\rho=2.15\times10^3\text{kg/m}^3$, 坝与地面之间摩擦因数 $f=0.6$。取单位长度的坝体为研究对象,研究此水坝是否会产生滑动?

3-15 一升降混凝土吊斗的简易装置如图 3-30 所示。已知混凝土和吊斗共重 $F_G=25\text{kN}$, 吊斗和滑道间的静摩擦因数 $f_s=0.3$。试求出吊斗静止在滑道上时,绳子拉力 F_T 的大小范围。

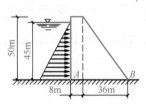

习题 3-14 图

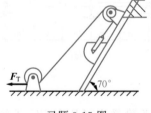

习题 3-15 图

习题参考答案

3-1 图(a) $F_{AB}=0.577W$(拉), $F_{AC}=1.155W$(压);

图(b) $F_{AB}=F_{AC}=0.577W$(拉)

3-2 $F_{\max}=7.41\text{kN}$

3-3 $F_A=81803.6\text{N}$

3-4 $F_A=28\text{kN}$, $F_B=12\text{kN}$

3-5 ① $M_2=\dfrac{1}{2}M_1$; ② $F_A=\dfrac{M_1}{l}$, $N_C=\dfrac{M_1}{l}$, $F_D=\dfrac{M_1}{l}$

3-6 $M_2=3\text{N}\cdot\text{m}$, $F_{AB}=5\text{N}$

3-7 图(a) $F_A=200\text{kN}$, $F_B=150\text{kN}$; 图(b) $F_A=192\text{kN}$, $F_B=288\text{kN}$;

图 (c) F_A＝3.75kN, F_B＝－0.25kN; 图 (d) F_A＝－45kN, F_B＝85kN;

图 (e) F_A＝80kN, M_A＝195kN・m; 图 (f) F_A＝24kN, F_B＝12kN。

3-8　图 (a) F_{Ax}＝－3kN, F_{Ay}＝－0.25kN, F_{By}＝4.25kN

　　　图 (b) F_{Ax}＝0, F_{Ay}＝4kN, M_A＝0

3-9　图 (a) F_A＝25kN, F_B＝85kN, F_D＝10kN;

　　　图 (b) F_A＝12.5kN, F_B＝57.5kN, F_E＝62.5kN, F_H＝17.5kN。

3-10　F_{Ay}＝25kN, M_A＝80kN・m, F_B＝15kN

3-11　$F_{Ax}=\left(\dfrac{3}{4}qa-\dfrac{1}{2}ga\right)$ (←), $F_{Ay}=ga-\dfrac{1}{4}qa$ (↑)

　　　$F_{Bx}=\left(\dfrac{1}{4}qa+\dfrac{1}{2}ga\right)$ (←), $F_{By}=\dfrac{1}{4}qa+ga$ (↑)

　　　$F_{Cx}=\left(\dfrac{1}{4}qa+\dfrac{1}{2}ga\right)$, $F_{Cy}=\dfrac{1}{4}qa$

3-12　F_{Ay}＝50kN (↑), F_{Ax}＝11.86kN (→), F_{By}＝50kN (↑), F_{Bx}＝11.86kN (←)

3-13　图 (a) 平衡, F_m＝200N; 图 (b) 不平衡, F_m＝150N

3-14　不滑动

3-15　20.9kN≤F_T≤26.1kN

第 4 章

空间力系

力系中各力的作用线不在同一平面内的力系，称为空间力系。

根据力系中各力作用线在空间的分布情况，空间力系可分为如下三类：

1）各力作用线汇交于一点的称为空间汇交力系，如图 4-1（a）所示三脚架所受的力及如图 4-1（b）所示空间桁架各节点所受的力。

2）各力作用线互相平行的称为空间平行力系，如图 4-1（c）所示物体所受的力。

3）各力作用线在空间任意分布的称为空间一般力系，如图 4-1（d）所示轮轴所受的力。

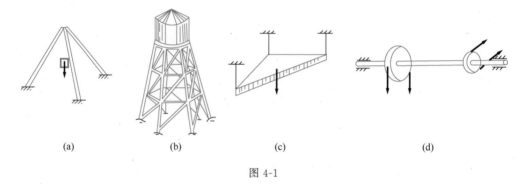

(a)　　　　　　(b)　　　　　　(c)　　　　　　(d)

图 4-1

本章将讨论力在空间直角坐标轴上的投影、力对轴之矩的概念、空间力系的平衡问题以及重心的概念及其简单计算。

对于空间力系问题，由于作图不方便，通常不用几何法而用解析法求解。

4-1　力在空间直角坐标轴上的投影

在第 2 章已研究了力在与它共面的轴上的投影，本章将讨论不共面的情况。已知力 $F=\overline{AB}$ 与 x 轴不共面，如图 4-2（a）所示，过力的两端点 A、B 分别作垂直于 x 轴的平面 M 及 N，与 x 轴交于 a、b，则线段 ab 冠以正号或负号称为力 F 在 x 轴上的投影，即 $F=\pm ab$。

符号的规定是：若从 a 到 b 的方向与 x 轴的方向一致取正号，反之取负号。

已知力 $F=\overline{AB}$ 与平面 Q，如图 4-2（b）所示。过力的两端点 A、B 分别

作平面 Q 的垂线 AA'、BB'，则矢量 $\overline{A'B'}$ 称为力 F 在平面 Q 上的投影。应注意的是力在平面上的投影是矢量，而力在轴上的投影是代数量。

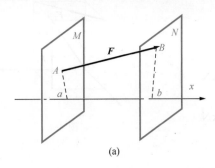

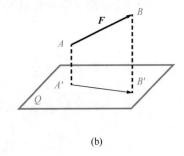

(a)　　　　　　　　　　　　　　　　　(b)

图 4-2

　　已知力 F 及空间直角坐标系 $Oxyz$，如图 4-3 （a）所示，过力的端点分别作 x、y、z 三轴的垂直平面，则由力在轴上的投影的定义知，OA、OB、OC 就是力 F 在 x、y、z 轴上的投影。设力 F 与 x、y、z 所夹的角分别是 α、β、γ，则力 F 在空间直角坐标轴上的投影为

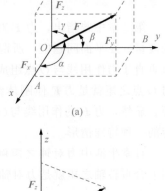

(a)

$$\left.\begin{array}{l} F_x = \pm F\cos\alpha \\ F_y = \pm F\cos\beta \\ F_z = \pm F\cos\gamma \end{array}\right\} \qquad (4\text{-}1)$$

　　用这种方法计算力在轴上的投影称为"直接投影法"。

　　如果不易找到力与其中两轴之间（如与 x、y 轴）的夹角，而已知与另一轴的夹角（设为 γ），则可先将力投影到坐标平面 xOy 上，然后再投影到 x、y 坐标轴上，如图 4-3 （b）所示。设力 F 在 xOy 平面上的投影为 F_{xy}，与 x 轴间的夹角为 θ，则

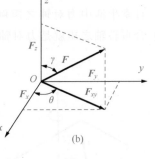

(b)

图 4-3

$$\left.\begin{array}{l} F_x = \pm F\sin\gamma\cos\theta \\ F_y = \pm F\sin\gamma\sin\theta \\ F_z = \pm F\cos\gamma \end{array}\right\} \qquad (4\text{-}2)$$

　　用这种方法计算力在轴上的投影称为"二次投影法"。

　　如果把一个力沿空间直角坐标轴分解，则沿三个坐标轴分力的大小等于力在这三个坐标轴上投影的绝对值。

　　【例 4-1】 已知力 $F_1 = 2\text{kN}$，$F_2 = 1\text{kN}$，$F_3 = 3\text{kN}$，试分别计算 3 个力在 x、y、z 轴上的投影（图 4-4）。

解
$$F_{x1} = -F_1 \times \frac{3}{5} = -1.2\text{kN}$$

$$F_{y1} = F_1 \times \frac{4}{5} = 1.6\text{kN}$$

$$F_{z1} = 0$$

$$F_{x2} = F_2 \times \frac{\sqrt{2}}{2} \times \frac{3}{5} = 0.424\text{kN}$$

$$F_{y2} = F_2 \times \frac{\sqrt{2}}{2} \times \frac{4}{5} = 0.566\text{kN}$$

$$F_{z2} = F_2 \times \frac{\sqrt{2}}{2} = 0.707\text{kN}$$

$$F_{x3} = 0, \qquad F_{y3} = 0, \qquad F_{z3} = F_3 = 3\text{kN}$$

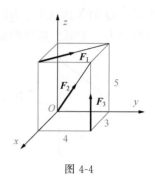

图 4-4

4-2 力对轴之矩

第 2 章中曾指出，力 F 对任意点 O 之矩是这一力使刚体绕 O 点转动效应的度量。在平面问题中，所谓刚体绕 O 点转动，实际上，就是刚体绕过 O 点、且垂直于力作用线与 O 点组成的平面的轴的转动，如图 4-5 所示。因此，力 F 对 O 点之矩就是力 F 使刚体绕 Oz 轴转动效应的度量，称为力 F 对 Oz 轴之矩。显然，力 F 的作用线与 Oz 轴在空间是相互垂直的，但是这只是力对轴之矩的一种特殊情形。

日常生活中力对轴之矩例子很多，如推门或拉门时，人的推力或拉力对门上合页转轴之矩就是力对轴之矩。

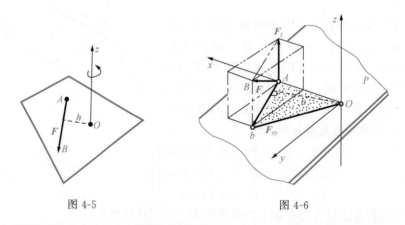

图 4-5   图 4-6

一般情形下，力的作用线与轴既不平行也不垂直，这时，力使刚体绕轴转动的效应怎样量度？

设 Oz 轴为刚体上的任意轴，F 为空间任意力，如图 4-6 所示。过力 F 的作用点作一垂直于 Oz 轴的平面 P，将力 F 沿 Oz 轴和 P 平面分解为 F_z 和 F_{xy}。

由于 F_z 作用线平行 Oz 轴，因而不会使刚体产生绕 Oz 轴的转动效应。于

是力 F 使刚体绕 Oz 轴转动的效应便可以用 F_{xy} 对 O 点之矩度量。由于 F_{xy} 是力 F 在 Oxy 平面上的分量,所以,空间力对轴之矩的定义为:力对轴之矩是力使刚体绕此轴转动效应的度量,它等于该力在垂直于此轴的任一平面上的分量对该轴与平面交点之矩,即

$$M_z(F) = M_O(F_{xy}) = \pm F_{xy}h = \pm 2S_{\triangle OAb} \tag{4-3}$$

式中,h——O 至力 F_{xy} 作用线的距离。

力对轴之矩为代数量,其正负号按右手法则确定:右手握轴四指转向表示力对轴之矩的转动方向,拇指指向若与坐标轴正向一致者为正,如图 4-7 (a) 所示;与坐标轴正向相反者为负,如图 4-7 (b) 所示。

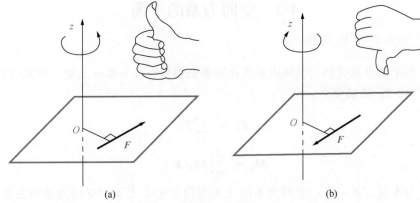

图 4-7

力对轴之矩的单位也是牛·米(N·m)或千牛·米(kN·m)等。

在计算力对轴之矩时,有时根据具体条件,先将该力沿坐标轴分解,然后应用合力矩定理计算该力对轴之矩,这样可使计算简化。

根据力对轴之矩的定义,当力沿其作用线移动时,不会改变力对轴之矩(h 和 F_{xy} 都不改变)。当力的作用线与轴相交($h=0$)或平行($F_{xy}=0$)时,力对轴之矩恒等于零。即当力与轴共面时,力对轴的矩等于零。

【例 4-2】 求如图 4-8(a)所示力 F 对 x、y、z 轴的矩。已知 $F=20\text{N}$。

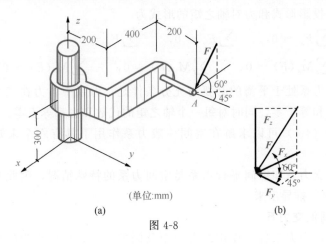

(单位:mm)

(a)   (b)

图 4-8

解 将 $\boldsymbol{F}$ 沿 x、y、z 三个方向分解为 $\boldsymbol{F}_x$、$\boldsymbol{F}_y$、$\boldsymbol{F}_z$，如图 4-8（b）所示

$$F_x = F\cos60°\sin45° = 7.07\text{kN}$$

$$F_y = -F\cos60°\cos45° = -7.07\text{kN}$$

$$F_z = -F\sin60° = -17.32\text{kN}$$

则 $\boldsymbol{F}$ 对 x、y、z 轴的矩为

$$M_x(F) = F_y \times 300 - F_z \times (200+200) = -4.81\text{N} \cdot \text{m}$$

$$M_y(F) = F_x \times 300 - F_z \times 400 = -4.81\text{N} \cdot \text{m}$$

$$M_z(F) = -F_x \times (200+200) + F_y \times 400 = 0$$

4-3 空间力系的平衡

空间力系的平衡方程

与平面力系类似，空间力系简化结果也得到一主矢和一主矩。即式（2-1）和式（2-2）依然成立，则

$$\boldsymbol{F}_R = \sum_{i=1}^{n} \boldsymbol{F}_i$$

$$\boldsymbol{M}_O = \sum_{i=1}^{n} M_O(\boldsymbol{F}_i)$$

与平面力系一样，空间力系的主矢与简化中心无关，空间力系的主矩与简化中心有关。

根据空间力系的简化结果，空间力系平衡的必要与充分条件依然是力的主矢和对任一点主矩都等于零，即式（3-1）和式（3-2）依然成立，则

$$\boldsymbol{F}_R = \sum_{i=1}^{n} \boldsymbol{F}_i = 0$$

$$\boldsymbol{M}_O = \sum_{i=1}^{n} M_O(\boldsymbol{F}_i) = 0$$

根据力在空间坐标轴上的投影以及力对坐标轴之矩，将上述二矢量式分别写成力的投影形式和力对轴之矩的形式为

$$\left.\begin{array}{ll} \sum F_x = 0, \qquad \sum F_y = 0, \qquad \sum F_z = 0 \\ \sum M_x(F) = 0, \qquad \sum M_y(F) = 0, \qquad \sum M_z(F) = 0 \end{array}\right\} \qquad (4\text{-}4)$$

即空间力系处于平衡的必要与充分条件是，力系中各力在三个坐标轴上投影的代数和等于零，同时对每一个轴之矩的代数和也都等于零。

利用式（4-4）可以求解在空间一般力系作用下具有六个未知量的平衡问题。

空间汇交力系和空间平行力系是空间力系的特殊情况，因此其平衡条件可由式（4-4）推导出来。

1. 空间汇交力系

因空间汇交力系各力作用线有一个共同的交点，取此点为坐标原点，那

么各力均通过交于原点的三个轴，则各力对三个轴之矩恒为零，因此空间汇交力系的平衡方程为

$$\sum F_x = 0, \qquad \sum F_y = 0, \qquad \sum F_z = 0 \qquad (4\text{-}5)$$

2. 空间平行力系

空间平行力系特点是各力作用线平行，如果取空间直角坐标系中其中一个轴（假设取 z 轴）与各力作用线平行，那么各力对该轴之矩恒为零，而且因各力与其他两轴垂直，各力在这两轴上的投影也恒为零。因此，空间平行力系的平衡方程为

$$\sum F_x = 0, \qquad \sum F_y = 0, \qquad \sum M_z = 0 \qquad (4\text{-}6)$$

空间汇交力系、空间平行力系分别只有三个独立的平衡方程，因此只能求解具有三个未知量的平衡问题。

【例 4-3】 一三轮货车自重 $F_G = 5\text{kN}$，载重 $F = 10\text{kN}$，作用点位置如图 4-9 所示。求静止时地面对轮子的反力。

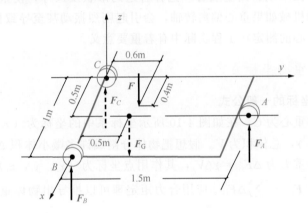

图 4-9

解 自重 F_G、载重 F 及地面对轮的反力组成空间平行力系。

由

$$\sum F_x = 0, \qquad F_A + F_B + F_C - F_G - F = 0$$

由

$$\sum M_x(F) = 0, \qquad F_A \times 1.5 - F_G \times 0.5 - F \times 6 = 0$$

由

$$\sum M_y(F) = 0, \qquad -F_A \times 0.5 - F_B \times 1 + F_C + F_G \times 0.5 + F \times 4 = 0$$

解以上联立方程得

$$F_A = 5.67\text{kN}, \qquad F_B = 5.66\text{kN}, \qquad F_C = 3.67\text{kN}$$

4-4 物体的重心

4-4-1 概述

物体的重力是地球对物体的引力，如果把物体看成是由许多微小部分组成的，那么每个微小部分都受到地球的引力，这些引力汇交于地球的中心，形成一个空间汇交力系，但由于我们所研究的物体其尺寸与地球的直径相比要小得多，因此可以近似地将物体上这部分力系看作是空间平行力系，该力系的合力称为物体的重量。通过实验知道，无论物体如何放置，这组平行力的合力作用线总是通过一个确定的点，这个点就是物体的重心。

在日常生活及工程实际中都会遇到重心问题。例如，用手推车推重物时，只有将物体放在适当位置，即物体重心与轮轴线在同一铅垂面时才能比较省力；塔式起重机要求空载或满载时保证其重心位置在支承轮之间，否则会引起翻车事故；挡水坝、挡土墙必须选择合适的形状及尺寸，使重心位于一定范围内；转动机械如果重心偏离转轴，会引起剧烈振动甚至导致机器的破坏。总之，物体重心的测定在工程实际中有着重要意义。

4-4-2 物体重心坐标公式

1. 重心坐标的一般公式

设一物体重心为 C，在如图 4-10 所示坐标系中的坐标为 $(x_C，y_C，z_C)$，物体的容重为 γ，总体积为 V。假想把物体分割成许多微小体积 ΔV_i，每个微小体积所受的重力为 $\Delta F_{Gi} = \gamma \Delta V_i$，其作用点坐标为 $(x_i，y_i，z_i)$。整个物体所受的重力为 $\boldsymbol{F}_G = \sum \Delta \boldsymbol{F}_{Gi}$。应用合力矩定理可以推导出物体重心的近似公式，即

$$
\left.
\begin{aligned}
x_C &= \frac{\sum_{i=1}^{n} \Delta \boldsymbol{F}_{Gi} x_i}{\boldsymbol{F}_G} \\[2mm]
y_C &= \frac{\sum_{i=1}^{n} \Delta \boldsymbol{F}_{Gi} y_i}{\boldsymbol{F}_G} \\[2mm]
z_C &= \frac{\sum_{i=1}^{n} \Delta \boldsymbol{F}_{Gi} z_i}{\boldsymbol{F}_G}
\end{aligned}
\right\}
\tag{4-7}
$$

微小体积 ΔV_i 分割愈小，重心位置愈精确，在极限情况下便得到物体重心一般公式为

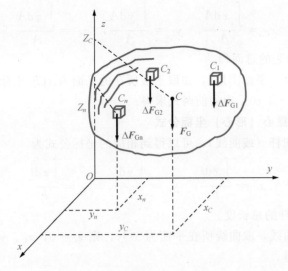

图 4-10

$$x_C = \lim_{\Delta V_i = 0} \frac{\sum_{i=1}^{n} \Delta \boldsymbol{F}_{Gi} x_i}{\boldsymbol{F}_G} = \lim_{\Delta V_i = 0} \frac{\sum_{i=1}^{n} \gamma \Delta V_i x_i}{\sum_{i=1}^{n} \gamma \Delta V_i} = \frac{\int_V \gamma x \, dV}{\int_V \gamma \, dV}$$

$$y_C = \frac{\int_V \gamma y \, dV}{\int_V \gamma \, dV}$$

$$z_C = \frac{\int_V \gamma z \, dV}{\int_V \gamma \, dV}$$

$$(4\text{-}8)$$

2. 均质物体重心（形心）坐标公式

对于均质物体（常把同一材料制成的物体称为均质物体，其 γ 为常量），式（4-8）变为

$$x_C = \frac{\int_V x \, dV}{\int_V dV} = \frac{\int_V x \, dV}{V}, \quad y_C = \frac{\int_V y \, dV}{V}, \quad z_C = \frac{\int_V z \, dV}{V} \qquad (4\text{-}9)$$

式（4-9）表明，对均质物体而言，物体的重心只与物体形状、尺寸有关，而与物体的重量无关，由物体的几何形状和尺寸所决定的物体的几何中心称为物体的形心。可见，均质物体的重心与其形心重合。重心是物理概念，形心是几何概念。

3. 均质薄壳重心（形心）坐标公式

由于薄壳的厚度远小于其他两个方向尺寸，可忽略厚度不计，形心公式为

$$x_C = \frac{\int_A x\,\mathrm{d}A}{A}, \quad y_C = \frac{\int_A y\,\mathrm{d}A}{A}, \quad z_C = \frac{\int_A z\,\mathrm{d}A}{A} \tag{4-10}$$

式中，A——薄壳的总面积。

对于平板（或平面图形），如取平板所在的平面为 xOy 坐标平面，则 $z_C = 0$，x_C、y_C 由式（4-10）中的前两式求得。

4. 均质杆重心（形心）坐标公式

对于均质细杆（或曲线），可以得到相应的坐标公式为

$$x_C = \frac{\int_l x\,\mathrm{d}l}{l}, \quad y_C = \frac{\int_l y\,\mathrm{d}l}{l}, \quad z_C = \frac{\int_l z\,\mathrm{d}l}{l} \tag{4-11}$$

式中，l——细杆的总长度。

对于平面曲线，取曲线所在平面为 xOy，则 $z_C = 0$，x_C、y_C 由式（4-11）中的前两式求得。

4-4-3　物体重心与形心的计算

根据物体的具体形状及特征，可用不同的方法确定其重心及形心的位置。

1. 对称法

由重心公式不难证明，具有对称轴、对称面或对称中心的均质物体，其形心必定在对称轴、对称面或对称中心上。因此，具有一根对称轴的平面图形，如 T 形、半圆、槽形等截面，如图 4-11（a）所示，其形心在对称轴上；具有两根或两根以上对称轴的平面图形，如矩形、翼缘等宽的工字形、正方形、圆等截面，如图 4-11（b）所示，其形心在对称轴的交点上；球体、立方体等均质物体，其形心必定在对称中心上，如图 4-11（c）所示。常用物体的形心列入表 4-1，以供参考。

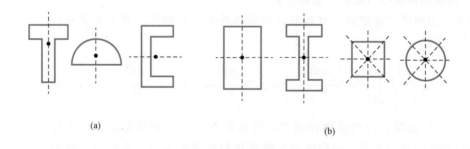

(a)　　　　　　　　　　　　　　　　　　　　(b)

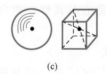

(c)

图 4-11

表 4-1 简单形体的重心（形心）

图 形	形心坐标及面积（体积）	图 形	形心坐标及面积（体积）
三角形	$x_c = \dfrac{1}{3}(a+c)$ $y_c = \dfrac{b}{3}$ $A = \dfrac{1}{2}ab$	抛物线形	$x_c = \dfrac{3a}{8}$ $y_c = \dfrac{2b}{5}$ $A = \dfrac{2}{5}ab$
梯形	$y_c = \dfrac{h}{3}\dfrac{(2a+b)}{(a+b)}$ $A = \dfrac{h}{2}(a+b)$	半球体	$z_c = \dfrac{3}{8}r$ $V = \dfrac{2}{3}\pi r^3$
扇形	$x_c = \dfrac{4r}{3\alpha}\sin\dfrac{\alpha}{2}$ $A = \dfrac{1}{2}\alpha r^2$ 半圆：$x_c = \dfrac{4r}{3\alpha}$	半圆柱体	$z_c = -\dfrac{4r}{3\pi}$ $V = \dfrac{1}{2}\pi r^2 l$
部分圆环	$x_c = \dfrac{2(R^3-r^3)}{3(R^2-r^2)}\dfrac{\sin\alpha}{\alpha}$	锥体	在锥顶与底面形心的连线上 $z_c = \dfrac{h}{4}$ $V = \dfrac{1}{3}Ah$ （A 为底面积）
圆弧	$x_c = \dfrac{2r}{\alpha}\sin\dfrac{\alpha}{2}$	三角棱柱体	$x_c = \dfrac{b}{3}$ $y_c = \dfrac{a}{3}$ $A = \dfrac{1}{2}abc$
抛物线形	$x_c = \dfrac{a}{4}$ $y_c = \dfrac{3b}{10}$ $A = \dfrac{1}{3}ab$	正四面体	$x_c = \dfrac{a}{4}$ $y_c = \dfrac{b}{4}$ $z_c = \dfrac{c}{4}$ $V = \dfrac{1}{6}abc$

2. 积分法

对于没有对称轴、对称面或对称中心的物体，可用积分法确定形心位置。

3. 组合法

有些平面图形是由几个简单图形组成的，如梯形可以认为是由两个三角形（或一个矩形、一个三角形）组成的，T 形截面是由两个矩形组成的，这种图形称为组合图形。要求组合图形的形心位置，先把图形分成几个分图形，确定各分图形的面积和形心坐标，分图形的形心位置一般容易确定（或可由表查得），然后利用形心坐标公式计算组合图形的形心，这种方法称为组合法。

这里应指出，利用式（4-10）确定组合图形形心位置时，可以不用积分式，而改为用总和式，即把式（4-10）改为如下形式：

$$\left.\begin{aligned} x_C &= \frac{A_1 x_1 + A_2 x_2 + \cdots + A_n x_n}{A_1 + A_2 + \cdots + A_n} = \frac{\sum\limits_{i=1}^{n} A_i x_i}{\sum\limits_{i=1}^{n} A_i} \\[2em] y_C &= \frac{A_1 y_1 + A_2 y_2 + \cdots + A_n y_n}{A_1 + A_2 + \cdots + A_n} = \frac{\sum\limits_{i=1}^{n} A_i y_i}{\sum\limits_{i=1}^{n} A_i} \end{aligned}\right\} \tag{4-12}$$

式中，A_1，A_2，$\cdots$，A_n——各分图形（有限个）面积；

x_1，x_2，$\cdots$，x_n；y_1，y_2，$\cdots$，y_n——各分图形对应的形心坐标。

【例 4-4】 如图 4-12 所示为一倒 T 形截面，求该截面的形心。

解 取如图 4-12 所示坐标轴。因图形有一个对称轴，取该轴作为 y 轴，则图形形心必在该轴上，即 $x_C = 0$。将图形分成两部分 A_1、A_2，各分图形面积及 y_1 的值如下：

$$A_1 = 200 \times 400 = 80\ 000\ \text{mm}^2$$

$$y_1 = \frac{400}{2} + 100 = 300\text{mm}$$

$$A_2 = 600 \times 100 = 60\ 000\ \text{mm}^2$$

$$y_2 = \frac{100}{2} = 50\text{mm}$$

将以上数据代入式（4-12），得

$$y_C = \frac{A_1 y_1 + A_2 y_2}{A_1 + A_2}$$

$$= \frac{80\ 000 \times 300 + 60\ 000 \times 50}{80\ 000 + 60\ 000}$$

$$= 192.9\text{mm}$$

【例 4-5】 如图 4-13 所示为振动器中偏心块。已知 $R = 100\text{mm}$，$r = 17\text{mm}$，$b = 13\text{mm}$。求偏心块形心。

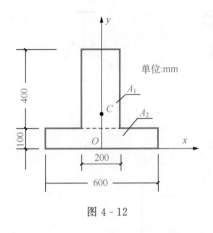

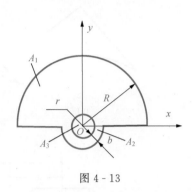

图 4 - 12 图 4 - 13

解 将偏心块看成是由三部分组成的,即半径为 R 的半圆 A_1、半径为 $(r+b)$ 的半圆 A_2 及半径为 r 的圆 A_3,但 A_3 应取负值,因为该圆是被挖去的部分。取如图 4-13 所示坐标轴,y 轴为对称轴,故 $x_C = 0$。各部分的面积及形心坐标为

$$A_1 = \frac{1}{2}\pi R^2, \qquad y_1 = \frac{4R}{3\pi}$$

$$A_2 = \frac{1}{2}\pi (r+b)^2, \qquad y_2 = \frac{4(r+b)}{3\pi}$$

$$A_3 = -\pi r^2, \qquad y_3 = 0$$

$$y_C = \frac{A_1 y_1 + A_2 y_2 + A_3 y_3}{A_1 + A_2 + A_3}$$

$$= \frac{\dfrac{\pi}{2}\times 100^2 \times \dfrac{4\times 100}{3\pi} + \dfrac{\pi}{2}(17+13)^2 \times \left[-\dfrac{4(17+13)}{3\pi}\right] + 0}{\dfrac{\pi}{2}\times 100^2 + \dfrac{\pi}{2}(17+13)^2 - \pi \times 17^2} = 40\text{mm}$$

本例图形中的孔、洞面积取负值进行计算,这种方法也叫作"负面积法"。

4. 实验法

一个形状比较复杂的物体,如果无法用积分法或组合法确定重心的位置,那么可用实验法来确定。常用的实验法有悬挂法及称重法,现分别介绍如下:

1) 悬挂法。如要求如图 4-14(a)所示平面图形的形心,先用厚纸板做成模型,在厚纸板模型上选任一点 A,用细线把模型悬挂起来,然后沿细线方向画一条铅垂线,如图 4-14(b)所示;再另选任一点 B,悬挂起来,又画一条铅垂线,两线交点 C 即为该图形的形心。

2) 称重法。对形状复杂、非均质的物体,常用称重法确定重心的位置。如图 4-15 所示的链杆,本身具有两个互相垂直的对称面,因此其重心必在两对称面的交线 AB 上,进一步确定在 AB 线上的哪一点。

先称出链杆的重量 $\boldsymbol{F}_G$,然后将其一端支承在固定的支点 O 上,另一端置

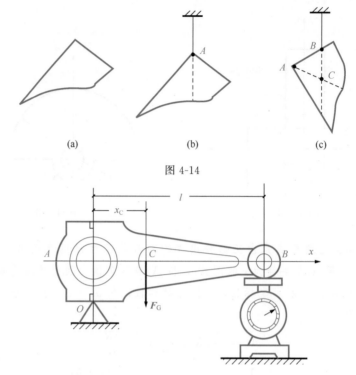

(a)   (b)   (c)

图 4-14

图 4-15

于磅秤上，并使 AB 线处于水平位置，此时磅秤的读数为 $\boldsymbol{F_N}$，量出两个支点的距离为 l，设重心距离支点 O 为 x_C，则

$$\sum M_O(F) = 0, \qquad -F_G x_C + F_N l = 0$$

得

$$x_C = \frac{F_N l}{F_G}$$

对于不对称的空间形状物体，可通过这种方法在三个方向三次称重来确定物体的重心位置。

思考题与习题

思考题

4-1　已知一个力 $\boldsymbol{F}$ 的值及该力与 x 轴、y 轴的夹角 α、β，能否算出该力在 z 轴的投影 $\boldsymbol{F_z}$？

4-2　根据以下条件，判断力 $\boldsymbol{F}$ 在什么平面上？

(1) $F_x = 0$，$M_x(F) \neq 0$；

(2) $F_x \neq 0$，$M_x(F) = 0$；

（3）$F_x=0$，M_x（F）$=0$；

（4）M_x（F）$=0$，M_y（F）$=0$。

4-3 物体的重心是否一定在物体的内部？

4-4 用组合法确定组合图形形心位置时用式（4-12）计算的 x_C、y_C 是精确值还是近似值？用该式计算时，将组合图形分割成分图形的数目愈少是否愈不准确？

习 题

4-1 分别计算如习题图 4-1 所示中 F_1、F_2、F_3 三个力在 x、y、z 轴上的投影。已知 $F_1=4kN$，$F_2=6kN$，$F_3=2kN$。

4-2 已知 $F_1=12kN$，$F_2=15kN$，$F_3=14.1kN$，各力作用线位置如习题图 4-2 所示。试分别计算三个力对三个轴的矩。

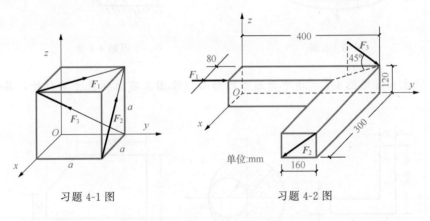

习题 4-1 图　　　　　　　　习题 4-2 图

4-3 如习题图 4-3 所示，水平放置的轮上 A 点作用一力 F，力 F 在铅垂平面内，与水平面成 30°角，$F=1kN$，$h=R=1m$。试求 F 在轴上的投影 F_x、F_y、F_z 及对 z 轴的矩 $M_z(F)$。

4-4 用两根链杆 AB、AC 和绳索 AD 悬挂一重物，如习题图 4-4 所示。已知 $F_G=1kN$，$\alpha=30°$，$\beta=60°$，求各杆及绳索所受的力。

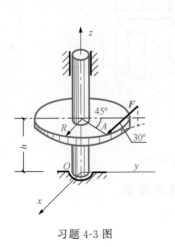

习题 4-3 图　　　　　　　　习题 4-4 图

4-5 如习题图 4-5 所示一均质圆盘，重为 F_G，在圆盘的周边 A、B、C 用铅垂线悬挂圆盘在水平位置，圆心角 $\alpha=150°$，$\beta=120°$，$\gamma=90°$。求三根线的拉力。

4-6 如习题图 4-6 所示，悬臂刚架上作用均布荷载 $q=2\text{kN/m}$，集中荷载 F_1、F_2，F_1 平行 AB，F_2 平行 CD。已知 $F_1=6\text{kN}$，$F_2=5\text{kN}$，求刚架固定端处 O 的约束反力。

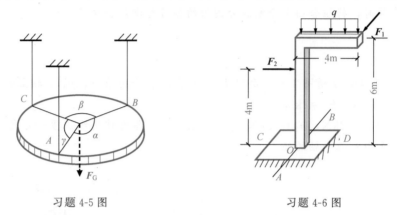

习题 4-5 图 　　　　　　　　习题 4-6 图

4-7 试求如习题图 4-7 所示平面图形的形心（除图上有注明尺寸单位外，其他尺寸单位是 mm）。

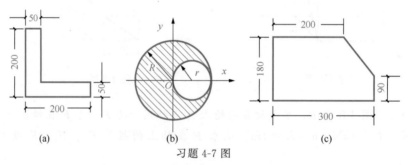

(a) 　　　　　　(b) 　　　　　　(c)

习题 4-7 图

4-8 求如习题图 4-8 所示混凝土基础的重心位置（图中尺寸单位是 m）。

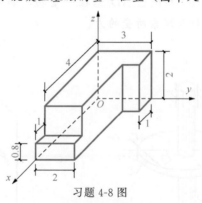

习题 4-8 图

习题参考答案

习题参考答案略

第5章

平面图形的几何性质

5-1 面积矩

5-1-1 定义

任意平面图形上所有微面积 dA 与其坐标 y（或 z）乘积的总和，称为该平面图形对 z 轴（或 y 轴）的面积矩，如图 5-1 所示，用 S_z（或 S_y）表示，即

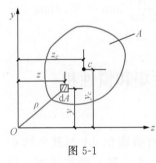

图 5-1

$$S_z = \int_A y\,dA, \quad S_y = \int_A z\,dA \qquad (5-1)$$

5-1-2 面积矩与形心位置坐标的关系

在图 5-1 中，c 为图形的形心，y_C、z_C 是形心位置坐标。若将图形设想为均质薄板，则薄板重心在平面内的坐标即是图形的形心坐标。根据静力学中的力矩定理可知：

$$y_C = \frac{\sum A_i y_i}{A} = \frac{\int_A y\,dA}{A} = \frac{S_z}{A}, \quad 即\ S_z = Ay_C \qquad (5-2)$$

$$z_C = \frac{\sum A_i z_i}{A} = \frac{\int_A z\,dA}{A} = \frac{S_y}{A}, \quad 即\ S_y = Az_C \qquad (5-3)$$

5-1-3 面积矩的计算

对于简单图形，如方形、圆形，图形的面积和形心位置很容易确定，面积矩可直接采用式（5-1）计算。

对于组合图形，可以将其看作由若干简单图形（例如，矩形、圆形、三角形等）组合而成，各组成部分图形的面积为 A_i，形心坐标分别为 y_i 和 z_i，面积矩采用下式计算：

$$S_z = \sum A_i \cdot y_i, \quad S_y = \sum A_i \cdot x_i \qquad (5-4)$$

截面图形对通过截面形心的坐标轴的面积矩为零。面积矩是代数量，可

正可负，常用单位为 m^3 或 mm^3。

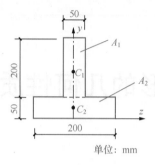

单位: mm

图 5-2

【例 5-1】 如图 5-2 所示，计算 T 形截面对坐标轴的面积矩，并确定 T 形截面的形心位置。

解 （1）确定 T 形截面对 y、z 轴的面积矩。

将 T 形截面分为两个矩形，其面积和形心坐标分别为

$$A_1 = 50 \times 200mm = 10\ 000mm^2$$

$$z_{C1} = 0, \quad y_{C1} = 150mm$$

$$A_2 = 50 \times 200mm = 10\ 000mm^2$$

$$z_{C1} = 0, \quad y_{C1} = 25mm$$

截面对 y、z 轴的静矩分别为

$$S_z = \sum A_i \cdot y_{Ci} = (10\ 000 \times 150 + 10\ 000 \times 25)mm^3 = 1.75 \times 10^6 mm^3$$

$$S_y = \sum A_i \cdot x_{Ci} = 0$$

（2）确定 T 形截面的形心坐标位置为

$$y_C = \frac{S_z}{A} = \frac{1.75 \times 10^6}{2 \times 10\ 000}mm = 87.5mm$$

$$z_C = 0$$

5-2 惯性矩和惯性积

5-2-1 惯性矩

图 5-3 所示，任意平面图形上所有微面积 dA 与其坐标 y（或 z）平方乘积的总和，称为该平面图形对 z 轴（或 y 轴）的惯性矩，用 I_z（或 I_y）表示，即

$$I_z = \int_A y^2 dA \quad I_y = \int_A z^2 dA \tag{5-5}$$

常用单位为 m^4 或 mm^4。

5-2-2 惯性积

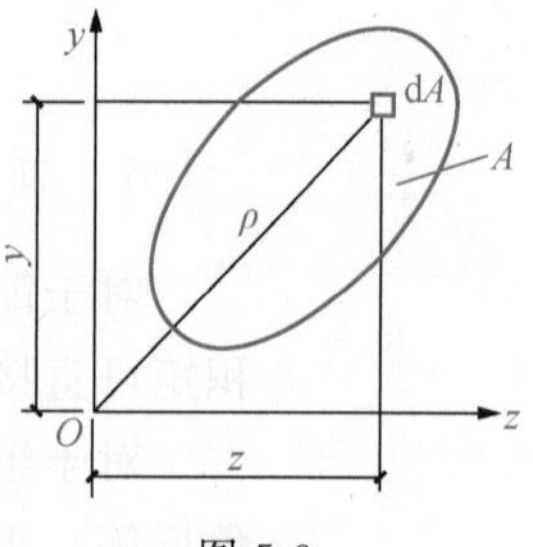

图 5-3 所示，任意平面图形上所有微面积 dA 与其坐标 z、y 乘积的总和，称为该平面图形对 z、y 两轴的惯性积，用 I_{zy} 表示，即

$$I_{zy} = \int_A zy\,dA \tag{5-6}$$

常用单位为 m^4 或 mm^4。

图 5-3

5-2-3 简单图形对形心轴的惯性矩

图 5-4 所示，矩形、圆形、环形对形心轴的惯性矩的计算分别如下。

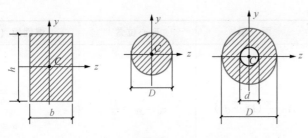

图 5-4

矩形

$$I_z = \frac{bh^3}{12}, I_y = \frac{hb^3}{12}$$

圆形

$$I_z = I_y = \frac{\pi D^4}{64}$$

环形

$$I_z = I_y = \frac{\pi(D^4 - d^4)}{64}$$

表 5-1 给出了一些常见截面图形的面积、形心和惯性矩计算公式，以便查用。工程中使用的型钢截面，如工字钢、槽钢、角钢等，这些截面的几何性质可从型钢表中查取。

表 5-1　常见图形的面积、形心和惯性矩

序号	图　形	面　积	形心位置	惯性矩（形心轴）
1		$A = bh$	$z_C = \dfrac{b}{2}$ $y_C = \dfrac{h}{2}$	$I_z = \dfrac{bh^3}{12}$ $I_y = \dfrac{hb^3}{12}$
2		$A = bh - b_1 h_1$	$z_C = \dfrac{b}{2}$ $y_C = \dfrac{h}{2}$	$I_z = \dfrac{1}{12}(bh^3 - b_1 h_1^3)$ $I_y = \dfrac{1}{12}(hb^3 - h_1 b_1^3)$
3		$A = \dfrac{\pi D^2}{4}$	$z_C = y_C = \dfrac{D}{2}$	$I_y = I_z = \dfrac{\pi D^4}{64}$

序号	图　形	面　积	形心位置	惯性矩（形心轴）
4	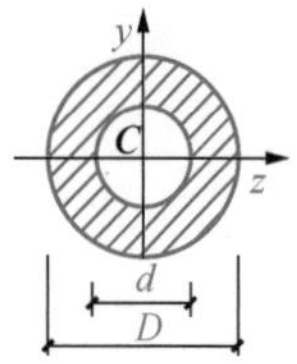	$A=\dfrac{\pi}{4}(D^2-d^2)$	$z_C=y_C=\dfrac{D}{2}$	$I_y=I_z=\dfrac{\pi D^4}{64}(1-\alpha^4)$ $\alpha=\dfrac{d}{D}$
5	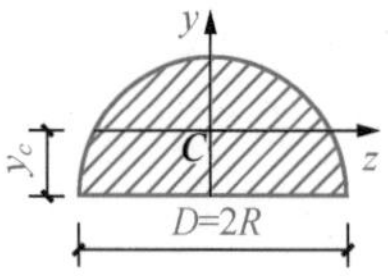	$A=\dfrac{\pi R^2}{2}$	$z_C=\dfrac{D}{2}$ $y_C=\dfrac{4R}{3\pi}$	$I_z=\left(\dfrac{1}{8}-\dfrac{8}{9\pi^2}\right)\pi R^4\approx0.11R^4$ $I_y=\dfrac{\pi D^4}{128}=\dfrac{\pi R^4}{8}$
6	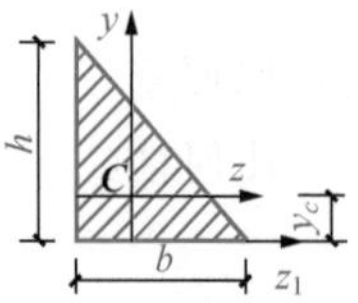	$A=\dfrac{bh}{2}$	$z_C=\dfrac{b}{3}$ $y_C=\dfrac{h}{3}$	$I_z=\dfrac{bh^3}{36}$ $I_{z_1}=\dfrac{hb^3}{12}$

5-3　组合截面的惯性矩

5-3-1　平行移轴公式

同一平面图形对不同坐标轴的惯性矩是不相同的，但它们之间存在着一定的关系，如图 5-5 所示。平面图形对平行于形心轴的坐标轴的惯性矩为

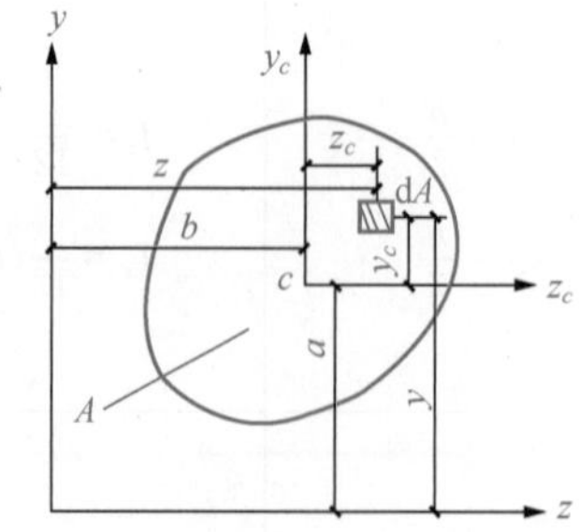

$$\left.\begin{array}{l}I_z=I_{zC}+a^2A\\[4pt]I_y=I_{yC}+b^2A\end{array}\right\} \qquad(5\text{-}7)$$

式（5-7）称为惯性矩的平行移轴公式。它表明平面图形对任一轴的惯性矩，等于平面图形对与该轴平行的形心轴的惯性矩再加上其面积与两轴间距离平方的乘积。

图 5-5

5-3-2　组合截面的惯性矩

组合图形对某坐标轴的惯性矩应等于各组成部分图形对同一坐标轴的惯

性矩之和，即

$$I_y = \sum I_{yi} \qquad I_z = \sum I_{zi} \qquad\qquad (5\text{-}8)$$

工程中常用的组合截面图形，如图 5-6 所示。如果组合图形的形心轴与各简单分图形的形心轴重合，这时，应用式（5-8）可简单地计算出组合截面图形对其形心轴的惯性矩［图 5-6（a）］。如果组合图形的形心轴与各简单分图形的形心轴有时并不重合［图 5-6（b）］。这时，为计算组合截面图形对形心轴的惯性矩，可以将组合图形划分为若干简单图形，使用平行移轴公式（5-7）和组合截面惯性矩的计算公式（5-8）联立求解。

组合图形对形心轴惯性矩的计算步骤如下所述。

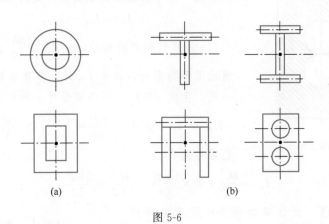

图 5-6

1）选取参考坐标系。

2）根据各组成部分图形的面积和形心位置，确定组合图形的形心坐标。

3）确定组合图形的形心轴 y_C 与 z_C。

4）利用平行移轴式（5-7）分别计算各部分图形对组合图形形心轴的惯性矩。

5）根据式（5-8）计算组合截面图形对形心轴的惯性矩。

下面以例题说明组合截面惯性矩的计算。

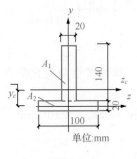

图 5-7

【例 5-2】　试计算如图 5-7 所示图形对其形心轴 z_C 的惯性矩 I_{zC}。

解　把图形看作由两个矩形 A_1 和 A_2 组成。图形的形心必然在对称轴上。为了确定 z，取通过矩形 A_2 的形心且平行于底边的参考轴为 z 轴：

$$y_C = \frac{\sum A_i y_i}{A} = \frac{20 \times 140 \times 80 + 100 \times 20 \times 0}{140 \times 20 + 100 \times 20} \mathrm{mm} = 46.7 \mathrm{mm}$$

形心位置确定后，使用平行移轴公式，分别计算出矩形 A_1 和 A_3 对 y_C 轴的惯性矩为

$$I_{1zC} = \left[\frac{1}{12} \times 20 \times 140^3 + (80 - 46.7)^2 \times 20 \times 140\right]mm = 7.68 \times 10^6 mm$$

$$I_{2zC} = \left(\frac{1}{12} \times 100 \times 20^3 + 46.7^2 \times 20 \times 100\right)mm = 4.43 \times 10^6 mm$$

整个图形对 z_C 轴的惯性矩为

$$I_{zC} = I_{1zC} + I_{2zC} = (7.69 \times 10^6 + 4.43 \times 10^6)mm = 12.12 \times 10^6 mm$$

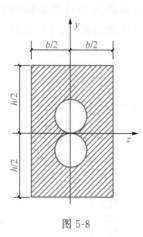

图 5-8

【例 5-3】 在如图 5-8 所示的矩形中，挖去两个直径为 d 的圆形，求余下部分（阴影部分）图形对 z 轴的惯性矩。

解 此平面图形对轴的惯性矩为

$$I_z = I_{z矩} - 2I_{z圆}$$

z 轴通过矩形的形心，故 $I_{z矩} = \dfrac{bh^3}{12}$；但 z 轴不通过圆形的形心，故求 $I_{z圆}$ 时，需要应用平行移轴公式。由式（5-7），一个圆形对 z 轴的惯性矩为

$$I_{z圆} = I_x + a^2 A = \frac{\pi d^2}{64} + \left(\frac{d}{2}\right)^2 \times \frac{\pi d^2}{4} = \frac{5\pi d^4}{64}$$

最后得到

$$I_z = \frac{bh^3}{12} - 2 \times \frac{5\pi d^4}{64} = \frac{bh^3}{12} - \frac{5\pi d^4}{32}$$

【例 5-4】 试计算如图 5-9 所示由两根 No. 20 槽钢组成的截面对形心轴 z、y 的惯性矩。

解 由型钢表查得每根 No. 20 槽钢的形心 C_1 或 C_2 到腹板边缘的距离为 19.5mm，每根槽钢截面积为

$$A_1 = A_2 = 3.283 \times 10^3 mm^2$$

每根槽钢对本身形心轴的惯性矩为

$$I_{1z} = I_{2z} = 19.137 \times 10^6 mm^4$$

$$I_{1y_1} = I_{2y_2} = 1.436 \times 10^6 mm^4$$

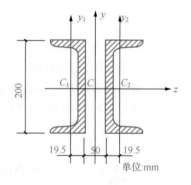

图 5-9

整个截面对形心轴的惯性矩应等于两根槽钢对形心轴的惯性轴的代数和，故有

$$I_z = I_{1z} + I_{2z} = (19.137 \times 10^6 + 19.137 \times 10^6)mm^4 = 38.3 \times 10^6 mm^4$$

$$I_y = I_{1y} + I_{2y} = 2I_{1y} = 2(I_{1y_1} + a^2 \cdot A_1)$$

$$= 2 \times \left[1.436 \times 10^6 + \left(19.5 + \frac{50}{2}\right)^2 \times 3.283 \times 10^3\right]mm^4$$

$$= 15.87 \times 10^6 mm^4$$

5-4 主惯性轴和主惯性矩

5-4-1 主惯性轴

若图形对某一对正交坐标轴 y、z 的惯性积等于零，即 $I_{zy} = \int_A zy\mathrm{d}A = 0$，则

该对坐标轴称为图形的主惯性轴。显然，如果一对正交坐标轴中有一个是图形的对称轴，则这对坐标轴必然就是图形的主惯性轴，如图 5-10 所示。

若主惯性轴通过截面形心，则该轴称为图形的形心主惯性轴。因图形的对称轴必然通过形心，故图形的对称轴和通过形心并与对称轴垂直的另一个轴必然是图形的一对形心主惯性轴。

可以证明，任意图形都必然存在一对形心主惯性轴。

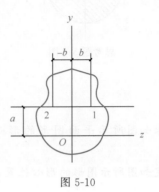

图 5-10

5-4-2 主惯性矩

图形对主惯性轴的惯性矩称为主惯性矩。

图形对形心主惯性轴的惯性矩称为形心主惯性矩。

如果把杆件的横截面理解为这里所讨论的图形，则形心主惯性轴与杆件轴线所确定的平面称为形心主惯性平面。形心主惯性轴、形心主惯性矩和形心主惯性平面的概念在杆件弯曲理论中有重要的意义。

思考题与习题

思考题

5-1 何谓截面图形的形心？为什么形心一定在图形的对称轴上？

5-2 形心与面积矩之间的关系如何？

5-3 为什么截面图形对形心轴的 S_z 一定等于零，而 I_z 一定不等于零？

5-4 如图所示圆形截面，z、y 为形心主轴，试问 A—A 线以上面积和以下面积对 z 轴的面积矩有何关系？

5-5 如图所示直径为 D 的半圆，已知它对 z 轴的惯性矩为 $I_z = \dfrac{\pi D^4}{128}$，则对 z_1 轴的惯性

矩为 $I_{z_1} = I_z + a^2 A = \dfrac{\pi D^4}{128} + \left(\dfrac{D}{2}\right)^2 \times \dfrac{\pi D^2}{8} = \dfrac{5\pi D^4}{128}$，以上计算是否正确？为什么？

5-6 若 $I_{zy} = 0$，则 z、y 是否一定有一根是形心轴？是否有一根一定是对称轴？

5-7 什么是截面的主惯性轴？什么是截面的形心主惯性轴？一个截面有几对形心主惯性轴？

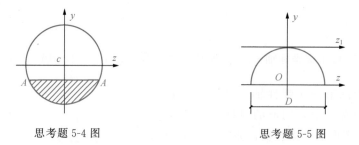

思考题 5-4 图   思考题 5-5 图

习　题

5-1 试求如图所示平面图形的形心（除图上有注明尺寸单位外，其他尺寸单位是 mm）。

5-2 确定如图所示图形的形心位置，并求对 y、z 轴的面积矩，图中单位为 mm。

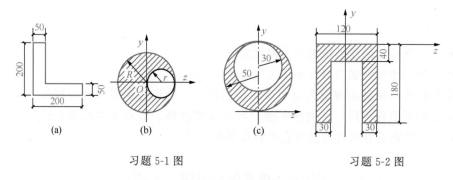

习题 5-1 图   习题 5-2 图

5-3 试计算如图所示组合截面对形心轴 y、z 的惯性矩，图中尺寸单位为 mm。

5-4 试求如图所示平面图形的形心坐标及对形心轴的惯性矩，图中尺寸单位为 mm。

5-5 试求如图所示平面组合图形对形心轴 z 和 y 轴的惯性矩。

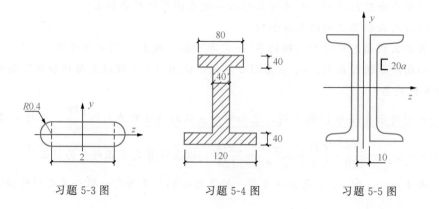

习题 5-3 图   习题 5-4 图   习题 5-5 图

习题参考答案

5-1 图 (a) $y_C = 38.8\text{mm}$，图 (b) $y_C = 35\text{mm}$，$z_C = 30\text{mm}$

5-2 $y_C = 70\text{mm}$，$S_z = 97 \times 10^3 \text{mm}^3$，$S_y = 0$

5-3 $I_y = 1.221\text{m}^4$，$I_z = 0.105\text{m}^4$

5-4 距底边 $y_C = 90\text{mm}$，$I_{zC} = 56.75 \times 10^6 \text{mm}^4$，$I_{yC} = 8.11 \times 10^6 \text{mm}^4$

5-5 $I_z = 3560\text{cm}^4$，$I_y = 619.4\text{cm}^4$

第6章

杆件的内力分析

6-1　杆件的基本变形及其特点

进行结构的受力分析时，只考虑力的运动效应，可以将结构看作是刚体；但进行结构的内力分析时，要考虑力的变形效应，必须把结构作为变形固体处理。所研究的杆件受到的其他构件的作用，统称为杆件的外力，外力包括荷载（主动力）以及荷载引起的约束反力（被动力）。广义地讲，对构件产生作用的外界因素除荷载以及荷载引起的约束反力之外，还有温度改变、支座移动、制造误差等。杆件在外力作用下的变形可分为四种基本变形及其组合变形。

6-1-1　轴向拉伸与压缩

1. 受力特点

杆件受到与杆轴线重合的外力作用。

2. 变形特点

杆轴沿外力方向伸长或缩短。产生轴向拉伸与压缩变形的杆件称为拉压杆。如图 6-1 所示屋架中的弦杆、牵拉桥的拉索和桥塔、闸门启闭机的螺杆等均为拉压杆。

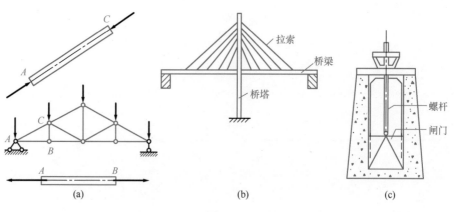

图 6-1

6-1-2　剪切

1. 受力特点

杆件受到垂直杆轴方向的一组等值、反向、作用线相距极近的平行力作用。

2. 变形特点

二力之间的横截面产生相对错动变形。

产生剪切变形的杆件通常为拉压杆的联接件。如图 6-2 所示螺栓、销轴联接中的螺栓和销钉，均产生剪切变形。

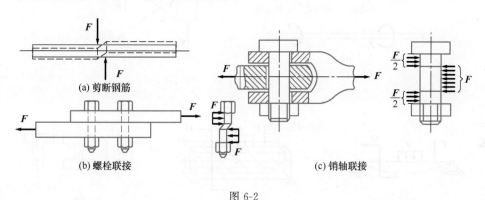

图 6-2

6-1-3　扭转

1. 受力特点

杆件受到垂直杆轴平面内的力偶作用。

2. 变形特点

相邻横截面绕杆轴产生相对扭转变形。

产生扭转变形的杆件多为传动轴，房屋的雨篷梁等也有扭转变形，如图 6-3 所示。

6-1-4　平面弯曲

1. 弯曲变形的受力特点

杆件受到垂直杆轴方向的外力，或杆轴所在平面内作用的外力偶。

2. 弯曲变形的变形特点

杆轴由直变弯。

产生弯曲变形的杆件称为梁。工程中常见梁的横截面都有一根对称轴，如图 6-4 所示，各截面对称轴形成一个纵向对称平面。若荷载与约束反力均作用在梁的纵向对称平面内，梁的轴线也在该平面内弯成一条曲线，这样的弯曲称为平面弯曲，如图 6-4 所示。平面弯曲是最简单的弯曲变形，是一种基本变形。本章重点介绍单跨静定梁的平面弯曲内力。

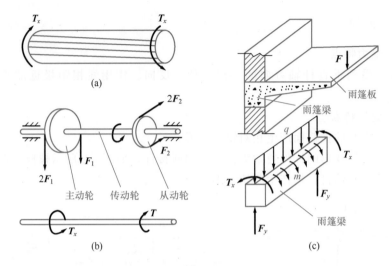

图 6-3

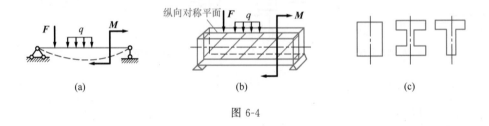

图 6-4

单跨静定梁有三种基本形式，如图 6-5 所示。

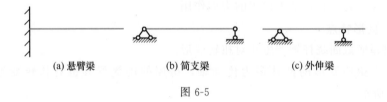

(a) 悬臂梁　　　　(b) 简支梁　　　　(c) 外伸梁

图 6-5

6-2　内力及其截面法

6-2-1　内力的概念

构件的材料是由许多质点组成的。构件不受外力作用时，材料内部质点之间保持一定的相互作用力，使构件具有固定形状。当构件受到外力作用产生变形时，其内部质点之间相互位置改变，原有内力也发生变化。这种由于外力作用而引起的受力构件内部质点之间相互作用力的改变量称为附加内力，简称内力。工程力学所研究的内力是由外力引起的，内力随外力的变化而变化，外力增大，内力也增大，外力撤销后，内力也随之消失。

构件中的内力是与构件的变形相联系的，内力总是与变形同时产生。构件的内力随着变形的增加而增加，但对于确定的材料，内力的增加有一定的限度，超过这一限度，构件将发生破坏。因此，内力与构件的强度和刚度都有密切的联系。在研究构件的强度、刚度等问题时，必须知道构件在外力作用下某截面上的内力值。

6-2-2　截面法

确定构件任一截面上内力值的基本方法是截面法。如图 6-6（a）所示为任一受平衡力系作用的构件。为了显示并计算某一截面上的内力，可在该截面处用一假想的截面将构件一分为二并弃去其中一部分。将弃去部分对保留部分的作用以力的形式表示，此即为该截面上的内力。

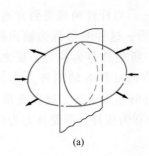
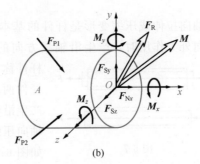

图 6-6

根据变形固体均匀、连续的基本假设，截面上的内力是连续分布的。通常将截面上的分布内力用位于该截面形心处的合力（简化为主矢和主矩）来代替。尽管内力的合力是未知的，但总可以用其六个内力分量（空间任意力系）F_{Nx}、F_{Sy}、F_{Sz} 和 M_x、M_y、M_z 来表示，如图 6-6（b）所示。因为构件在外力作用下处于平衡状态，所以截开后的保留部分也应保持平衡。由此，根据空间任意力系的六个平衡方程为

$$\sum F_x = 0, \qquad \sum F_y = 0, \qquad \sum F_z = 0 \left.\begin{array}{l} \\ \end{array}\right\}$$
$$\sum M_x(F) = 0, \quad \sum M_y(F) = 0, \quad \sum M_z(F) = 0$$

即可求出 F_{Nx}、F_{Sy}、F_{Sz} 和 M_x、M_y、M_z 等各内力分量。用截面法研究保留部分的平衡时，各内力分量均相当于平衡体上的外力。

截面上的内力并不一定都同时存在上述六个内力分量，一般可能仅存在其中的一个或几个。随着外力与变形形式的不同，截面上存在的内力分量也不同，如拉压杆横截面上的内力，只有与外力平衡的轴向内力 F_{Nx}。

截面法求内力的步骤可归纳为以下三步。

1）截开。在欲求内力截面处，用一假想截面将构件一分为二。

2）代替。弃去任一部分，并将弃去部分对保留部分的作用以相应内力代替（即显示内力）。

3）平衡。根据保留部分的平衡条件，确定截面内力值。

用截面法求内力与取分离体由平衡条件求约束反力的方法实质是完全相同的。求约束反力时，去掉约束代之以约束反力；求内力时，去掉一部分杆件，代之以该截面的内力。

注意：在研究变形体的内力和变形时，对"等效力系"的应用应该慎重。例如，在求内力时，截开截面之前，力的合成、分解及平移，力和力偶沿其作用线和作用面的移动等定理，均不可使用，否则将改变构件的变形效应；但在考虑研究对象的平衡问题时，仍可应用等效力系简化计算。

6-3　轴向拉伸和压缩杆件的内力分析

轴向拉伸或压缩变形是杆件的基本变形之一。当杆件两端受到背离杆件的轴向外力作用时，产生沿轴线方向的伸长变形。这种变形称为轴向拉伸，

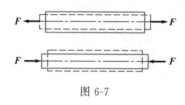

图 6-7

杆件称为拉杆，所受外力为拉力。反之，当杆件两端受到指向杆件的轴向外力作用时，产生沿轴线方向的缩短变形。这种变形称为轴向压缩，杆件称为压杆，所受外力为压力，如图 6-7 所示。

6-3-1　轴力的计算

用截面法求如图 6-8（a）所示中拉杆在 $m—m$ 截面上的内力步骤如下。

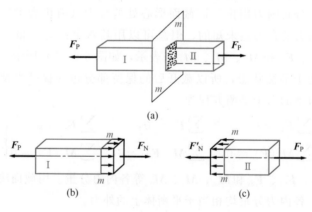

图 6-8

1）截开。假想用 $m—m$ 截面将杆件分为Ⅰ、Ⅱ两部分，并取Ⅰ为研究对象。

2）代替。将Ⅱ部分对Ⅰ部分的作用以截面上的分布内力代替。由于杆件平衡，所取Ⅰ部分也应保持平衡，故 $m—m$ 截面上与轴向外力 F_P 平衡的内力的合力也是轴向力，这种内力称为轴力，记为 F_N，如图 6-8（b）所示。

3）平衡。根据共线力系的平衡条件

$$\sum F_x = 0, \quad F_N - F_P = 0$$

求得

$$F_N = F_P$$

所得结果为正值，说明轴力 F_N 与假设方向一致，为拉力。

若取 II 部分为研究对象，如图 6-8（c）所示，用同样方法可得：$F'_N = F_N = F_P$。显然，F_N 与 F'_N 是一对作用力与反作用力，其大小相等，方向相反，也为拉力。

为了截取不同研究对象计算同一截面内力时，所得结果一致，规定：轴力为拉力时，F_N 取正值；反之，轴力为压力时，F_N 取负值。即轴力"拉为正，压为负"。

6-3-2 轴力图

工程上有时杆件会受到多个沿轴线作用的外力，这时，杆在不同杆段的横截面上将产生不同的轴力。为了直观地反映出杆的各横截面上轴力沿杆长的变化规律，并找出最大轴力及其所在横截面的位置，取与杆轴平行的横坐标 x 表示各截面位置，取与杆轴垂直的纵坐标 F_N 表示各截面轴力的大小，画出的图形即为轴力图。画轴力图时，规定正的轴力画在横坐标轴的上方，负的画在下方，并标明正负符号。

【例 6-1】 求如图 6-9（a）所表示杆的轴力并画轴力图。

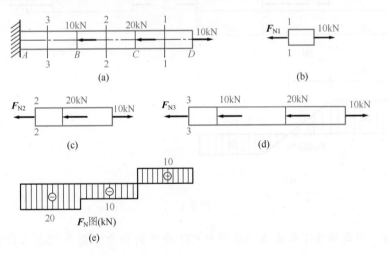

图 6-9

解 （1）求轴力。

CD 段：沿任意横截面 1—1 处假想将杆截开，为计算方便，取右段杆为研究对象，如图 6-9（b)所示，假定 F_{N1} 为拉力，由平衡方程 $\sum F_x = 0$ 求得

$$F_{N1} = 10\text{kN}$$

结果为正，说明原先假定 F_{N1} 为拉力是正确的。

BC 段：假想沿横截面 2—2 处将杆截开，取右段为研究对象，如图6-9（c）所示，由平衡方程，求得

$$F_{N2} = (10 - 20)\text{kN} = -10\text{kN}$$

结果为负，说明原先假定 F_{N2} 为压力。

AB 段：假想沿横截面 3—3 处将杆截开，取右段为研究对象，如图 6-9（d）所示，由平衡方程，求得

$$F_{N3} = (10 - 20 - 10)\text{kN} = -20\text{kN}$$

F_{N3} 也是压力。

在求上述各截面的轴力时，也可取左段杆为研究对象，这时需首先由全杆的平衡方程求出左端的约束反力 F_A，再计算轴力。

（2）画轴力图。杆的轴力图如图 6-9（e）所示。由该图可见，最大轴力为

$$|F_N|_{max} = 20\text{kN}$$

产生在 AB 段内的各横截面上。由轴力图还可看出，在杆中两个作用力（10kN 和 20kN）作用处的左右两侧的横截面上，轴力有突变，这是因为假设外力是作用在一点的集中力。

【例 6-2】 如图 6-10（a）所示的杆，除 A 端和 D 端各有一集中力作用外，在 BC 段作用有沿杆长均匀分布的轴向外力，集度为 2kN/m。作杆的轴力图。

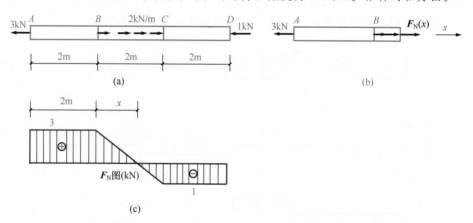

图 6-10

解 用截面法不难求出 AB 段和 CD 段杆的轴力分别为 3kN（拉力）和 1kN（压力）。

为了求 BC 段杆的轴力，假想在距 B 点为 x 处将杆截开，取左段杆为研究对象，如图 6-10（b）所示。由平衡方程，可求得 x 截面的轴力为

$$F_N(x) = 3 - 2x$$

由此可见，在 BC 段内，$F_N(x)$ 沿杆长线性变化。当 $x = 0$ 时，$F_N = 3$kN；当 $x = 2$m 时，$F_N = -1$kN。全杆的轴力图如图 6-10（c）所示。

总结截面法求指定截面轴力的计算结果可知，由外力可直接计算截面上

的内力，而不必取研究对象画受力图。根据轴力与外力的平衡关系，以及杆段受力图上轴力与外力的方向，由外力直接计算截面轴力时，某一横截面上的轴力，在数值上等于该截面一侧杆上所有轴向外力的代数和；即由外力直接判断为：离开截面的外力（拉力）产生正轴力；指向截面的外力（压力）产生负轴力。仍可记为轴力"拉为正，压为负"。这种计算指定截面轴力的方法称为直接法。

轴力的物理意义：轴力是杆受轴向拉伸和压缩时横截面上的内力，是抵抗轴向拉伸和压缩变形的一种抗力。

【例 6-3】 试作如图 6-11（a）所示等截面直杆的轴力图。

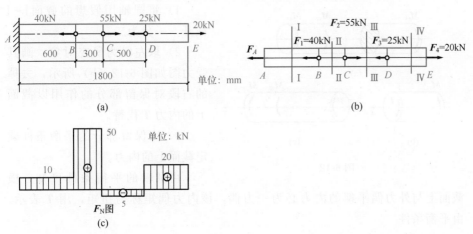

(a)

(b)

(c)

图 6-11

解 悬臂杆件可不求支座反力，直接从自由端依次取研究对象求各杆段截面轴力。

（1）求各杆段轴力，如图 6-11（b）所示。

AB 段：$F_{N1} = 10\text{kN}$

BC 段：$F_{N2} = 50\text{kN}$

CD 段：$F_{N3} = -5\text{kN}$

DE 段：$F_{N4} = 20\text{kN}$

（2）作轴力图，如图 6-11（c）所示。由图可见

$$|F_N|_{max} = 50\text{kN}（在 BC 段）$$

6-4 扭转轴的内力分析

6-4-1 功率、转速与外力偶矩之间的关系

研究扭转轴的内力，首先必须确定作用在轴上的外力偶矩。工程中传递转矩的动力机械往往仅标明轴的转速和传递的功率。根据轴每分钟传递的功与外力偶矩所做功相等，可换算出功率、转速与外力偶矩之间的关系为

$$M_e = 9550 \frac{P}{n} \text{N} \cdot \text{m} \qquad (6\text{-}1)$$

式中，P——轴传递的功率，kW；

n——轴的转速，r/min；

M_e——外力偶矩，N·m。

6-4-2 扭矩、扭矩图

扭转轴横截面的内力计算仍采用截面法。设圆轴在外力偶矩 M_{e1}、M_{e2}、M_{e3} 作用下产生扭转变形，如图 6-12（a）所示，求其横截面 I—I 的内力。

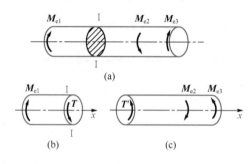

图 6-12

1）将圆轴用假想的截面 I—I 截开，一分为二。

2）取左段为研究对象，画其受力图如图 6-12（b）所示，去掉的右段对保留部分的作用以截面上的内力 T 代替。

3）由保留部分的平衡条件确定截面上的内力。

由圆轴的平衡条件可知，横截面上与外力偶平衡的内力必为一力偶，该内力偶矩称为扭矩，用 T 表示。由平衡条件

$$\sum M_x = 0, \quad M_{e1} - T = 0$$

得

$$T = M_{e1}$$

若取右段轴为研究对象，如图 6-12（c）所示，由平衡条件有

$$\sum M_x = 0, \quad M_{e2} - M_{e3} - T' = 0$$

得

$$T' = M_{e2} - M_{e3} = T$$

为了取不同的研究对象计算同一截面的扭矩时，结果相同，扭矩的符号规定为：按右手螺旋法则，以右手四指顺着扭矩的转向，若拇指指向与截面外法线方向一致时，扭矩为正，如图 6-13（a）所示；反之为负，如图 6-13（b）所示。

多个外力偶作用的扭转轴，计算横截面上的扭矩仍采用截面法。任一截面上的扭矩，等于该截面一侧轴上的所有外力偶矩的代数和：$T = \sum M_e$。扭矩的符号仍用右手螺旋法则判断：凡拇指离开截面的外力偶矩在截面上产

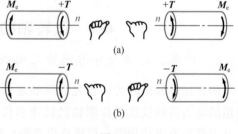

图 6-13

生正扭矩；反之产生负扭矩。

　　显然，不同轴段的扭矩不相同。为了直观地反应扭矩随截面位置变化的规律，以便确定危险截面，与轴力图相仿可绘出扭矩图。绘制扭矩图的要求是：选择合适比例将正值的扭矩纵坐标画在横坐标轴的上方，负的画在下方；图中标明截面位置、截面的扭矩值、单位和正负号。

　　【例 6-4】　如图 6-14（a）所示之圆轴，受有 4 个绕轴线转动的外加力偶，各力偶的力偶矩的大小和方向均示于图中，其中力偶矩的单位为 N·m，轴尺寸单位为 mm。试画出圆轴的扭矩图。

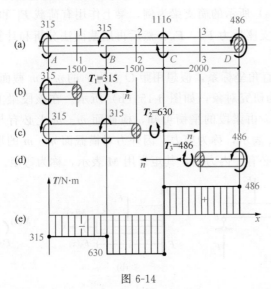

图 6-14

　　解　（1）确定控制面。从圆轴所受的外加力偶分布可以看出，外加力偶处截面 A、B、C、D 均为控制面。这表明 AB 段、BC 段、CD 段圆轴，各分段横截面上的扭矩互不相同，但每一段内的扭矩却是相同的。为了计算简化起见，可以在 AB 段、BC 段、CD 段圆轴内任意选取一横截面，如 1—1、2—2、3—3 截面，这三个横截面上的扭矩即对应三段圆轴上所有横截面上的扭矩。

　　（2）应用截面法确定各段圆轴内的扭矩。用 1—1、2—2、3—3 截面将圆轴截开，所截开的横截面上假设扭矩为正方向，分别如图 6-14（b）、（c）、（d）所示。考察这些截面左侧或右侧部分圆轴的平衡，由平衡方程 $M_x = 0$ 求得三段圆轴内的扭矩分别为

$$T_1 + 315 = 0, \quad T_1 = -315 \text{N} \cdot \text{m}$$
$$T_2 + 315 + 315 = 0, \quad T_2 = -630 \text{N} \cdot \text{m}$$
$$T_3 - 486 = 0, \quad T_3 = 486 \text{N} \cdot \text{m}$$

　　在上述计算过程中，由于假定横截面上的扭矩为正方向，所以，结果为正者，表示假设的扭矩正方向是正确的；若为负，说明截面上的扭矩与假定方向相反，即扭矩为负。

（3）建立 $T-x$ 坐标系，画出扭矩图。建立 $T-x$ 坐标系，其中 x 轴平行于圆轴的轴线，T 轴垂直于圆轴的轴线。将所求得的各段的扭矩值，标在 $T-x$ 坐标系中，得到相应的点，过这些点做 x 轴的平行线，即得到所需要的扭矩图，如图 6-14（e）所示。

6-5 梁的内力分析

6-5-1 梁的内力

以图 6-15（a）所示的简支梁为例，梁上作用有荷载 F_1 和 F_2 后，根据平衡方程，可求得支座反力 F_A，F_B，然后再用截面法分析和计算任一横截面上的内力。

1）取 Oxy 直角坐标系，假想用距 O 点为 x 的 $m—m$ 截面将梁分为两段。

2）取左段为研究对象，如图 6-15（b）所示。在该段梁上作用有支座反力 F_A 和荷载 F_1。由梁段的平衡可知，横截面 $m—m$ 上必有与该截面平行的内力，通常用 F_S 表示，称为剪力。因外力对横截面 $m—m$ 的形心 C 有一合力矩，故该截面上必有一内力偶，其矩常用 M 表示，称为弯矩。

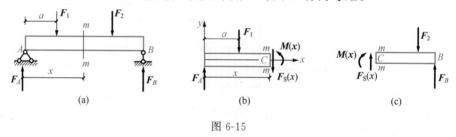

图 6-15

F_S（剪力）——限制梁段沿截面方向移动的内力，单位 N 或 kN。

M（弯矩）——限制梁段绕截面形心 O 转动的内力矩，单位 N·m 或 kN·m。

由梁段的平衡方程，可求得横截面 $m—m$ 上的剪力和弯矩，即

由

$$\sum F_{iy} = 0, \quad F_A - F_1 - F_S(x) = 0 \tag{6-2}$$

得

$$F_S(x) = F_A - F_1$$

由

$$\sum M_C = 0, F_A x - F_1(x-a) - M(x) = 0 \tag{6-3}$$

得

$$M(x) = F_A x - F_1(x-a)$$

横截面 $m—m$ 上的剪力和弯矩也可由右段梁的平衡方程求出，其大小与由左段梁求得的相同，但转向相反，如图 6-15（c）所示。

为了由左、右梁段求得的同一横截面上的内力有相同的正负号，现对剪力和弯矩的正负号作如下规定。

剪力 F_S：使截面邻近的微量段有顺时针转动趋势的剪力为正值，反之为负值，如图 6-16（a）所示。

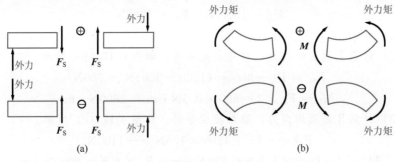

图 6-16

弯矩 M：使截面邻近的微量段产生下边凸出，上边凹进变形的弯矩为正值，反之为负值，如图 6-16（b）所示。

按照上述正负号的规定，由式（6-2）及式（6-3）计算得的横截面 $m—m$ 上的剪力和弯矩为正。

因为剪力和弯矩是由横截面一侧的外力计算得到的，所以在实际计算时，也可直接根据外力的方向规定剪力和弯矩的正负号：当横截面左侧的外力向上或右侧的外力向下时，该横截面的剪力为正，反之为负；当外力向上时（不论横截面的左侧或右侧），截面上的弯矩为正，反之为负。当梁上作用外力偶时，由它引起的横截面上的弯矩正负号，仍需由梁的凸起方向决定。

由式（6-2）或式（6-3）可见：任一横截面上的剪力，在数值上等于该截面一侧（左侧或右侧）所有外力的代数和；任一横截面上的弯矩，在数值上等于该截面一侧（左侧或右侧）所有外力对该截面形心力矩的代数和。此外，剪力和弯矩的正负号只需由每个外力的方向决定。

要求熟练掌握剪力和弯矩的计算方法和正负号规定计算任一横截面上的剪力和弯矩。

【例 6-5】　求如图 6-17（a）所示简支梁截面Ⅰ及Ⅱ的剪力和弯矩。

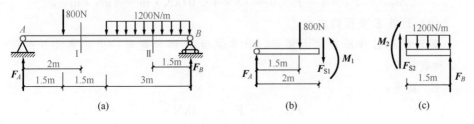

图 6-17

解　（1）计算支反力。

由

$$\sum M_A = 0, \quad \sum M_B = 0$$

得

$$F_A = 1500\text{N}, \quad F_B = 2900\text{N}$$

校核 $\sum F_y = 0$，故计算正确。

（2）计算Ⅰ截面的内力，取左段梁分析，如图6-17（b）所示。

$$F_{S1} = F_A - 800 = (1500 - 800)\text{N} = 700\text{N}$$

$$M_1 = F_A \times 2 - 800 \times 0.5\text{N} \cdot \text{m} = 2600\text{N} \cdot \text{m}$$

（3）计算Ⅱ截面的内力，取右段梁分析，如图6-17（c）所示。

$$F_{S2} = -F_B + 1200 \times 1.5\text{N} = -1100\text{N}$$

$$M_2 = (-1200 \times 1.5 \times 0.75)\text{N} \cdot \text{m} + F_B \times 1.5 = 3000\text{N} \cdot \text{m}$$

【例6-6】 如图6-18所示梁，已知：$F = 7\text{kN}$，$q = 2\text{kN/m}$，$M = 5\text{kN} \cdot \text{m}$；求 C、E 两截面的内力。

解 （1）计算 A、B 反力。

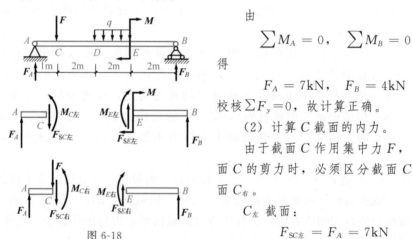

图6-18

由

$$\sum M_A = 0, \quad \sum M_B = 0$$

得

$$F_A = 7\text{kN}, \quad F_B = 4\text{kN}$$

校核 $\sum F_y = 0$，故计算正确。

（2）计算 C 截面的内力。

由于截面 C 作用集中力 F，计算截面 C 的剪力时，必须区分截面 $C_左$ 和截面 $C_右$。

$C_左$ 截面：

$$F_{SC左} = F_A = 7\text{kN}$$

$$M_{C左} = F_A \times 1 = 7 \times 1\text{kN} \cdot \text{m} = 7\text{kN} \cdot \text{m}$$

$C_右$ 截面：

$$F_{SC右} = F_A - F = 7 - 7 = 0$$

$$M_{C右} = F_A \times 1 - F \times 0 = (7 \times 1 - 0)\text{kN} \cdot \text{m} = 7\text{kN} \cdot \text{m}$$

（3）计算 E 截面的内力。

同理截面 E 作用集中力偶矩，计算截面 E 的弯矩时，也必须区分截面 $E_左$ 和截面 $E_右$。

$E_左$ 截面：

$$F_{SE左} = -F_B = -4\text{kN}$$

$$M_{E左} = -M + F_B \times 2 = (-5 + 4 \times 2)\text{kN} \cdot \text{m} = 3\text{kN} \cdot \text{m}$$

$E_右$ 截面：

$$F_{SE右} = -F_B = -4\text{kN}$$

$$M_{E右} = F_B \times 2 = 4 \times 2\text{kN} \cdot \text{m} = 8\text{kN} \cdot \text{m}$$

计算表明：

1）集中力作用处，左右两侧无限接近的截面上，弯矩相同（$M_{C左} = M_{C右}$），剪力值有突变，且突变值等于集中力大小；

2）集中力偶作用处，左右两侧无限接近的截面上，剪力相同（$F_{SE左} = F_{SE右}$），弯矩值有突变，且突变值等于集中力偶矩大小。

6-5-2　剪力图和弯矩图

一般梁的不同截面上的剪力 F_S 和弯矩 M 随截面位置的不同而变化，横截面位置用沿梁轴线的坐标 x 表示（一般取梁的左端为坐标原点），则有

剪力方程：

$$F_S = F_S(x)$$

弯矩方程：

$$M = M(x)$$

把剪力方程、弯矩方程分别用图形表示出来，这种图形叫作梁的剪力图、弯矩图。

为一目了然地表示剪力和弯矩沿梁长度方向的变化规律，以便确定危险截面位置和相应的最大剪力和最大弯矩（绝对值）的数值，可仿照轴力图和扭矩图的做法，根据剪力方程和弯矩方程画出梁的剪力图和弯矩图。即以平行于梁轴线的坐标轴为横坐标轴，其上各点表示横截面的位置，以垂直于杆轴线的纵坐标表示横截面上的剪力或弯矩，按选定的比例尺，在坐标系上画出表示 $F_S(x)$、$M(x)$ 的图形即为剪力图和弯矩图。

梁的 F_S 图和 M 图是梁强度、刚度计算的重要依据，应熟练掌握其作法。

【例 6-7】　如图 6-19（a）所示悬臂梁在集中力作用下的剪力图和弯矩图。已知：F、l，求：作 F_S 图和 M 图。

解　（1）列剪力、弯矩方程。以梁左端为坐标原点，x 为任一截面，如图 6-19（a）所示，则有

$$F_S(x) = -F \quad (0 \leqslant x \leqslant l)$$
$$M(x) = -Fx \quad (0 \leqslant x \leqslant l)$$

（2）作剪力图，如图 6-19（b）所示。

$$|F_S|_{max} = F$$

（3）作弯矩图，如图 6-19（c）所示。

$$|M|_{max} = Fl（在固定端处）$$

【例 6-8】　如图 6-20（a）所示简支梁在均布荷载作用下的剪力图和弯矩图。已知：q、l，求：F_S、M 图。

解　（1）计算 A、B 支反力。

$$F_A = F_B = ql/2$$

（2）列剪力方程、弯矩方程。

$$F_S(x) = F_A - qx = \frac{qL}{2} - qx \quad (0 \leqslant x \leqslant l)$$

$$M(x) = F_A x - \frac{qx^2}{2} = \frac{qL}{2}x - \frac{qx^2}{2} \quad (0 \leqslant x \leqslant l)$$

（3）作剪力图，如图 6-20（b）所示。

$$|F_S|_{max} = \frac{ql}{2}$$

（4）作弯矩图，如图 6-20（c）所示。

$$|M|_{max} = \frac{ql^2}{8}（在中截面处）$$

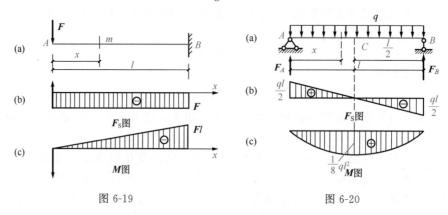

图 6-19　　　　　　　　图 6-20

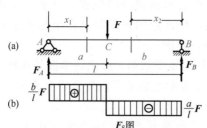

图 6-21

【**例 6-9**】 如图 6-21（a）所示简支梁在集中力作用下的剪力图和弯矩图。已知：P、a、b、l；求：做 F_S 图、M 图。

解 （1）计算 A、B 支反力。

$$F_A = \frac{Fb}{l} \quad F_B = \frac{Fa}{l}$$

（2）分段列剪力、弯矩方程。

AC 段（$0 \leqslant x \leqslant a$）：

$$F_S(x) = F_A = \frac{Fb}{l}$$

$$M(x) = F_A x = \frac{Fb}{l}x$$

CB 段（$a \leqslant x \leqslant l$）：

$$F_S(x) = -F_B = -\frac{Fa}{l}$$

$$M(x) = F_B(l-x) = \frac{Fa}{L}(l-x)$$

（3）作剪力图，如图 6-21（b）所示。

$$|F_S|_{max} = \frac{Fb}{l}$$

（4）作弯矩图，如图 6-21（c）所示。

$$|M|_{max} = \frac{Fba}{l} \quad (在\ P\ 作用截面处)$$

若 $a=b=l/2$，则 $\quad |M|_{max} = \frac{Fl}{4}$

由剪力图和弯矩图可以看出：在集中力作用处，剪力有突变，突变值等于集中力 F 值，而弯矩图在 F 处有尖角。

【例 6-10】 如图 6-22（a）所示简支梁在集中力偶作用下的剪力图和弯矩图。已知：M、a、b、l；求：做 F_S 图、M 图。设 $b>a$。

解 （1）计算 A、B 支反力。

$$F_A = -F_B = -\frac{M}{l}$$

（2）分段列剪力、弯矩方程。

AC 段（$0 \leqslant x \leqslant a$）：

$$F_S(x) = F_A = \frac{M}{l}, \quad M(x) = F_A x = \frac{M}{l}x$$

CB 段（$a \leqslant x \leqslant l$）：

$$F_S(x) = F_B = \frac{M}{l}$$

$$M(x) = -F_B(l-x) = -\frac{M}{l}(l-x)$$

（3）作剪力图，如图 6-22（b）所示。

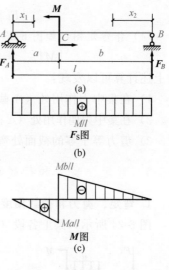

图 6-22

（4）作弯矩图，如图 6-22（c）所示。

$$|M|_{max} = \frac{Mb}{l}(b>a)$$

由剪力图和弯矩图可以看出：在集中力偶作用处，剪力图无变化；而弯矩图有突变，突变值等于集中力偶矩 M 值。

【例 6-11】 作如图 6-23（a）所示外伸梁的剪力图和弯矩图。

解 （1）计算 A、B 反力。

$$\sum M_A = 0, \quad 得 \quad F_A = 35kN$$

$$\sum M_B = 0, \quad 得 \quad F_B = 25kN$$

校核 $\sum F_y = 0$，故计算正确。

（2）分段列剪力、弯矩方程。

CA 段（$0 \leqslant x \leqslant 1m$）：

$$F_S(x) = -20$$

$$M(x) = -20x$$

AB 段（$0 \leqslant x \leqslant 4m$）：

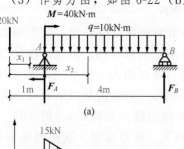

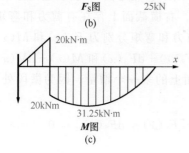

图 6-23

$$F_S(x) = -F_B + q(4-x)$$
$$= -25 + 10(4-x)$$
$$M(x) = F_B(4-x) - \frac{q(4-x)^2}{2}$$
$$= 25(4-x) - 5(4-x)^2$$

（3）作剪力图，如图 6-23（b）所示。

$$|F_S|_{max} = 25\text{kN}（在 B 处）$$

（4）作弯矩图，如图 6-23（c）所示。

$$|M|_{max} = 31.25\text{kN} \cdot \text{m}（在 F_S = 0 处）$$

由上述计算可以发现：

1）在集中力作用处（A 截面），剪力有突变，且突变值 $F_A = 35\text{kN}$。

2）在集中力偶作用处（A 截面），弯矩图有突变，突变值 $M = 40\text{kN} \cdot \text{m}$。

3）剪力等于零的截面处弯矩有极值，此极值有可能为最大值。

6-5-3　弯矩、剪力和荷载集度间的关系及其应用

1. 弯矩、剪力和荷载集度间的微分关系

图 6-24 所示，梁上各段（不含控制截面）的荷载分两种情况：①存在分
布荷载，$q(x) \neq 0$，如简支梁上的 CD 段。②无

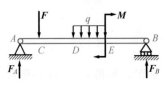

荷载作用，$q(x) = 0$，如梁上的 AC、DE、EB
段。$q(x) = 0$ 为 $q(x) \neq 0$ 的特殊情况，所以只讨
论 $q(x) \neq 0$ 的情况。

图 6-24

由上一小节的例题可以看出，剪力图和弯
矩图的变化有一定的规律性。例如，在某段梁
上如无分布荷载作用，则剪力图为一水平线，弯矩图为一斜直线，而且直线
的倾斜方向和剪力的正负有关，见例 6-7、例 6-9。当梁的某段上有均布荷载
作用时，剪力图为一斜直线，弯矩图为二次抛物线，见例 6-8、例 6-11。此
外，从例题中还可看到，弯矩有极值的截面上，剪力为零。这些现象表明，
剪力、弯矩和荷载集度之间有一定的关系。下面导出这种关系。

设一梁及其所受荷载如图 6-25（a）所示。在分布荷载作用的范围内，假
想截出一长为 dx 的微段梁，如图 6-25（b）所示。假定在 dx 长度上，分布荷
载集度为常量，并设 $q(x)$ 向上为正；在左、右横截面上存在有剪力和弯矩，
并设它们均为正。在坐标为 x 的截面上，剪力和弯矩分别为 $F_S(x)$ 和 $M(x)$；
在坐标为 $x + dx$ 的截面上，剪力和弯矩分 $F_S(x) + dF_S(x)$ 和 $M(x) + dM(x)$。
即右边横截面上的剪力和弯矩比左边横截面上的多一个增量。因为微段处于
平衡状态，故由

$$\sum F_{iy} = 0, \quad F_S(x) + q(x)dx - [F_S(x) + dF_S(x)] = 0$$

得

$$\frac{\mathrm{d}F_{\mathrm{S}}(x)}{\mathrm{d}x} = q(x) \tag{6-4}$$

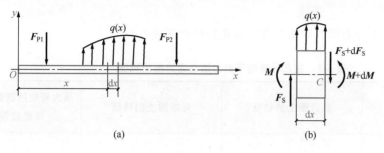

图 6-25

即横截面上的剪力对 x 的导数，等于同一横截面上分布荷载的集度。式（6-4）的几何意义是：剪力图上某点的切线斜率等于梁上与该点对应处的荷载集度。

由

$$\sum M_G = 0, \quad M(x) + F_{\mathrm{S}}(x)\mathrm{d}x + q(x)\mathrm{d}x\frac{\mathrm{d}x}{2} - [M(x) + \mathrm{d}M(x)] = 0$$

略去高阶微量后得

$$\frac{\mathrm{d}M(x)}{\mathrm{d}x} = F_{\mathrm{S}}(x) \tag{6-5}$$

即横截面上的弯矩对 x 的导数，等于同一横截面上的剪力。式（6-5）的几何意义是：弯矩图上某点的切线斜率等于梁上与该点对应处的横截面上的剪力。

由式（6-4）及式（6-5），又可得

$$\frac{\mathrm{d}M^2(x)}{\mathrm{d}x^2} = \frac{\mathrm{d}F_{\mathrm{S}}(x)}{\mathrm{d}x} = q(x) \tag{6-6}$$

即横截面上的弯矩对 x 的二阶导数，等于同一横截面上分布荷载的集度。用式（6-6）可判断弯矩图的凹凸方向。

2. 某段直梁在几种荷载作用下剪力图和弯矩图特征

式（6-4）～式（6-6），即为剪力、弯矩和荷载集度之间的关系式，由这些关系式，可以得到剪力图和弯矩图的一些规律特征。

1）梁的某段上如无分布荷载作用，即 $q(x) = 0$，则在该段内，$F_{\mathrm{S}}(x) =$ 常数。故剪力图为水平直线，弯矩图为斜直线。弯矩图的倾斜方向，由剪力的正负决定。

2）梁的某段上如有均布荷载作用，即 $q(x) =$ 常数，则在该段内，$F_{\mathrm{S}}(x)$ 为 x 的线性函数，而 $M(x)$ 为 x 的二次函数。故该段内的剪力图为斜直线，其倾斜方向由 $q(x)$ 是向上作用还是向下作用决定。该段的弯矩图为二次抛物线。

3）由式（6-6）可知，当分布荷载向上作用时，弯矩图向上凸起；当分布荷载向下作用时，弯矩图向下凸起。

4）由式（6-6）可知，在分布荷载作用的一段梁内，$F_{\mathrm{S}}(x)$ 的截面上，弯

矩具有极值，见例 6-8、例 6-11。

5）如分布荷载集度随 x 成线性变化，则剪力图为二次曲线，弯矩图为三次曲线。

以上剪力图、弯矩图规律变化特征列于表 6-1。

表 6-1　在几种荷载下剪力图与弯矩图的特征

一段梁上的 外力情况	剪力图上的特征	弯矩图上的特征	最大弯矩所在截面的 可能位置
向下的均布荷载 q	向下方倾斜的直线 ⊕ 或 ⊖	下凸的二次抛物线 ⌣ 或 ⌣	在 $F_S = 0$ 的截面
无荷载	水平直线，一般为 ⊕ 或 ⊖	一般为斜直线 \ 或 /	
集中力 F C	在 C 处有突变 C F	在 C 处有尖角 ⌄ 或 ⌄ 或	在剪力突变的截面
集中力偶 M_e C	在 C 处无变化 C	在 C 处有突变 C M_E	在紧靠 C 点 的某一侧的截面

利用上述规律，可以较方便地画出剪力图和弯矩图，而不需列出剪力方程和弯矩方程。具体做法是：先求出支座反力（如果需要的话），再由左至右求出几个控制截面的剪力和弯矩，如支座处、集中荷载作用处、集中力偶作用处以及分布荷载变化处的截面。注意在集中力作用处，左右两侧截面上的剪力有突变；在集中力偶作用处，左右两侧截面上的弯矩有突变。在控制截面之间，利用以上关系式，可以确定剪力图和弯矩图的线形，最后得到剪力图和弯矩图。如果梁上某段内有分布荷载作用，则需求出该段内剪力 $F_Q = 0$ 截面上弯矩的极值。最后标出具有代表性的剪力值和弯矩值。

【例 6-12】　画如图 6-26（a）所示外伸梁的剪力图和弯矩图。

解　（1）求支座反力。由平衡方程 $\sum M_A = 0$ 和 $\sum M_B = 0$，求得

$$F_A = 72\text{kN}, \quad F_B = 148\text{kN}$$

（2）画 AC 段的剪力图和弯矩图。计算出控制截面 1 和 2 的剪力和弯矩为

$$F_{S1} = F_{S2} = 72\text{kN}$$

$$M_1 = M_A = 0$$

$$M_2 = 72 \times 2\text{kN} \cdot \text{m} = 144\text{kN} \cdot \text{m}$$

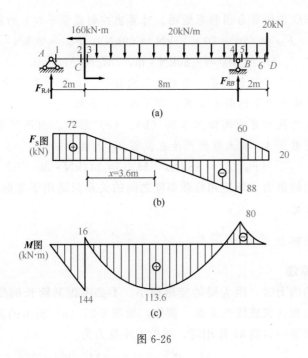

图 6-26

在该段上没有分布荷载作用，故剪力图为水平直线；又因剪力为正值，故弯矩图为向下倾斜的直线。

（3）绘 CB 段的剪力图和弯矩图。计算出控制截面 3 和 4 的剪力为

$$F_{S3} = 72\text{kN}$$

$$F_{S4} = (72 - 20 \times 8)\text{kN} = -88\text{kN}$$

因为均布荷载 q 向下，所以剪力图是向下倾斜的直线。弯矩图是二次抛物线，需求出三个控制截面的弯矩。其中

$$M_3 = (72 \times 2 - 160)\text{kN} \cdot \text{m} = -16\text{kN} \cdot \text{m}$$

$$M_4 = M_B = (-20 \times 2 - 20 \times 2 \times 1)\text{kN} \cdot \text{m}$$

$$= -80\text{kN} \cdot \text{m}（由截面右侧外力计算）$$

此外，在 CB 段内有一截面上的剪力 $F_S = 0$，在此截面上的弯矩有极值。可以用两种方法求出该截面的位置：①列出该段的剪力方程，令 $F_S(x) = 0$，求出 x 的值；②在 CB 段内的剪力图上有两个相似三角形，由对应边成比例的关系求出 x。在该例中由

$$F_S(x) = 72 - 20x = 0$$

得

$$x = 3.6\text{m}$$

此即 $F_S = 0$ 的截面距 C 点的距离。计算该截面的弯矩可根据截面一侧的外力计算，得

$$M_{\max} = \left[72 \times (2 + 3.6) - 160 - 20 \times 3.6 \times \frac{3.6}{2}\right]\text{kN} \cdot \text{m} = 113.6\text{kN} \cdot \text{m}$$

由于 q 向下，故弯矩图向下凸起。

（4）绘 BD 段的剪力图和弯矩图。计算出控制截面5和6的剪力和弯矩为

$$F_{S5} = (20 + 20 \times 2)kN = 60kN, \quad F_{S6} = 20kN$$

$$M_5 = M_B = -80kN \cdot m, \quad M_6 = M_D = 0$$

在该段上的均布荷载集度 q 与 CB 段的相同，故剪力图为向下的斜直线。其斜率与 CB 段剪力图的斜率相同。弯矩图向下凸起。

全梁的剪力图和弯矩图如图 6-26（b）、（c）所示。由图可见，全梁的最大剪力产生在截面4，最大弯矩产生在截面2，其值分别为

$$|F_S|_{max} = 88kN, \quad M_{max} = 144kN \cdot m$$

以上导出的剪力、弯矩和荷载集度之间的关系只适用于坐标原点在左端，x 轴向右的情况。

6-5-4　用叠加法绘弯矩图

1. 叠加原理

计算梁的内力时，因为梁的变形很小，不必考虑其跨长的变化。在这种情况下，内力和荷载成线性关系。例如，如图 6-27（a）所示的简支梁，受到均布荷载 q 和集中力偶 M 作用时，梁的支座反力为

$$F_A = \frac{M}{l} + \frac{ql}{2}, \quad F_B = -\frac{M}{l} + \frac{ql}{2}$$

梁的任一截面上的弯矩为

$$M(x) = F_A x - M - qx \cdot \frac{x}{2} = \left(\frac{M}{l}x - M\right) + \left(\frac{ql}{2} - \frac{1}{2}qx^2\right)$$

由上式可见，弯矩 $M(x)$ 和 M、q 成线性关系。因此，在 $M(x)$ 表达式中，弯矩 $M(x)$ 可以分为两个部分：第 1 部分是荷载 M 单独作用在梁上所引起的弯矩；第 2 部分是荷载 q 单独作用在梁上所引起的弯矩。由此可知，在多个荷载作用下，梁的横截面上的弯矩，等于各个荷载单独作用所引起的弯矩的叠加，这种求弯矩的方法称为叠加法。

一般而言，只要所求的量（如内力、位移等）是荷载的线性函数，则可先求该量在每一荷载单独作用下的值，然后叠加，即为几个荷载联合作用下该量的总值，此即叠加原理。

2. 用叠加法绘内力图

由于弯矩可以叠加，所以弯矩图也可以叠加。用叠加法作弯矩图时，可先分别绘出各个荷载单独作用的弯矩图，然后将各图对应处的纵标叠加，即得所有荷载共同作用的弯矩图。例如，如图 6-27（a）所示的简支梁，由集中力偶 M 作用引起的弯矩图如图 6-27（b）所

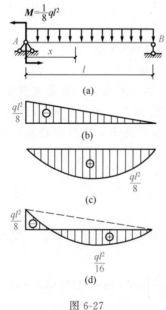

图 6-27

示，由均布荷载作用的弯矩如图 6-27（c）所示，将两个弯矩图的纵坐标叠加后，得到总的弯矩图如图 6-27（d）所示。在叠加弯矩图时，也可以用图的斜直线，即如图 6-27（d）所示中的虚线为基线，绘出均布荷载下的弯矩图。于是，两图的共同部分正负抵消，剩下的即为叠加后的弯矩图。

用叠加法绘弯矩图，只在单个荷载作用下梁的弯矩图可以比较方便地绘出，且梁上所受荷载也不复杂时才适用。如果梁上荷载复杂，还是按荷载共同作用的情况绘弯矩图比较方便。此外，在分布荷载作用的范围内，用叠加法不能直接求出最大弯矩；如果要求最大弯矩，还需用以前的方法。

剪力图也可用叠加法绘出，但并不方便，所以通常只用叠加法绘弯矩图。叠加法的应用范围很广，不限于求梁的剪力和弯矩。凡是作用因素（如荷载、变温等）和所引起的结果（如内力、应力、变形等）之间成线性关系的情况，都可用叠加法。

用叠加法绘内力图步骤如下。

1）荷载分组。把梁上作用的复杂荷载分解为几组简单荷载单独作用的情况。

2）分别做出各简单荷载单独作用下梁的剪力图和弯矩图。各简单荷载作用下单跨静定梁的内力图可查表 6-2。

3）叠加各内力图上对应截面的纵坐标代数值，得原梁的内力图。

表 6-2　静定梁在简单荷载作用下的 F_S 图、M 图

【**例 6-13**】 用叠加法做如图 6-28 所示外伸梁的 **M** 图。

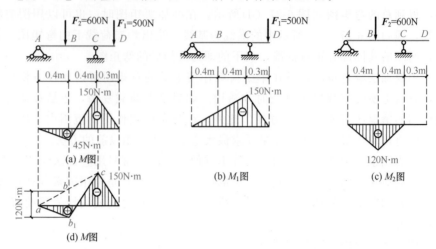

图 6-28

解 （1）分解荷载为 F_1、F_2 单独作用的情况。

（2）分别做二力单独作用下梁的弯矩图，如图 6-28（b）、（c）所示。

（3）叠加得梁最终的弯矩图，有两种叠加方法。

第一种方法：叠加 A、B、C、D 各截面弯矩图的纵坐标，可得 0、45N·m、−150N·m、0；再按弯矩图特征连线（各段无均布荷载均为直线），得如图 6-28（a）所示。

第二种方法：在 M_1 图的基础上叠加 M_2 图如图 6-28（d）所示。其中画 AC 梁段的弯矩图时，将 OC 线作为基线，由斜线中点 b 向下量取 $bb_1 = 120$N·m，连 ab_1 及 cb_1，三角形 ab_1c 即为 M_2 图。这种方法也可以叫作区段叠加法。

3. 用区段叠加法做梁的弯矩图

用区段叠加法做梁的弯矩图对复杂荷载作用下的梁、刚架及超静定结构的弯矩图绘制都是十分方便的。它是在控制截面法求内力的基础上应用叠加原理做出的。

考察如图 6-29（a）所示的简支梁，两端受有 M_A、M_B 集中力偶矩及梁上荷载 q 作用，利用叠加原理，图 6-29（a）可用图 6-29（b）和图 6-29（c）进行叠加。原结构的弯矩图如图 6-29（d）所示，也是图 6-29（e）和图 6-29（f）弯矩图的叠加。任一截面 K 的弯矩 $M_K(x)$ 也是两者的叠加，即

$$M_K(x) = \overline{M}_K(x) + M_K^0(x) \tag{6-7}$$

式中，$\overline{M}_K(x)$——简支梁仅受两端力矩作用下 K 截面的弯矩值，kN·m；

$M_K^0(x)$——简支梁仅受梁上荷载 q 作用下 K 截面的弯矩值，kN·m。

因此，如图 6-29（a）所示结构弯矩图的做法如下。

1）先求解并绘出梁两端的弯矩值。

2）把两端弯矩值连以直线即为 $\overline{M}_K(x)$ 弯矩图。

3）若梁上有外荷载，应在两端弯矩值连线的基础上再叠加上同跨度、同荷载的简支梁 $M_K^0(x)$ 弯矩图。

结论：任意梁段都可以看作简支梁，都可用简支梁弯矩图的叠加法做该梁段的弯矩图。

注意叠加时是把两端弯矩值连线为基础逐点叠加的，即把连线当成梁的轴线来看待。这种叠加方法推广到任意杆段也是适合的。要十分熟悉如图 6-30 （a）、（b）、（c）所示三种常见情况的弯矩图，因为这对今后绘制复杂荷载作用的弯矩图很有帮助。

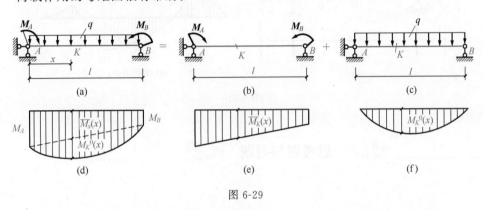

图 6-29

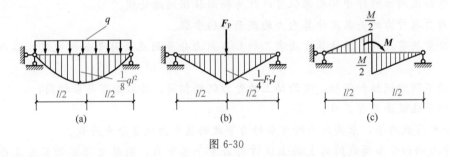

图 6-30

【例 6-14】　用叠加法做如图 6-31 （a）所示外伸梁的弯矩图。

解　（1）求支座反力。

$$F_A = 15\text{kN}(\uparrow), \quad F_B = 11\text{kN}(\uparrow)$$

（2）分段并确定各控制截面弯矩值，该梁分为 CA、AD、DB、BF 四段

$$M_C = 0$$

$$M_A = -6 \times 2\text{N} \cdot \text{m} = -12\text{kN} \cdot \text{m}$$

$$M_D = (-6 \times 6 + 15 \times 4 - 2 \times 4 \times 2)\text{kN} \cdot \text{m} = 8\text{kN} \cdot \text{m}$$

$$M_B = -2 \times 2 \times 1\text{kN} \cdot \text{m} = -4\text{kN} \cdot \text{m}$$

$$M_F = 0$$

（3）用区段叠加法绘制各梁段弯矩图。先按一定比例绘出各控制截面的纵坐标，再根据各梁段荷载分别作弯矩图。如图 6-31 （b）所示，梁段 CA 无荷载，由弯矩图特征直接连线作图；梁段 AD、DB 有荷载作用，则把该段两

端弯矩纵坐标连一虚线，称为基线，在此基线上叠加对应简支梁的弯矩图。其中，AD、DB 段中点的弯矩值分别为

$$M_{AD\text{中}} = \frac{-12+8}{2} + \frac{ql_{AD}^2}{8} = \left(-2 + \frac{2\times 4^2}{8}\right)\text{kN}\cdot\text{m} = 2\text{kN}\cdot\text{m}$$

$$M_{BD\text{中}} = \frac{8-4}{2} + \frac{Fl}{4} = \left(2 + \frac{8\times 4}{4}\right)\text{kN}\cdot\text{m} = 10\text{kN}\cdot\text{m}$$

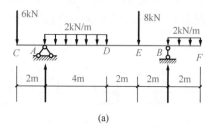
(a)

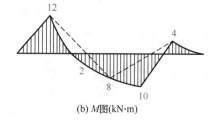
(b) M图(kN·m)

图 6-31

思考题与习题

思考题

6-1 试分析如图所示杆件中哪些部位可以作为轴向拉压问题处理。

6-2 试述内力与外力的关系及计算内力的截面法的步骤。

6-3 内力分量共有几种？其计算方法有几种？各内力分量的正负符号如何规定？各内力图如何绘制？

6-4 两直径不同的钢轴和铜轴，若两轴上的外力偶矩相同，其扭矩图是否相同？

6-5 试判断下述说法是否正确：

（1）作用分布荷载的梁，求其内力时可用静力等效的集中力代替分布荷载。

（2）无集中力偶和分布荷载的简支梁上仅作用若干个集中力，则最大弯矩必发生在最大集中力作用处。

（3）梁内最大剪力作用面上亦必有最大弯矩。

6-6 利用弯曲内力知识说明为什么标准双杠的尺寸设计为 $a = l/4$，如图所示。

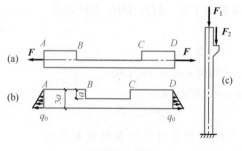

思考题 6-1 图

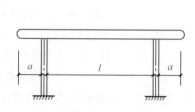

思考题 6-6 图

习　题

6-1　试用截面法计算如图所示杆件各段的轴力，并绘轴力图，力的单位为 kN。

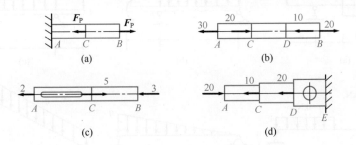

习题 6-1 图

6-2　试绘制如图所示圆轴的扭矩图。

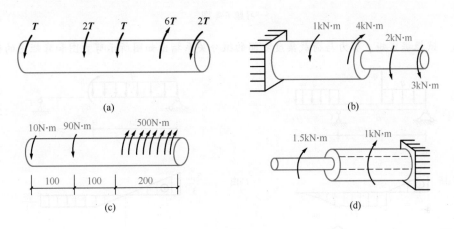

习题 6-2 图

6-3　求如图所示各梁指定截面的剪力和弯矩。

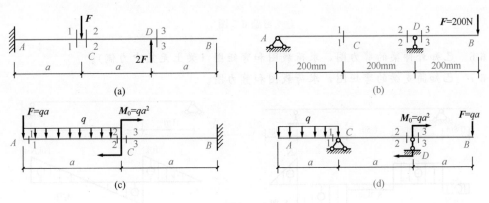

习题 6-3 图

6-4 用简捷法绘制如图所示各梁的内力图，并确定 $|F_{Smax}|$、$|M_{max}|$。

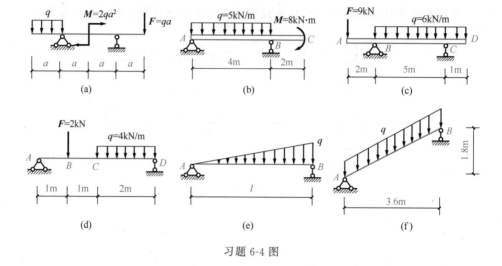

习题 6-4 图

6-5 试根据弯矩、剪力与荷载集度之间的微分关系指出如图所示剪力图和弯矩图的错误。

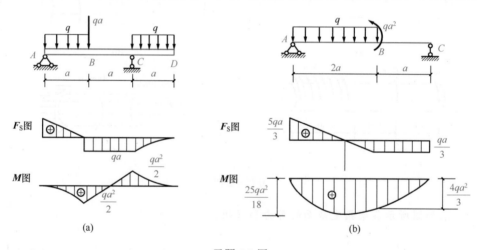

习题 6-5 图

6-6 已知外伸梁的剪力图，求荷载图和弯矩图（梁上无集中力偶）。

6-7 已知简支梁的弯矩图，求荷载图和剪力图。

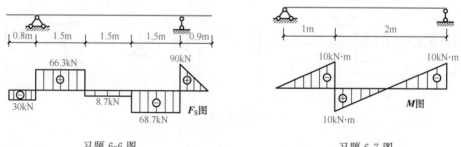

习题 6-6 图   习题 6-7 图

6-8 试用叠加法绘制如图所示各梁的弯矩图。

6-9 试用区段叠加法绘制如图所示各梁的弯矩图。

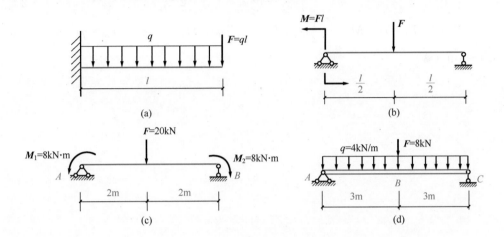

习题 6-8 图

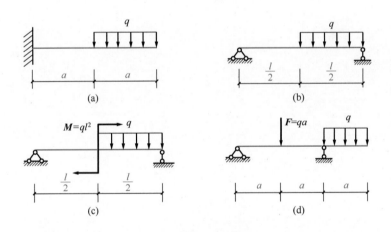

习题 6-9 图

习题参考答案

6-1 图（a）$F_{NAC}=0$，$F_{NBC}=-F_P$

图（b）$F_{NAC}=30kN$，$F_{NCD}=10kN$，$F_{NDB}=20kN$

图（c）$F_{NAC}=2kN$，$F_{NBC}=-3kN$

图（d）$F_{NAC}=-20kN$，$F_{NCD}=-10kN$，$F_{NDE}=10kN$

6-2 （略）

6-3 图（a）$F_{S1}=-F$，$M_1=2Fa$，$F_{S2}=-2F$，$M_2=2Fa$

图（b）$F_{S1}=-100N$，$M_1=-20\ 000N\cdot m$，

$F_{S2}=-100N$，$M_2=-40\ 000N\cdot m$，

$$F_{S3}=200\text{N}, \quad M_3=-40\ 000\text{N}\cdot\text{m}$$

图（c）$F_{S1}=-qa$，$M_1=0$，$F_{S2}=-2qa$，$M_2=-\dfrac{3}{2}qa^2$，$F_{S3}=-2qa$，$M_3=-\dfrac{1}{2}qa^2$

图（d）$F_{S1}=qa$，$M_1=-\dfrac{1}{2}qa^2$，$F_{S2}=-\dfrac{3}{2}qa$，$M_2=-2qa^2$，$F_{S3}=qa$，$M_3=-qa^2$

6-4～6-9（略）

第 7 章

轴向拉伸和压缩的强度计算

7-1 应力的概念

为了研究杆件的强度问题，只知道杆件的内力是不够的。因为根据经验知道：用同种材料制作两根粗细不同的杆件，在相同的拉力作用下，两杆的轴力是相同的。但是随着拉力逐渐增大，细杆比粗杆先被拉断。这一事实说明：杆件的强度不仅和杆件横截面上的内力有关，而且还与横截面的面积有关。要确定内力在横截面上的分布规律，必须从研究杆件的变形入手。前面所讲的内力是分布在整个截面内力的合力，当外力作用情况较复杂时，内力在截面内的分布就不均匀。为了解决强度问题，要知道内力在截面上各点的分布情况，从而找出构件中受力最严重或变形最严重的"危险点"的位置。因而提出了应力、应变的概念。

7-1-1 应力

内力是构件横截面上分布内力系的合力。求得内力，还不能解决构件的强度问题。例如，两根材料相同、粗细不同的直杆，在相同的拉力作用下，随着拉力的增加，细杆首先被拉断，这说明杆件的强度不仅与内力有关，而且与截面的尺寸有关。为了研究构件的强度问题，必须研究内力在截面上分布的规律。为此引入应力的概念。内力在截面上某点处的分布集度，称为该点的应力。

设在某一受力构件的 m—m 截面上，围绕点 K 取微面积 ΔA，如图 7-1（a）所示，ΔA 上的内力的合力为 ΔF，这样，在 ΔA 上内力的平均集度定义为

$$p_{平均} = \frac{\Delta F}{\Delta A}$$

一般情况下，m—m 截面上的内力并不是均匀分布的，因此平均应力 $p_{平均}$ 随所取 ΔA 的大小而不同，当 $\Delta A \to 0$ 时，上式的极限值为

$$p = \lim_{\Delta A \to 0} \frac{\Delta F}{\Delta A} = \frac{\mathrm{d}F}{\mathrm{d}A} \tag{7-1}$$

即为点 K 的分布内力集度，称为点 K 处的总应力。p 是一个矢量，通常把应力 p 分解成垂直于截面的分量 $\boldsymbol{\sigma}$ 和相切于截面的分量 $\boldsymbol{\tau}$，如图 7-1（b）所

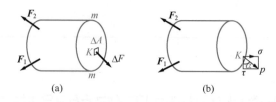

图 7-1

示。由图中的关系可知

$$\boldsymbol{\sigma} = p\sin\alpha, \quad \boldsymbol{\tau} = p\cos\alpha$$

σ 称为正应力，τ 称为切应力。在国际单位制中，应力的单位是帕斯卡，以 Pa（帕）表示，$1\text{Pa}=1\text{N/m}^2$。由于帕斯卡这一单位较小，工程中常用 kPa（千帕）、MPa（兆帕）、GPa（吉帕）。$1\text{kPa} = 10^3\,\text{Pa}$，$1\text{MPa} = 10^6\,\text{Pa}$，$1\text{GPa}=10^9\,\text{Pa}$。

7-1-2 变形和应变

杆件受外力作用后，其几何形状和尺寸一般都要发生改变，变形程度的大小可以用应变来度量。

应变是指变形程度的大小，分为线应变和切应变。

图 7-2（a）所示为微小正六面体，在外力作用下，棱边边长的改变量 $\Delta\mu$ 与 Δx 的比值称为线应变，如图 7-2（b）所示，用 ε 表示。线应变是无量纲的。

$$\varepsilon = \frac{\Delta\mu}{\Delta x} \tag{7-2}$$

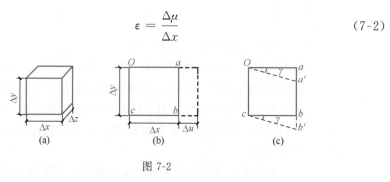

图 7-2

由于微小正六面体的各边缩小为无穷小时，通常称为单元体。单元体中相互垂直棱边夹角的改变量，如图 7-2（c）所示，称为剪应变或角应变，用 γ 表示。角应变用弧度来度量，它也是无量纲的。

7-2 轴向拉伸和压缩杆件横截面上的应力

7-2-1 轴向拉（压）杆横截面上的应力

研究杆件横截面上的应力，一般通过实验观察变形情况，由表及里地作出杆件内部变形的几何假设，再根据分布内力与变形间的物理关系，得到应力在截面上的变化规律，然后再通过静力学关系得到应力计算公式。这里以拉杆为例说明这一方法。

取一根等截面直杆，未受力之前，在杆的中部表面上画许多与杆轴线平行的纵线和与杆轴线垂直的横线；然后在杆的两端施加一对轴向拉力 F，使杆产生伸长变形，如图 7-3 (a) 所示。图中实线为变形前的图线，虚线为变形后的图线。由变形后的情况可见，纵线仍为平行于轴线的直线，各横线仍为直线并垂直于轴线，但产生了平行移动。横线可以看成是横截面的轴线，因此，根据横线的变形情况去推测杆内部的变形，可以作出如下假设：变形前为平面的横截面，变形后仍为平面。这个假设称为平截面假设或平面假设。

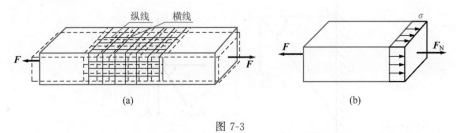

图 7-3

根据平面假设可以断定拉杆所有纵向纤维的伸长相等。又因材料是均匀的，各纵向纤维的性质相同，因而其受力也就一样。所以，杆件横截面上的内力是均匀分布的，即在横截面上各点的正应力相等，亦即 σ 等于常量，如图 7-3 (b) 所示。由静力学求合力的方法，可得

$$F_N = \int_A \sigma \mathrm{d}A = \sigma \int_A \mathrm{d}A = \sigma A$$

由此可得杆的横截面上任一点处正应力的计算公式为

$$\sigma = \frac{F_N}{A} \tag{7-3}$$

式中，A 为杆的横截面面积。如果杆受到轴向压力，同样可以得到式 (7-3)。因此该式即为杆在轴向拉伸或压缩时，计算横截面上正应力的公式。正应力的正负号与轴力的正负号相对应，即拉应力为正，压应力为负。由式 (7-3) 计算得到的正应力大小，只与横截面面积有关，与横截面的形状无关。此外，对于横截面沿杆长连续缓慢变化的变截面杆，其横截面上的正应力也可用上式作近似计算。

必须指出，杆端外力的作用方式不同时，如分布力或集中力，对横截面上的应力分布是有影响的。但法国科学家圣维南（Barre de Sain-Venant）指出，当作用于弹性体表面某一小区域上的力系，被另一静力等效的力系代替时，对该区域及其附近区域的应力和应变有显著的影响；而对远处的影响很小，可以忽略不计。这一结论称为圣维南原理。它已被许多计算结果和实验结果所证实。因此，杆端外力的作用方式不同，只对杆端附近的应力分布有影响。由于杆的横向尺寸远小于轴向尺寸，所以在应力计算中不必考虑杆端

外力的作用方式。

【例7-1】 如图7-4（a）所示为起重机机架，承受荷载 $F_G=20\text{kN}$，若杆 BC 和杆 BD 横截面面积分别为 $A_{BC}=400\text{mm}^2$ 和 $A_{BD}=100\text{mm}^2$。试求此两杆横截面上的应力。

解 （1）求杆的内力。取结点 B 为研究对象，画受力图，如图7-4（b）所示。

由平衡条件

$$\sum F_x=0,\quad -F_{NBD}-F_{NBC}\cos60°=0$$

$$\sum F_y=0,\quad -F_G-F_{NBC}\sin60°=0$$

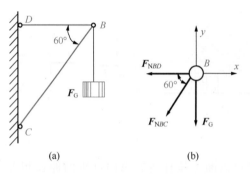

图 7-4

解得

$$F_{NBC}=-\frac{F_G}{\sin60°}=-\frac{20\times10^3}{\sin60°}=-23095\text{N（压力）}$$

$$F_{NBD}=-F_{NBC}\cos60°=-(-23\,095)\cos60°=11548\text{N（拉力）}$$

（2）求杆横截面上的应力。

$$\sigma_{BC}=\frac{F_{NBC}}{A_{BC}}=\frac{-23\,095}{400\times10^{-6}}=-57.7\times10^6\text{Pa}=-57.7\text{MPa（压应力）}$$

$$\sigma_{BD}=\frac{F_{NBD}}{A_{BD}}=\frac{11\,548}{100\times10^{-6}}=115.5\times10^6\text{Pa}=115.5\text{MPa（拉应力）}$$

【例7-2】 如图7-5（a）所示一矩形截面杆，$b=20\text{mm}$，$h=40\text{mm}$。杆中有一直径为 $d=10\text{mm}$ 的圆孔。当杆受到 $F=30\text{kN}$ 的力拉伸时，杆的哪个横截面上的正应力最大？数值等于多少？

解 在过圆孔直径的横截面 $m—m$ 上，如图7-5（b）所示，杆的净横截面较其他横截面小，但各横截面上的轴力相同，所以该横截面上所产生的正应力比其他横截面上的正应力大。杆的最大应力为

$$\sigma_{\max}=\frac{F_N}{A_{\min}}=\frac{30\times10^3}{20\times10^{-3}(40-10)\times10^{-3}}=50\times10^6\text{N/m}^2=50\text{MPa}$$

工程力学中，最重要的是求出杆内的最大应力，因为根据最大应力的大小，可以决定杆是否有足够的强度。一般情况下，杆各截面上轴力不同，横截面的面积也不尽相同，这就需要具体分析哪些截面的正应力最大。对于等

直杆，轴力最大的横截面上正应力也最大。所以通常将内力图中数值最大的
位置称为危险截面。

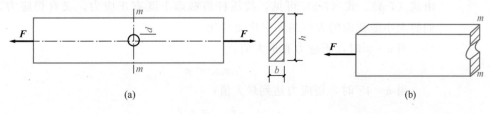

图 7-5

7-2-2　斜截面上的应力

横截面只是一个特殊方位的界面，为研究拉压杆各个方向的应力的分布
规律，取一等截面直杆如图 7-6（a）所示，在杆端受到一对大小相等的轴向
力 **F** 作用，现分析任意斜截面 m—m 上的应力，斜截面 m—m 的外法线与 x
轴的夹角用 α 表示，并规定 α 从 x 轴算起，逆时针转动为正。

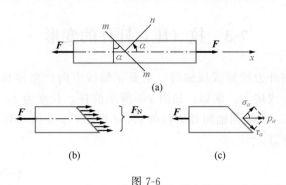

图 7-6

将杆件从斜截面 m—m 截开，取左半部分为研究对象如图 7-6（b）所示，
根据平衡 $\sum F_x = 0$，可得斜截面 m—n 上的内力为

$$F_{N\alpha} = F = F_N$$

式中，F_N——过 m 点横截面上的轴力，N。

若以 P_α 表示斜截面 m—m 上任一点的应力，则有

$$P_\alpha = F_\alpha/A_\alpha = F_N/A_\alpha$$

式中，A_α——斜截面面积，且 $A_\alpha = A/\cos\alpha$，mm^2。

　　A——横截面的面积，mm^2。

则 F_α 可表示为

$$P_\alpha F_N \cos\alpha/A = \sigma\cos\alpha$$

式中：σ——横截面上的正应力，N。

F_α 为斜截面 m—m 上任一点的应力，为研究方便，通常将其分解为垂直
于斜截面的正应力 σ_α 和平行于斜截面的切应力 τ_α 如图 7-6（c）所示，则有

$$\sigma_a = P_a\cos\alpha = \sigma\cos^2\alpha \qquad\qquad (7\text{-}4)$$

$$\tau_a = P_a\sin\alpha = \sigma\cos\alpha\sin\alpha = 1/2(\sigma\sin2\alpha) \qquad (7\text{-}5)$$

由式（7-4）、式（7-5）可见，拉压杆斜截面上既有正应力，又有切应力，它们的大小随截面的方位角 α 变化而变化。

当 $\alpha = 0°$ 时，正应力有最大值：

$$\sigma_{\max} = \sigma$$

当 $\alpha = 45°$ 时，切应力达到最大值：

$$\tau_{\max} = \sigma/2$$

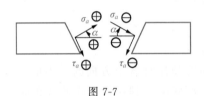

可见，轴向拉压杆最大正应力出现在横截面上，最大切应力发生在与杆轴成 45°的斜截面上。

斜截面上应力的正负号规定如下（图 7-7）：

图 7-7

σ_a——以拉应力为正，压应力为负；

τ_a——有使脱离体顺时针转动趋势的切应力为正，反之为负。

7-3 拉（压）杆件的变形

杆受到轴向外力拉伸或压缩时，主要在轴线方向产生伸长或缩短，同时横向尺寸也缩小或增大。例如，如图 7-8 所示的杆，长度为 l，设横截面为正方形，边长为 a。当受到轴向外力拉伸后，l 增至 l'，a 缩小到 a'，现分别介绍两种变形的计算。

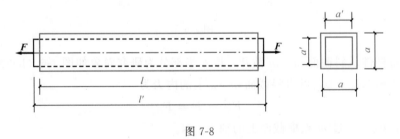

图 7-8

7-3-1 轴向变形——胡克定律

杆的轴向伸长为 $\Delta l = l' - l$，称为杆的绝对伸长。实验表明，当杆的变形为弹性变形时，杆的轴向伸长 Δl 与拉力 F、杆长 l 成正比，与杆的横截面面积 A 成反比，即

$$\Delta l \propto \frac{Fl}{A}$$

引进比例常数 E，并注意到轴力 $F_N = F$，则上式可表示为

$$\Delta l = \frac{F_N l}{EA} \qquad\qquad (7\text{-}6)$$

这一关系是由胡克首先发现的，故通常称为胡克定律。当杆受轴向外力压缩时，这一关系仍然成立。式（7-6）中的 E 称为拉伸（或压缩）时材料的弹性模量，它表示材料抵抗弹性变形的能力。E 值越大，杆的变形越小；E 值越小，杆的变形越大。E 值的大小因材料而异，可由试验测定。E 的量纲是［力］／［长度］^{2}，常用单位是 MPa 或 GPa（$1GPa = 10^3 MPa$）。工程上的大部分材料在拉伸和压缩时的 E 值可认为是相同的。

式（7-6）中的 EA 称为杆的抗拉（压）刚度，它表示杆件抵抗轴向变形的能力。当 F_N 和 l 不变时，EA 越大，则杆的轴向变形越小；EA 越小，则杆的轴向变形越大。

应用式（7-6）可求出杆的轴向变形，但需注意该式的适用条件，即该式只适用在 F_N、A、E 为常数的一段杆内，且材料在线弹性范围内。

绝对变形 Δl 的大小与杆的长度 l 有关，不足以反映杆的变形程度。为了消除杆长的影响，将式（7-6）变换为

$$\frac{\Delta l}{l} = \frac{F_N}{A} \frac{1}{E}$$

式中，$\Delta l / l = \varepsilon$，称为轴向线应变。它是相对变形（单位长度杆的伸长量），表示轴向变形的程度。又 $\dfrac{F_N}{A} = \sigma$，故上式写为

$$\varepsilon = \frac{\sigma}{E} \qquad 或 \qquad \sigma = E\varepsilon \qquad\qquad (7\text{-}7)$$

上式表示，当变形为弹性变形时，正应力和轴向线应变成正比，这是胡克定律的另一种形式。这一关系式非常重要，在理论分析和实验中经常用到。

注意：

1）$\sigma \leqslant \sigma_P$，即应力未超过比例极限。

2）ε 是沿 σ 方向的线应变。

3）在杆长 l 内，F_N、E、A 均为常量，若不是，则 $\Delta L = \sum \dfrac{F_N l}{EA}$。

7-3-2　横向应变

如图 7-8 所示的杆，其横向尺寸缩小，故横向应变为

$$\varepsilon' = \frac{\Delta a}{a} = \frac{a' - a}{a}$$

显然，在拉伸时，ε 为正值，ε' 为负值；在压缩时，ε 为负值，ε' 为正值。由实验可知，当变形为弹性变形时，横向应变和轴向应变的比值为一常数，即

$$\nu = \left| \frac{\varepsilon'}{\varepsilon} \right| \qquad 或 \qquad \varepsilon' = -\nu\varepsilon \qquad\qquad (7\text{-}8)$$

式中，ν 称为泊松比，是由法国科学家泊松（S. D. Poisson）首先得到的。ν 是

一个无量纲的量，其大小因材料而异，由试验测定。

一般规定 Δl、Δa 以伸长为正，缩短为负；ε 和 ε' 的正负号分别与 Δl 和 Δa 一致，即拉应变为正，压应变为负。所以，轴向线应变 ε 与横向线应变 ε' 的符号恒相反。

弹性模量 E 和泊松比 ν 都是材料的弹性常数，表 7-1 给出了一些常用材料的 E、ν 值。

表 7-1　常用材料的 E、ν 值

材　料		E/GPa	ν
钢		190～220	0.25～0.33
铜及其合金		74～130	0.31～0.36
铸　铁		60～165	0.23～0.27
铝合金		71	0.26～0.33
花岗岩		48	0.16～0.34
石灰岩		41	0.16～0.34
混凝土		14.7～35	0.16～0.18
橡　胶		0.0078	0.47
木　材	顺　纹	9～12	
	横　纹	0.49	

【例 7-3】 一矩形截面杆，长 1.5m，截面尺寸为 50mm×100mm。当杆受到 100kN 的轴向拉力作用时，由试验测得杆的伸长为 0.15mm，截面的长边缩短为 0.003mm。试求该杆材料的弹性模量 E 和泊松比 ν。

解　由式（7-6），可求得弹性模量为

$$E = \frac{F_N l}{(\Delta l)A} = \frac{100 \times 10^3 \times 1.5}{0.15 \times 10^3 \times 50 \times 100 \times 10^{-6}} = 2.0 \times 10^{11}$$
$$= 2.0 \times 10^5 \, \mathrm{MPa}$$

再由式（7-8），求得泊松比为

$$\nu = \left| \frac{\varepsilon'}{\varepsilon} \right| = \frac{0.003/100}{0.15/1500} = 0.3$$

【例 7-4】 一木柱受力如图 7-9 所示。柱的横截面为边长 200mm 的正方形，认为材料服从胡克定律，其弹性模量 $E=$ 10GPa。如不计柱的自重，试求木柱顶端 A 截面的位移。

解　因为木柱底端固定，故顶端 A 截面的位移就等于全杆的总缩短变形。由于 AB 和 BC 段的内力不同，但每段杆各截面上的内力相同，因此可由式（7-6）分别计算各段杆的变形，然后求其代数和，即为全杆的总变形。

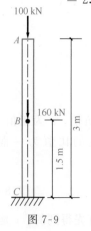

图 7-9

AB 段：

$$F_N = -100\text{kN}$$

$$\Delta l_{AB} = \frac{-100 \times 1.5 \times 10^3}{10 \times 200 \times 200 \times 10^3 \times 10^6 \times 10^{-6}}$$

$$= -0.000\ 375\text{m} = -0.375\text{mm}$$

BC 段：

$$F_N = 100 + (-160) = -260\text{kN}$$

$$\Delta l_{BC} = \frac{-260 \times 1.5 \times 10^3}{10 \times 200 \times 200 \times 10^3 \times 10^6 \times 10^{-6}} = -0.000\ 975\text{m} = -0.975\text{mm}$$

全杆的总变形为

$$\Delta l = \Delta l_{AB} + \Delta l_{BC} = (-0.375 - 0.975)\text{mm} = -1.35\text{mm}(缩短)$$

木柱顶端 A 端面的位移等于 1.35mm，方向向下。

【例 7-5】　如图 7-10 所示，已知圆杆 $d = 25\text{mm}$，$E = 210\text{GPa}$。求：
(1) 做轴力图；(2) 求 σ_{max}；(3) 求 ε_{max}；(4) 求 Δl_{AE}。

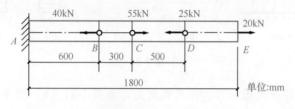

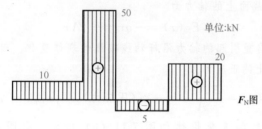

图 7-10

解　(1) 做轴力图。由截面法依次求 ED、DC、CB、BA 各段轴力，做出轴力图，如图 7-10 所示。

$$F_{Nmax} = 50\text{kN}$$

(2) 计算 σ_{max}：

$$\sigma_{max} = \frac{F_{Nmax}}{A} = \frac{50 \times 10^3}{\frac{\pi}{4}(0.025)^2}\text{Pa} = 102\text{MPa}$$

(3) 计算 ε_{max}：

$$\varepsilon_{max} = \frac{\sigma_{max}}{E} = \frac{102}{210 \times 10^3} = 4.857 \times 10^{-4}$$

(4) 计算 Δl_{AE}：

$$\Delta l_{AE} = \Delta l_{AB} + \Delta l_{BC} + \Delta l_{CD} + \Delta l_{DE}$$

$$= 0.26\text{mm}(伸长)$$

【**例 7-6**】 试求如图 7-11（a）所示等截面直杆由自重引起的最大正应力以及杆的轴向总变形。设该杆的横截面面积 A、材料的容重 γ 和弹性模量 E 均为已知。

解 自重为体积力。对于均质材料的等截面杆，可将杆的自重简化为沿轴线作用的均布线荷载，其集度为

$$q = \gamma \cdot A \cdot 1 = \gamma A$$

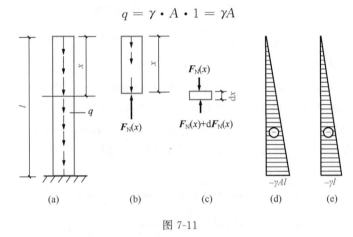

图 7-11

（1）杆内的最大正应力。应用截用法，如图 7-11（b）所示，求得离杆顶端距离为 x 的横截面上的轴力为

$$F_N(x) = -qx = -\gamma A x$$

上式表明，自重引起的轴力沿杆轴线按线性规律变化。轴力如图 7-11（d）所示。在 x 截面上的正应力为

$$\sigma(x) = \frac{F_N(x)}{A} = -\gamma x (压应力), \quad |\sigma|_{max} = \gamma l$$

正应力沿轴线的变化规律如图 7-11（e）所示。由图可见，在杆底部（$x = l$）的横截面上，正应力的数值最大，其值为

$$|\sigma|_{max} = \gamma l$$

（2）杆的轴向变形。由于杆的各个横截面上的内力均不同，因此不能直接用式（7-4）计算变形。为此，先计算 dx 长的微段的变形 $d(\Delta l)$，如图 7-11（c）所示。略去微量 $dF_N(x)$，dx 微段的变形为 $d(\Delta L) = \frac{F_N(x)dx}{EA}$，杆的总变形可沿杆长 l 积分得到，即

$$\Delta l = \int_0^l d(\Delta l) = \int_0^l \frac{F_N(x)dx}{EA} = \int_0^l \frac{-\gamma A x\, dx}{EA} = -\frac{\gamma A l \cdot l}{2EA} = -\frac{\frac{W}{2}l}{EA} (缩短)$$

式中，$W = \gamma A l$ 为杆的总重，kg。

由计算可知，直杆因自重引起的变形，在数值上等于将杆的总重的一半集中作用在杆端所产生的变形。

7-4　材料在拉伸和压缩时的力学性质

构件的强度、刚度和稳定性，除了与构件的几何尺寸和受力情况有关外，还与材料的力学性质有关。所谓材料的力学性质是指材料受外力作用后，在强度和变形方面所表现出来的特性，也可称为机械性质。例如，外力和变形的关系是怎样的，材料的弹性常数 E、ν 等如何测定，材料的极限应力有多大等。材料的力学性质是通过材料试验来测定的。工程中使用的材料种类很多，习惯上根据试件在被破坏时塑性变形的大小，区分为脆性材料和塑性材料两类。脆性材料在被破坏时塑性变形很小，如石料、玻璃、铸铁、混凝土等；塑性材料在被破坏时具有较大的塑性变形，如低碳钢、合金钢、铜、铝等。这两类材料的力学性有明显的差别。材料的力学性质不仅和材料内部的成分和组织结构有关，还受到加载加速度、温度、受力状态以及周围介质的影响。本节以低碳钢和铸铁为例，介绍两类材料在常温静载下轴向拉伸和压缩时表现的力学性能，这是材料最基本的力学性质。

7-4-1　材料在拉伸时的力学性质

1. 低碳钢的拉伸试验

低碳钢是含碳量较低（在 0.25% 以下）的普通碳素钢，如 Q_{235} 钢，是工程上广泛使用的材料，它在拉伸试验时所反映的力学性质较为全面，因此本小节将着重加以介绍。

材料的力学性质与试件的几何尺寸有关。为了便于比较试验结果，应将材料制成标准试件。对金属材料有两种标准试件可供选择。一种是圆截面试件，如图 7-12 所示。在试件中部 A、B 之间的长度 l 称为标矩，试验时用仪表测量该段的伸长。标距 l 与标距内横截面直径 d 的关系为 $l=10d$ 或 $l=5d$。另一种试件为矩形截面试件，标距与横截面面积 A 的关系为 $l=11.3\sqrt{A}$，或 $l=5.65\sqrt{A}$。

试验时，将试件安装在万能试验机上，然后均匀缓慢地加载，使试件拉伸直至断裂。试验过程中，拉力由试验机上读出，伸长可由装在试件上的仪表读出。由不同时刻

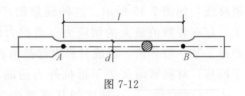

图 7-12

读出的拉力和伸长值，可绘制拉力与伸长的关系曲线，即 $F\text{-}\Delta l$ 曲线，称为拉伸图，如图 7-13 所示。这一图形也可在机器上自动绘出。为了消除试件尺寸的影响，将拉力 F 除以试件的原横截面面积 A，伸长 Δl 除以原标距，得到材料的应力-应变图，即 $\sigma\text{-}\varepsilon$ 图，如图 7-14 所示。这一图形与拉伸图的图形相似，只是比例不同。从拉伸图和应力-应变图以及试件的变形现象，可确定一些低碳钢的力学性质。

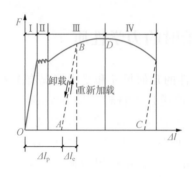

图 7-13

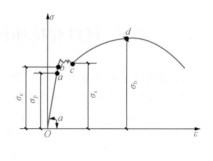

图 7-14

（1）拉伸过程中的各个阶段及特性点

整个拉伸过程大致可分为四个阶段。

弹性阶段（Ⅰ）：当试件中的应力不超过如图 7-14 所示 b 点的应力时，试件的变形是弹性的，即在这个阶段内，当卸去荷载后，变形完全消失。b 点对应的应力称为弹性极限，用 σ_e 表示。在弹性阶段内，Oa 线为直线，这表示应力和应变（或拉力和伸长变形）成线性关系，即材料服从胡克定律。a 点对应的应力称为比例极限，用 σ_p 表示。既然在 Oa 范围内材料服从胡克定律，那就可以利用式（7-7）或式（7-6）在这段范围内确定材料的弹性模量 E。即 $E = \tan\alpha = \sigma/\varepsilon$。

根据试验结果，材料的弹性极限和比例极限数值上非常接近，故工程上对它们往往不加区别。Q_{235} 钢的比例极限为 $\sigma_p = 200\text{MPa}$。

屈服阶段（Ⅱ）：此阶段亦可称为流动阶段。当增加荷载使应力超过弹性极限后，变形增加较快，而应力不增加或产生波动，在应力-应变曲线上呈锯齿形线条，这种现象称为材料的屈服或流动。在屈服阶段内，若卸去荷载，则变形不能完全消失。这种没有消失的变形即为塑性变形或残余变形。材料具有塑性变形的性质称为塑性。试验表明，低碳钢在屈服阶段内所产生的应变约为弹性极限时应变的 15～20 倍。当材料屈服时，在抛光好的试件表面能观察到两组与试件轴线成 45° 的正交细微线条，这些线条称为滑移线，如图 7-15 所示。这种现象的产生，是由于在与杆轴成 45° 的斜面上，存在着数值最大的切应力。当拉力增加到一定数值后，使最大切应力超过了某一临界值，造成材料内部晶格在 45° 斜面上产生相互间的滑移。由于滑移，材料暂时失去了抵抗外力的能力，因此变形增加的同时，应力不

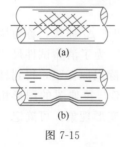

图 7-15

能增加甚至减少。由试验得知，屈服阶段内最高点（上屈服点）的应力很不稳定，而最低点 c（下屈服点）所对应的应力较为稳定。故通常取最低点 c 所对应的应力为材料屈服时的应力，称为屈服极限或流动极限，用 σ_s 表示。当应力达到屈服极限时，材料会出现明显的塑性变形，将使构件不能正常工作，所以屈服极限 σ_s 是衡量材料强度的一个重要指标，Q_{235} 钢的

屈服极限 $\sigma_s = 235\text{MPa}$。

强化阶段（Ⅲ）：试件屈服以后，内部组织结构发生了调整，重新获得了抵抗外力的能力，因此要使试件继续增大变形，必须增加外力，这种现象称为材料的强化。在强化阶段中，试件主要产生塑性变形，而且随着外力的增加，塑性变形量显著地增加。这一阶段的最高点 d 所对应的应力称为强度极限，用 σ_b 表示。强化阶段中最高点 d 所对应的应力，是材料所能承受的最大应力，Q_{235} 钢的强度极限为 $\sigma_b = 400\text{MPa}$。

破坏阶段（Ⅳ）：从 d 点以后，试件在某一薄弱区域内的伸长急剧增加，试件横截面在这薄弱区域内显著缩小，形成了"颈缩"现象，如图 7-16 所示。由于试件"颈缩"，使试件继续变形所需的拉力迅速减小。因此，F-Δl 和 σ-ε 曲线出现下降现象。最后试件在最小截面处被拉断。

材料的比例极限 σ_p（或弹性极限）、屈服极限 σ_s 及强度极限 σ_b 是特性点的应力，这在以后的计算中有重要意义。

图 7-16

（2）材料的塑性指标

试件断裂之后，弹性变形消失，塑性变形则保留在试件中。试件的标距由原来的 l 伸长到 l_1，断口处的横截面面积由原来的 A 缩小为 A_1。工程中常用试件拉断后保留的塑性变形大小作为衡量材料塑性的指标。常用的塑性指标有两种，即：

延伸率

$$\delta = \frac{l_1 - l}{l} \times 100\%$$

截面收缩率

$$\psi = \frac{A - A_1}{A} \times 100\%$$

工程中一般将 $\delta \geqslant 5\%$ 的材料称为塑性材料，$\delta < 5\%$ 的材料称为脆性材料。低碳钢的延伸率大约为 25%，故为塑性材料。

（3）冷作硬化现象

在材料的强化阶段中，如果卸去拉力，则卸载时拉力和变形之间仍为线性关系，如图 7-13 中虚线 BA。由图 7-13 可见，试件在强化阶段的变形包括弹性变形 Δl_e 和塑性变形 Δl_p。如卸载后立即重新加载，则拉力和变形之间大致仍按 AB 直线变化，直到 B 点后再按原曲线 BD 变化。将 OBD 曲线和 ABD 曲线比较后看出：

1）卸载后重新加载时，材料的比例极限提高了（由原来的 σ_p 提高到 B 点所对应的应力），而且不再有屈服现象。

2）拉断后的塑性变形减少了（即拉断后的残余伸长由原来的 OC 减小到 AC）。

这一现象称为冷作硬化现象。

材料经过冷作硬化处理后，其比例极限提高，表明材料的强度可以提高，这是有利的一面。例如，钢筋混凝土梁中所用的钢筋，常预先经过冷拉处理，起重机用的钢索也常预先进行冷拉。但另一方面，材料经加工硬化处理后，其塑性降低，这在许多情况下又是不利的。例如，机器上的零件经冷加工后易变硬变脆，使用中容易断裂；在冲孔等工艺中，零件的孔口附近材料变脆，使用时孔口附近也容易开裂。因此，需对这些零件"退火"处理，以消除冷作硬化现象。又如用冷拉钢筋制成的钢筋混凝土梁，抵抗冲击荷载的能力会有所下降。

2. 其他塑性材料拉伸时的力学性质

图 7-17 所示给出了五种金属材料在拉伸时的应力-应变曲线。由图可见，

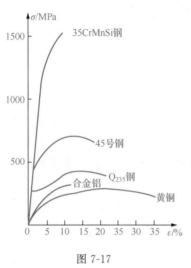

图 7-17

这五种材料的延伸率都比较大，$\delta \geqslant 5\%$。45 号钢和 Q_{235} 钢的应力-应变曲线完全相似，有弹性阶段、屈服阶段和强化阶段。其他三种材料都没有明显的屈服阶段。对于没有明显屈服阶段的塑性应变时的应力作为屈服阶段的塑性材料，通常以产生 0.2% 的塑性应变时的应力作为屈服极限，称为条件屈服极限，用 $\sigma_{0.2}$ 表示，如图 7-18 所示。

3. 铸铁拉伸时的力学性能

图 7-19 所示给出铸铁拉伸时的应力-应变曲线。从图 7-19 中看出：

1）应力-应变曲线上没有明显的直线段，即材料不服从胡克定律。但直到试件拉断为止，曲线的曲率都很小。因此，在工程上，曲线的绝大部分可用一割线（图 7-19 中虚线）代替，在这段范围内，认为材料近似服从胡克定律。

2）变形很小，拉断后的残余变形只有 0.5% ～ 0.6%，故铸铁为脆性材料。

3）没有屈服阶段和"颈缩"现象。唯一的强度指标是拉断时的应力，即强度极限 σ_b，但强度极限很低。

4. 玻璃钢的拉伸试验

近年来，纤维增强复合材料的应用在迅速增长，玻璃钢就是其中一种，它是由玻璃纤维作为增强材料，嵌入热固性树脂，两者牢固地黏结成一个整体的复合材料。玻璃钢的主要优点是以较轻的重量得到较高的强度（即比强度高），抗腐蚀、抗震性能好，制造工艺简单。

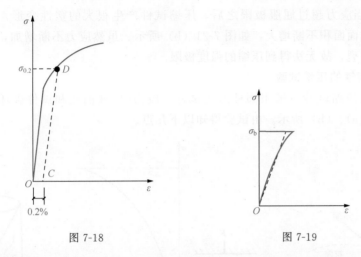

图 7-18	图 7-19

玻璃钢的力学性能与所用的玻璃纤维和树脂的性能以及两者的相对用量和相互结合的方式有关。纤维增强复合材料不同于金属等各向同性材料，它具有极明显的各向异性，平行于纤维方向的"增强"性能非常明显，而在垂直于纤维方向上则是不显著的。所以在制造时，根据需要，玻璃纤维可以是按同一方向排列，如图 7-20（a）所示，也可以将每层按不同的方向叠合粘接在一起，如图 7-20（b）所示。

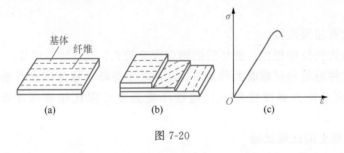

图 7-20

当纤维按同一方向排列时，沿纤维方向拉伸的应力‑应变曲线如图 7-20（c）所示，在拉断前，应力、应变基本上是线弹性关系。

对于纤维排列方向不同和应力方向与纤维方向不同时的力学性能，可参阅有关复合材料力学的书籍。

7-4-2 材料在压缩时的力学性质

1. 低碳钢的压缩试验

低碳钢压缩试验的试件采用圆柱形。为了避免试件受压后发生弯曲，规定试件高度和直径之比为 $l=(1.5\sim3.0)d$。试验得到低碳钢的应力-应变曲线如图 7-21(a) 所示。由试验得知：

1）低碳钢压缩时的比例极限 σ_p、屈服极限 σ_s 及弹性模量 E 的值都与拉伸时的值相同。

2）当应力超过屈服极限之后，压缩试件产生很大的塑性变形，愈压愈扁，横截面面积不断增大，如图 7-21（b）所示。虽然应力不断增加，但因试件不会破裂，故无法得到压缩的强度极限。

2. 铸铁的压缩试验

铸铁压缩试验也采用圆柱形短试件。应力-应变曲线和试件破坏情况如图 7-22（a）、（b）所示。由试验得知以下几点。

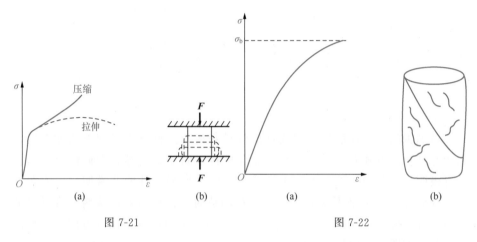

图 7-21　　　　　　　　　　　　　图 7-22

1）和铸铁拉伸试验相似，应力-应变曲线上没有直线段，即材料不服从胡克定律。

2）没有屈服阶段。

3）和铸铁拉伸相比，破坏后的轴向应变较大，为 5%～10%。

4）试件沿着和横截面大约成 55°的斜截面剪断。通常以试件剪断时横截面上的正应力作为强度极限 σ_b。铸铁压缩强度极限比拉伸强度极限高 4～5 倍。

3. 混凝土的压缩试验

混凝土构件一般用以承受压力，故混凝土常需做压缩试验以了解压缩时的力学性质。混凝土压缩试件常用边长为 150mm 的立方块。试件成型后，在一定条件下养护 28d 后进行试验。

混凝土的抗压强度与试验方法有密切关系。

在压缩试验中，若试件上下两端面不加润滑剂，由于两端面与试验机平面之间的摩擦力，使得试件横向变形受到阻碍，提高了抗压强度。随着压力的增加，中部四周逐渐剥落，最后试件剩下两个相连的截顶角锥体而被破坏，如图 7-23（a）所示。若在两个端面加润滑剂，则减少了两端面间的摩擦力，使试件易于横向变形，因而降低了抗压强度。最后试件沿受压方向分裂成几块而破坏，如图 7-23（b）所示。

标准的压缩试验是在试件的两端面之间不加润滑剂。试验得到混凝土的压缩应力-应变曲线如图 7-24 所示。但是一般在普通的试验机上做试验时，只能得到 OA 曲线。在这一范围内，当荷载较小时，应力-应变曲线几乎为直线；继续增加荷载后，应力-应变关系为曲线；直至加载到材料被破坏，得到混凝土受压的强度极限 σ_b。

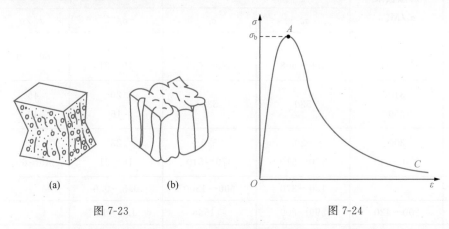

图 7-23　　　　　　　　　　　　　图 7-24

　　根据近代的试验研究发现，若采用控制变形速率的加载装置，或采用刚度很大的试验机，可以得到应力-应变曲线上强度极限以后的下降段 AC。在 AC 段范围内，试件变形不断增大，但仍能承受一定的压力，这一现象称为材料的软化。整个曲线 OAC 称为应力-应变全曲线，它对混凝土结构的应力和变形分析有重大意义。

　　用试验方法也能得到混凝土的拉伸强度以及受拉应力-应变曲线，即混凝土受拉时也存在材料的软化现象。

4. 木材的压缩试验

　　木材顺纹方向和横纹方向压缩时，得到不同的应力-应变曲线，如图 7-25 所示。由试验可知，木材沿顺纹方向压缩时的强度极限比横纹方向压缩时的强度极限大 10 倍左右；在荷载和横截面尺寸相同的条件下，顺纹方向压缩时的变形比横纹方向压缩时的变形小得多。因此，木材为各向异性材料。

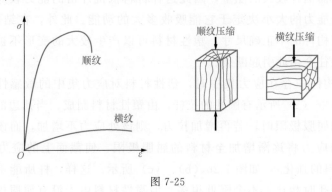

图 7-25

　　表 7-2 给出工程上几种常用材料在拉伸和压缩时的部分力学性质。

表 7-2　几种常用材料在拉伸和压缩时的力学性质（常温、静荷载）

材料名称或牌号	屈服极限 σ_s/MPa	强度极限/MPa		塑性指标	
		σ_b^+	σ_b^-	δ/%	ψ/%
Q₂₃₅ 钢	216～235	380～470	380～470	24～27	60～70
Q₂₇₄ 钢	255～274	490～608	490～608	19～21	
35 号钢	310	530	530	20	45
45 号钢	350			16	40
15Mn 钢	300	520	520	23	50
16Mn 钢	270～340	470～510	470～510	16～21	45～60
灰口铸铁		150～370	600～1300	0.5～0.6	
球墨铸铁	290～420	390～600	≥1568	1.5～10	
有机玻璃		755	＞130		
红松（顺纹）		98	≈33		
普通混凝土		0.3～1	2.5～80		

7-4-3　塑性材料和脆性材料的比较

从以上介绍的各种材料的试验结果看出，塑性材料和脆性材料在常温和静荷载下的力学性质有很大差别，现扼要地加以比较。

1）塑性材料的抗拉强度比脆性材料的抗拉强度高，故塑性材料一般用来制成受拉杆件；脆性材料的抗压强度比抗拉强度高，故一般用来制成受压构件，而且成本较低。

2）塑性材料能产生较大的塑性变形，而脆性材料的变形较小。要使塑性材料被破坏需消耗较大的能量，因此这种材料抵抗冲击的能力较好；因为材料抵抗冲击能力的大小决定于它能吸收多大的动能。此外，在结构安装时，常常要校正构件的不正确尺寸，塑性材料可以产生较大的变形不被破坏；脆性材料则往往会由此引起断裂。

3）当构件中存在应力集中时，塑性材料对应力集中的敏感性较小。例如，如图 7-26（a）所示有圆孔的拉杆，由塑性材料制成。当孔边的最大应力达到材料的屈服极限时，若再增加拉力，则该处应力不增加，而该截面上其他各点处的应力将逐渐增加至材料的屈服极限，使截面上的应力趋向平均（未考虑材料的强化），如图 7-26（b）、（c）所示。这样，杆所能承受的最大荷载和无圆孔时相比，不会降低很多。但脆性材料由于没有屈服极限，当孔边最大应力达到材料的强度极限时，局部就要开裂；若再增加拉力，裂纹就会扩展，最后导致杆件断裂。

必须指出，材料的塑性或脆性，实际上与工作温度、变形速度、受力状态等因素有关。例如，低碳钢在常温下表现为塑性，但在低温下表现为脆性；石料通常认为是脆性材料，但在各向受压的情况下，却表现出很好的塑性。

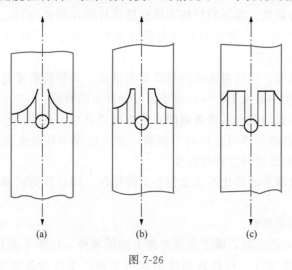

(a)　　　　　　(b)　　　　　　(c)

图 7-26

7-5 拉（压）杆的强度计算

7-5-1 许用应力和安全系数

通过材料的拉伸（压缩）试验可知，当脆性材料的应力达到强度极限 σ_b 时，材料发生断裂破坏。当塑性材料的应力达到屈服极限 σ_s 时，材料将产生很大的塑性变形。工程上的构件，既不允许破坏，也不允许产生较大的塑性变形。因为较大塑性变形的出现，将改变原来的设计状态，往往会影响杆件的正常工作。因此，将脆性材料的强度极限 σ_b 和塑性材料的屈服极限 σ_s（或 $\sigma_{0.2}$）作为材料的极限正应力，用 σ_u 表示。要保证杆件安全而正常地工作，其最大工作应力不能超过材料的极限应力。但是，考虑到一些实际存在的不利因素后，设计时不能使杆件的最大工作应力等于极限应力，而必须小于极限应力。

此外，还要给杆件必要的强度储备。因此，工程上将极限正应力 σ_u 除以一个大于 1 的安全系数 n，作为材料的容许正应力

$$[\sigma] = \frac{\sigma_u}{n} \tag{7-9}$$

对于脆性材料，$\sigma_u = \sigma_b$；对于塑性材料，$\sigma_u = \sigma_s$（或 $\sigma_{0.2}$）。

安全系数的数值恒大于 1，由式（7-9）可见，对许用应力数值的规定，实质上是如何选择安全系数的问题。从安全考虑，加大安全系数，虽然构件的强度和刚度得到了保证，但会浪费材料，并使结构笨重；若选得过小，虽然比较经济，但在安全耐用方面就得不到可靠的保证，甚至还会引起严重的事故。因此，选择安全系数时，应该是在满足安全要求的情况下，尽量满足

经济要求。

安全系数的确定是一个复杂问题，它取决于以下几方面的因素。

1）材料的素质。实际的材料不像标准试件那样质地均匀，包括材料的质地好坏、均匀程度、是塑性材料还是脆性材料，因此，实际的极限应力往往小于试验所得的结果。

2）荷载情况。包括对荷载的估算是否准确、是静荷载还是动荷载。因而杆件中实际产生的最大工作应力可能超过计算出的数值。

3）构件在使用期内可能遇到的意外事故或其他不利的工作条件等。如杆件的尺寸由于制造等原因引起的不准确，加工过程中杆件受到损伤，杆件长期使用受到磨损或材料受到腐蚀等。

4）计算时所作的简化不完全符合实际情况，即计算简图和计算方法的精确程度。

5）构件的重要性。

安全系数 n 的选取，除了需要考虑上述因素外，还要考虑其他很多因素。例如，工程的重要性，杆件损伤所引起后果的严重性及经济效益等。因此，要根据实际情况选取安全系数。在通常情况下，对静荷载问题，塑性材料一般取 $n=1.5\sim2.0$，脆性材料一般取 $n=2.0\sim2.5$。安全系数和许用应力的具体数据，一般由有关规范规定。表 7-3 给出了几种常用材料在常温、静载条件下的许用应力值。

表 7-3　几种常用材料的许用应力

材　料	牌　号	许用应力			
		轴向拉伸		轴向压缩	
		kg/cm^2	MPa	kg/cm^2	MPa
低碳钢	A$_3$	1700	170	1700	170
低合金钢	16Mn	2300	230	2300	230
灰口铸铁		350~550	35~55	1600~2000	160~200
混凝土	C20（200 号）	4.5	0.45	70	7
混凝土	C30（300 号）	6	0.6	105	10.5
红松（顺纹）		65	6.5	100	10

7-5-2　拉（压）杆的强度计算

对于等截面直杆，最大的正应力发生在最大轴力 F_{Nmax} 作用的截面上，即

$$\sigma_{max} = \frac{F_{Nmax}}{A} \tag{7-10}$$

通常把 σ_{max} 所在的截面称为危险截面，把 σ_{max} 所在的点称为危险点。为了保证拉（压）杆不致因强度不够而被破坏，构件内的最大工作应力不得超过

其材料的许用应力，即

$$\sigma_{\max} = \frac{F_{N\max}}{A} \leqslant [\sigma] \tag{7-11}$$

上式称为轴向拉（压）杆的强度条件。应用该条件可以解决有关强度计算的三类问题。

1）强度校核。当已知杆的材料许用应力 $[\sigma]$、截面尺寸 A 和承受的荷载 $F_{N\max}$，可用式（7-11）校核杆的强度是否满足要求。

2）设计截面尺寸。已知荷载与材料的许用应力时，可将式（7-11）改写成 $A \geqslant \dfrac{F_{N\max}}{[\sigma]}$ 以确定截面尺寸。

3）确定许可荷载 $[F]$。已知构件截面尺寸和材料的许用应力时，可将式（7-11）改写成 $F_{N\max} \leqslant A[\sigma]$，再由内力与外力关系确定许可荷载 $[F]$。

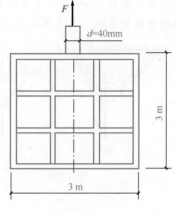

图 7-27

【例 7-7】　如图 7-27 所示为一平板闸门，需要的最大启门力 $F = 140\text{kN}$。已知提升闸门的钢螺旋杆的内径 $d = 40\text{mm}$，钢的许用应力 $[\sigma] = 170\text{MPa}$，试校核钢螺旋杆的强度能否满足要求。

解　（1）求螺旋杆的轴力：

$$F_N = F$$

（2）强度校核。杆的工作应力为

$$\sigma = \frac{F_N}{A} = \frac{F}{\pi d^2 / 4} = \frac{140 \times 10^3 \times 4}{\pi \times 40^2 \times 10^{-6}} = 111.5 \times 10^6 \text{Pa}$$

$$= 111.5\text{MPa} \leqslant [\sigma] = 170\text{MPa}$$

此螺旋杆的强度能满足要求。

【例 7-8】　如图 7-28（a）所示为三角形托架，其 AB 杆由两个等边角钢组成。已知 $F = 75\text{kN}$，$[\sigma] = 160\text{MPa}$，试选择等边角钢型号。

解　（1）求杆 AB 轴力。取结点 B 为分离体，如图 7-28（b）所示，由平衡条件有

$$\sum F_x = 0, \quad -F_{NBA} - F_{NBC}\cos45° = 0$$

$$\sum F_y = 0, \quad -F - F_{NBC}\sin45° = 0$$

解得

$$F_{NBC} = -\sqrt{2}F = -\sqrt{2} \times 75 = -106.1\text{kN}$$

（2）由强度条件设计截面尺寸。

$$A \geqslant \frac{F_{N\max}}{[\sigma]} = \frac{75 \times 10^3}{160 \times 10^6} = 0.4688 \times 10^{-3}\text{m}^2 = 468.8\text{mm}^2$$

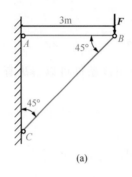

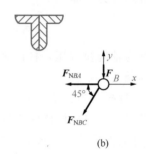

(a)   (b)

图 7-28

从型钢表查得 3mm 厚的 4 号等边角钢的截面面积为 $2.359\text{cm}^2 = 235.9\text{mm}^2$。用两个相同的角钢，其总面积为 $2 \times 235.9\text{mm}^2 > A = 468.7\text{mm}^2$，能满足要求。

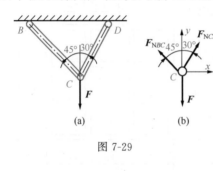

【例 7-9】 如图 7-29（a）所示结构中，BC 和 CD 都是圆截面钢杆，直径均为 $d = 20\text{mm}$，许用应力 $[\sigma] = 160\text{MPa}$。求此结构的许可荷载 F。

解 （1）求杆 BC、CD 的内力，确定危险截面。取结点 C 为分离体，受力情况如图 7-29（b）所示。由平衡条件确定两杆轴力与荷载 F 的关系为

图 7-29

$$\sum F_x = 0, \quad F_{NCD}\sin30° - F_{NCB}\sin45° = 0$$

$$\sum F_y = 0, \quad F_{NCD}\cos30° + F_{NCB}\cos45° - F = 0$$

解方程得

$$F_{NCB} = 0.517F, \quad F_{NCD} = 0.732F$$

由此可见，杆 CB 所受力比杆 CD 小，而两杆的材料及截面尺寸又均相同，若杆 CD 的强度得到满足，则杆 CB 的强度也一定足够，故应由杆 CD 的强度确定许可荷载。

（2）确定许可荷载。由强度条件得

$$\sigma = \frac{F_{NCD}}{A} = \frac{4 \times 0.732F}{\pi d^2} \leqslant [\sigma]$$

$$F \leqslant \frac{\pi d^2 [\sigma]}{4 \times 0.732} = \frac{3.14 \times 20^2 \times 10^{-6} \times 160 \times 10^6}{4 \times 0.732} = 68.6 \times 10^3 \text{N} = 68.6\text{kN}$$

故许可荷载 $[F] = 68.6\text{kN}$。

7-6 应力集中的概念

等直杆受拉（压）时，其横截面上的正应力是均匀分布的。但是由于结构或工作需要，往往在构件上开孔、槽或制成凸肩、阶梯形状等，使截面尺

寸发生突然改变。试验证明，在截面突然改变的部位，应力已不再是均匀分布的。

如图 7-30 所示为具有圆槽或圆孔的试件，在削弱截面附近的小范围内，应力局部增大，而离开该区域稍远的地方，应力迅速减小并趋于均匀。这种由于截面尺寸突变而引起的应力局部增大的现象，称为应力集中。

应力集中的程度，可用应力集中处的 σ_{max} 与杆被削弱处横截面上的平均应力 $\bar{\sigma_0}$ 的比值来衡量，此比值称为应力集中系数，用 α_k 表示，即

$$\alpha_k = \frac{\sigma_{max}}{\bar{\sigma_0}}$$

实验指出 α_k 只与构件的形状和尺寸有关，而与材料无关。对工程中常见的大多数典型构件，它们的应力集中系数 α_k，可以从有关手册中查到，一般在 $1.2 \sim 3.0$。

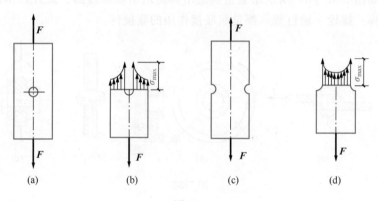

图 7-30

两类材料对应力集中的反应有着很大的差别。塑性材料因有屈服阶段，当局部最大应力 σ_{max} 达到屈服极限 σ_s 时，该处材料的变形可以继续增长而应力数值不再增大。外力继续增大时，增加的力就由截面尚未屈服的材料来承担，使截面上其他点的应力相继增大到屈服极限，如图 7-31 所示。这样就使截面上的应力逐渐地趋于平衡，降低了应力不均匀的程度，也限制了最大正应力 σ_{max} 的数值。因此，用塑性材料制成的构件在静载作用下，可以不考虑应力集中的影响。由脆性材料制成的构件情况就不同了。因为脆性材料没有屈

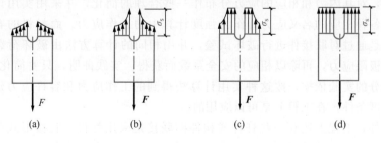

图 7-31

服阶段，当应力集中处最大应力达到 σ_b 时，便使构件在该处首先产生裂纹，导致构件突然破裂。所以，应力集中对脆性材料的危害显得严重，即使在静载条件下也应考虑应力集中对构件承载能力的影响。

7-7 联接件的强度计算

7-7-1 剪切的概念及工程实例

工程中的杆件有时是由几部分联接而成的。在联接部位，一般要有起联接作用的部件，这种部件称为联接件。例如，如图 7-32（a）所示两块钢板用铆钉联接成一根拉杆，其中的铆钉就是联接件；又如图 7-32（b）所示的轮和轴用键联接，键就是联接件；如图 7-32（c）所示两钢管是通过法兰用螺栓联接的；如图 7-32（d）所示吊装重物的吊具是用销轴联接的。此外，木结构中常用的榫、螺栓、销钉等，都是起联接作用的联接件。

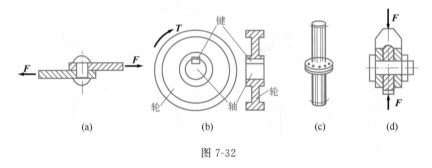

图 7-32

为了保证联接后的杆件或构件能够安全地工作，除杆件或构件整体必须满足强度、刚度和稳定性的要求外，联接件本身也应具有足够的强度。

铆钉、键等联接件的主要受力和变形特点如图 7-33 所示。作用在联接件两侧面上的一对外力的合力大小相等（均为 F），而方向相反，作用线相距很近；并使各自作用的部分沿着与合力作用线平行的截面 $m—m$（称为剪切面）发生相对错动。这种变形称为剪切变形。

联接件本身不是细长直杆，其受力和变形情况很复杂，因而要精确地分析计算其内力和应力很困难。工程上对联接件通常是根据其实际被破坏的主要形态，对其内力和相应的应力分布作一些合理的简化，并采用实用计算法计算出各种相应的名义应力，作为强度计算中的工作应力。而材料的容许应力，则是通过对联接件进行破坏试验，并用相同的计算方法由破坏荷载计算出各种极限应力，再除以相应的安全系数而获得。实践证明，只要简化得当，并有充分的实验依据，按这种实用计算法得到的工作应力和容许应力建立起来的强度条件，在工程上是可以应用的。

此外，工程上还有一些杆件或构件的联接是采用焊接、胶接形式的，如图 7-34 所示。虽然其中没有明确的联接件，但在这些联接中接头部位的应力计算和强度计算，也采用与上述联接件相同的实用计算方法。

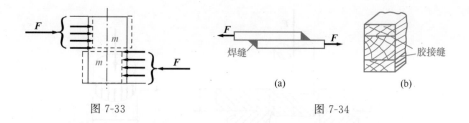

图 7-33　　　　　　　　　　　　　　　　图 7-34

7-7-2　剪切的实用计算

设两块钢板用铆钉联接，如图 7-35（a）所示。钢板受拉时，铆钉在两钢板之间的截面处受剪切，如图 7-35（b）所示，剪切面上的内力可用截面法求得：假想将铆钉沿剪切面截开，由平衡条件可知剪切面上存在着与外力 F 大小相等、方向相反的内力 F_S，称为剪力，如图 7-35（c）所示。

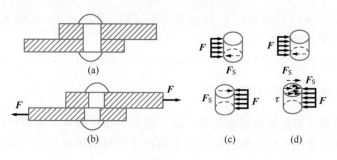

图 7-35

$$F_S = F$$

横截面上的剪力是沿截面作用的，它由截面上各点处的切应力 τ 所组成，如图 7-35（d）所示，剪切面上的切应力分布情况较为复杂，实用计算中假设切应力 τ 在剪切面上均匀分布，即

$$\tau = F_S / A_S \tag{7-12}$$

式中，A_S 为剪切面面积。若铆钉直径为 d，则 $A_S = \pi d^2 / 4$，为使铆钉不发生剪切破坏，要求

$$\tau = \frac{F_S}{A_S} \leqslant [\tau] \tag{7-13}$$

这就是铆钉的剪切强度条件。式（7-13）中 $[\tau]$ 为铆钉的容许切应力。如将铆钉按上述实际受力情况进行剪切破坏试验，测量出铆钉在剪断时的极限荷载 F_u，并由式（7-12）计算出铆钉剪切破坏的极限切应力 τ_u，再除以安全系数 n，就可得到 $[\tau]$。对于钢材，通常取 $[\tau] = (0.6 - 0.8)[\sigma]$。

【例 7-10】 如图 7-36 所示，已知钢板的厚度 $t = 10\text{mm}$，其剪切极限应力为 $\tau_u = 300\text{MPa}$，若用冲床将钢板冲出直径 $d = 25\text{mm}$ 的孔，问需要多大的冲剪力 F？

解　剪切面就是钢板被冲头冲出的圆柱体侧面，如图 7-36（b）所示，其

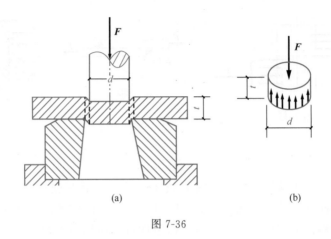

图 7-36

面积为

$$A = \pi dt = \pi \times 25 \times 10^{-3} \times 10 \times 10^{-3} = 785 \times 10^{-6}\,\mathrm{m^2} = 7.85 \times 10^{-4}\,\mathrm{m^2}$$

冲孔所需要的冲剪力应为

$$F \geqslant A\tau_u = 785 \times 10^{-6} \times 300 \times 10^6 = 236 \times 10^3\,\mathrm{N} = 236\mathrm{kN}$$

7-7-3 挤压的实用计算

联接件除了可能被剪切破坏外，还可能发生挤压破坏。所谓挤压，是指两个构件相互传递压力时接触面相互压紧而产生的局部压缩变形。如图 7-37（a）所示铆钉联接中，铆钉与钢板孔壁接触面上的压力过大时，接触面上将发生显著的塑性变形或压溃，铆钉被压扁，圆孔变成了椭圆孔，联接件松动，不能正常使用，如图 7-37（b）所示。因此，联接件在满足剪切条件的同时，还必须满足挤压条件。联接件与被联接件之间相互接触面上的压力 F_{bs}，称为挤压力，挤压力的作用面 A_{bs}，称为挤压面，如图 7-37（c）所示，挤压面上应力 σ_{bs} 称为挤压应力。挤压面上的挤压应力的分布也很复杂，它与接触面的形状及材料性质有关。

例如，钢板上铆钉孔附近的挤压应力分布如图 7-37（d）所示，挤压面上各点的应力大小与方向都不相同。实用计算中假设挤压应力均匀地分布在挤压面上，即

$$\sigma_{bs} = F_{bs}/A_{bs} \tag{7-14}$$

所以，挤压强度条件为

$$\sigma_{bs} = \frac{F_{bs}}{A_{bs}} \leqslant [\sigma_{bs}] \tag{7-15}$$

式中，$[\sigma_{bs}]$ 为容许挤压应力。$[\sigma_{bs}]$ 也可由通过挤压破坏试验得到的极限挤压应力 σ_{ubs} 除以安全系数 n 得到。各种材料的许用挤压应力 $[\sigma_{bs}]$ 可在有关手册中查得。对于钢材而言，通常取 $[\sigma_{bs}]$ 为容许正应力 $[\sigma]$ 的 1.7～2.0 倍。

关于挤压面面积 A_{bs} 的计算，要根据接触面的情况而定。当实际挤压面为平面时，挤压面面积为接触面面积；当受压面是半圆柱曲面时，在实际计算

中，是按挤压面的正投影面积计算的，如图 7-37（e）所示，所得的应力与实际最大应力大致相等。

挤压计算中须注意，如果两个相互挤压构件的材料不同，应对挤压强度较小的构件进行计算。

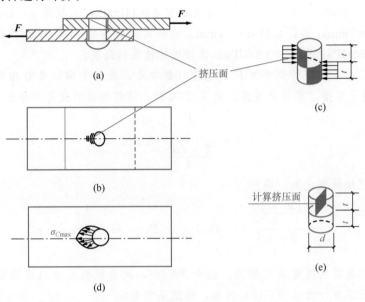

图 7-37

7-7-4 实用举例

【例 7-11】 电瓶车挂钩用插销联接，如图 7-38（a）所示。已知 $t=8$mm，插销的材料为 20 号钢，$[\tau]=30$MPa，$[\sigma_{bs}]=100$MPa，牵引力 $F=15$kN，试确定插销的直径 d。

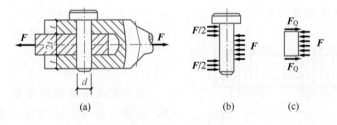

图 7-38

解 插销的受力情况如图 7-38（b）所示。

$$F_S = \frac{F}{2} = \frac{15}{2} = 7.5\text{kN}$$

（1）按剪切强度条件设计插销的直径。

$$A = \frac{\pi d^2}{4} \geqslant \frac{F_S}{[\tau]} = \frac{7.5 \times 10^3}{30 \times 10^6} = 2.5 \times 10^{-4}\text{m}^2$$

（2）按挤压强度条件进行校核。

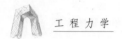

$$\sigma_{bs} = \frac{F_{bs}}{A_{bs}} = \frac{F}{2td} = \frac{15 \times 10^3}{2 \times 8 \times 17.8 \times 10^{-6}} \text{Pa}$$

$$= 52.7 \times 10^6 \text{Pa} = 52.7 \text{MPa} < [\sigma_{bs}] = 100 \text{MPa}$$

【例 7-12】 如图 7-39（a）所示一对接铆接头。每边有三个铆钉，受轴向拉力 $F = 130 \text{kN}$ 作用。已知主板及盖板宽 $b = 110 \text{mm}$，主板厚 $\delta = 10 \text{mm}$，盖板厚 $\delta_1 = 7 \text{mm}$，铆钉直径 $d = 17 \text{mm}$。材料的容许应力分别为 $[\tau] = 120 \text{MPa}$，$[\sigma_t] = 160 \text{MPa}$，$[\sigma_{bs}] = 300 \text{MPa}$。试校核铆接头的强度。

解 由于主板所受外力 F 通过铆钉群中心，故每个铆钉受力相等，均为 $F/3$。由于对接，铆钉受双剪，由式（7-13），铆钉的剪切强度条件为

$$\tau = \frac{\frac{F}{3}}{2 \times \frac{\pi d^2}{4}} \leqslant [\tau]$$

将已知数据代入，得

$$\tau = \frac{\frac{130 \times 10^3}{3}}{2 \times \frac{\pi d^2}{4}} = 95.5 \times 10^6 \text{Pa} = 95.5 \text{MPa} < [\tau]$$

所以铆钉的剪切强度是足够的。由于 $\delta < 2\delta_1$，故需校核主板（或铆钉）中间段的挤压强度，由式（7-15）可知，强度条件为

$$\sigma_{bs} = \frac{\frac{F}{3}}{\delta d} \leqslant [\sigma_{bs}]$$

将已知数据代入，得

$$\sigma_{bs} = \frac{\frac{130 \times 10^3}{3}}{0.01 \times 0.017} \text{Pa} = 254.9 \times 10^6 \text{Pa} = 254.9 \text{MPa} < [\sigma_{bs}]$$

所以挤压强度也是满足的。

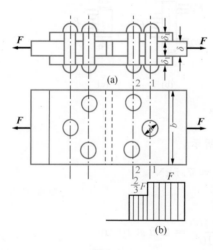

图 7-39

主板的拉伸强度条件为

$$\sigma_t = \frac{F_N}{A_t} \leqslant [\sigma_t]$$

做出右边主板的轴力图，如图 7-39（b）所示。由图 7-39 可见：在 1-1 截面上，轴力 $F_{N1} = F$，并只被一个铆钉孔削弱，$A_{t1} = (b - d)\delta$；对 2-2 截面，轴力 $F_{N1} = 2F/3$，但被两个钉孔削弱，$A_{t2} = (b - 2d)\delta$，无法直观判断哪一个是危险截面，故应对两个截面都进行拉伸强度校核。

由已知数据，求得这两个横截面上的拉伸应力为

$$\sigma_{t1} = \frac{F_{N1}}{A_{t1}} = \frac{130 \times 10^3}{(0.11 - 0.017) \times 0.01}$$

$$= 139.8 \times 10^6 \text{Pa} = 139.8 \text{MPa} < [\sigma_t]$$

$$\sigma_{t2} = \frac{F_{N2}}{A_{t2}} = \frac{2 \times 130 \times 10^3 / 3}{(0.11 - 2 \times 0.017) \times 0.01}$$

$$= 114.0 \times 10^6 \text{Pa} = 114.0 \text{MPa} < [\sigma_t]$$

所以主板的拉伸强度也是满足的。

思考题与习题

思考题

7-1　指出下列各概念的区别：变形与应变；弹性变形与塑性变性；正应力与切应力；工作应力、危险应力与许用应力。

7-2　两根不同材料的等截面直杆，承受着相同的拉力，它们的截面积与长度都相等。问：(1) 两杆的内力是否相等？(2) 两杆应力是否相等？(3) 两杆的变形是否相等？

7-3　低碳钢的拉伸过程分为哪几个阶段？

7-4　材料的强度指标是什么？材料的塑性指标是什么？

7-5　如思考题图 7-5 所示，杆①为铸铁，杆②为低碳钢。试问图 (a)、(b) 两种结构设计方案哪一种较为合理？为什么？

7-6　三种材料的应力-应变曲线如图所示，试问哪一种材料强度高？哪一种材料刚度大？哪一种材料塑性好？

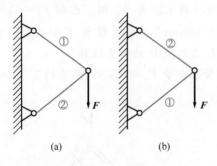

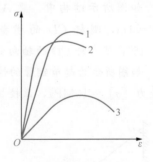

思考题 7-5 图

思考题 7-6 图

7-7　何谓强度条件？可以解决哪些强度计算问题？

7-8　实际挤压面与计算挤压面是否相同？指出如图所示构件的剪切面和挤压面。

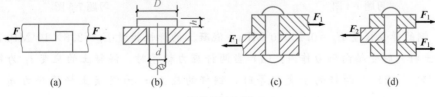

思考题 7-8 图

习 题

7-1　一简单桁架 BAC 的受力如图所示。已知 $F=18$kN，$\alpha=30°$，$\beta=45°$，AB 杆的横截面面积为 300mm^2，AC 杆的横截面面积为 350mm^2，试求各杆横截面上的应力。

7-2　求如图所示阶梯杆各段横截面上的应力。已知横截面面积：$A_{AB}=200$mm^2，$A_{BC}=300$mm^2，$A_{CD}=400$mm^2。

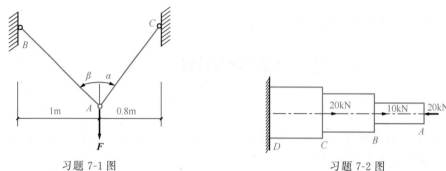

习题 7-1 图　　　　　　　　　　　　习题 7-2 图

7-3　圆截面杆上有槽如图所示，杆直径 $d=20$mm，受拉力 $F=15$kN 作用，试求 $1-1$ 和 $2-2$ 截面上的应力。

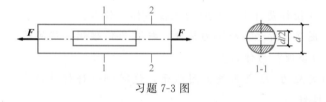

习题 7-3 图

7-4　如图所示结构中，梁 AB 为刚杆，斜拉杆 CD 为 A_3 钢。已知 $F_1=5$kN，$F_2=10$kN，$l=1$m，刚杆 CD 的横截面面积 $A=100$mm^2，弹性模量 $E=0.2\times10^6$MPa，$\angle ACD=45°$，试求杆 CD 的轴向变形和刚杆 AB 在端点 B 的铅直位移。

7-5　如图所示为起吊钢管的情况。已知钢管的重量 $F_G=10$kN，绳索的直径 $d=40$mm，其许用应力 $[\sigma]=10$MPa，试校核绳索的强度。

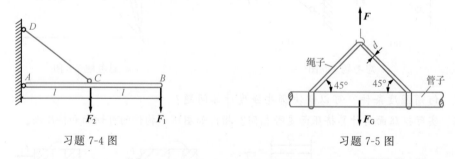

习题 7-4 图　　　　　　　　　　　　习题 7-5 图

7-6　钢的弹性模量 $E_g=0.2\times10^6$MPa，混凝土的弹性模量 $E_h=2.8\times10^4$MPa，一钢杆和一混凝土杆同时受轴向压力作用：（1）当两杆应力相等时，混凝土的应变 ε_h 为钢的应变 ε_g 的多少倍？（2）当两杆的应变相等时，钢杆的应力 σ_g 为混凝土杆的应力 σ_h 多少倍？（3）当 $\varepsilon_g=\varepsilon_h=0.001$ 时，两杆的应力各为多少？

7-7　悬挂托架如图所示。BC 杆直径 $d = 30\text{mm}$，$E = 2.1 \times 10^5 \text{MPa}$，为了测量起吊重量 F，可以在起吊过程中测量 BC 杆的应变。若 $\varepsilon = 390 \times 10^{-6}$，试求 F 的值。

7-8　如图所示为一个三角形托架，已知：杆 AC 为圆截面钢杆，许用应力 $[\sigma] = 170\text{MPa}$；杆 BC 是正方形截面木杆，许用应力 $[\sigma] = 12\text{MPa}$；荷载 $F = 60\text{kN}$。试选择钢杆的直径 d 和木杆的边长 a。

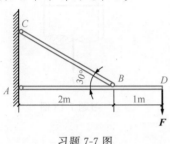

习题 7-7 图

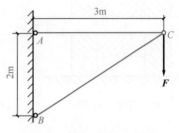

习题 7-8 图

7-9　如图所示起重机的 BC 杆由钢丝绳 AB 拉住，钢丝绳直径 $d = 26\text{mm}$，$[\sigma] = 160\text{MPa}$，试问起重机的最大起重重量 F_G 为多少？

7-10　如图所示为一吊桥结构，试求钢拉杆 AB 所需横截面面积 A。已知钢材的许用应力 $[\sigma] = 170\text{MPa}$。

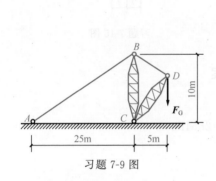

习题 7-9 图

习题 7-10 图

7-11　测定材料剪切强度的剪切器示意图如图所示。设圆试件的直径 $d = 15\text{mm}$。当压力 $F = 31.5\text{kN}$ 时，试件被剪断，试求材料的名义剪切极限应力。若剪切容许应力为 $[\tau] = 80\text{MPa}$，试问安全系数等于多大？

7-12　试校核如图所示销钉的剪切强度。已知 $F = 120\text{kN}$，销钉直径 $d = 30\text{mm}$，材料的容允应力 $[\tau] = 70\text{MPa}$。若强度不够，应改用多大直径的销钉？

7-13　如图所示，一直径 $d = 40\text{mm}$ 的螺栓受拉力 $F = 100\text{kN}$，已知 $[\tau] = 60\text{MPa}$，求螺母所需的高度 h。

7-14　如图所示，两块厚度为 10mm 的钢板，用两个直径为 17mm 的铆钉搭接在一起，钢板受拉力 $F = 60\text{kN}$。已知 $[\tau] = 140\text{MPa}$，$[\sigma_{bs}] = 280\text{MPa}$，$[\sigma] = 160\text{MPa}$。试校核该铆接件的强度（假定每个铆钉的受力相等）。

7-15　一矩形截面的木拉杆接头如图所示。已知轴向拉力 $F = 40\text{kN}$，截面宽度 $b = 250\text{mm}$。木材的许用挤压应力 $[\sigma_{bs}] = 10\text{MPa}$，许用切应力 $[\tau] = 1\text{MPa}$。求接头处所需尺寸 l 和 a。

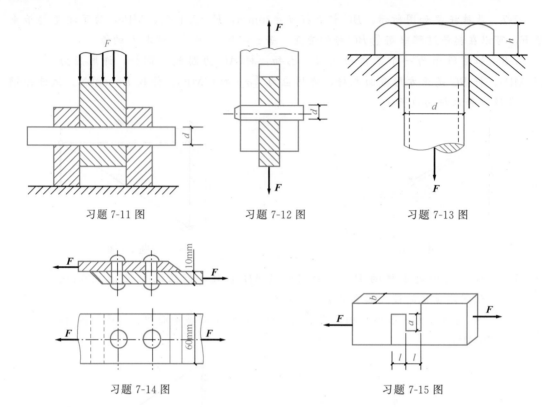

习题 7-11 图

习题 7-12 图

习题 7-13 图

习题 7-14 图

习题 7-15 图

习题参考答案

7-1 $\sigma_{AB}=31.06\text{MPa}$, $\sigma_{AC}=37.66\text{MPa}$

7-2 $\sigma_{AB}=-100\text{MPa}$, $\sigma_{BC}=-33.33\text{MPa}$, $\sigma_{DC}=25\text{MPa}$

7-3 $\sigma_{1-1}=122.22\text{MPa}$, $\sigma_{2-2}=47.77\text{MPa}$

7-4 $\Delta l_{CD}=2\text{mm}$, $\Delta_{By}=5.6\text{mm}$

7-5 $\sigma=5.63\text{MPa}<[\sigma]=10\text{MPa}$

7-6 $\varepsilon_h/\varepsilon_g=7.14$, $\sigma_g/\sigma_h=7.14$

7-7 $F=19.29\text{kN}$

7-8 $d=25.97\text{mm}$, $a=94.94\text{mm}$

7-9 $F_G=160\text{kN}$

7-10 $A=397.1\text{mm}^2$

7-11 $\tau_u=89.13\text{MPa}$, $n=1.11$

7-12 $\tau=84.88\text{MPa}$, $d=33\text{mm}$

7-13 $h=14\text{mm}$

7-14 $\tau=132.2\text{MPa}<[\tau]=140\text{MPa}$

 $\sigma_c=176.4\text{MPa}<[\sigma_c]=280\text{MPa}$

 $\sigma=139.5\text{MPa}<[\sigma]=160\text{MPa}$

7-15 $a\geqslant16\text{mm}$, $l\geqslant160\text{mm}$

第 *8* 章

扭转的强度和刚度计算

8-1 圆杆扭转时的应力与变形计算

8-1-1 横截面上的应力

用截面法只能求出圆杆横截面的内力——扭矩，现进一步研究圆杆横截面上的应力。由于横截面上的扭矩只能由切向微内力 $\tau \mathrm{d}A$ 所组成，所以横截面上只有切应力。为了确定横截面上的切应力分布规律，必须首先研究扭转时杆的变形情况，得到变形的变化规律，然后再利用物理方面和静力学方面的关系综合进行分析。

1. 几何方面

取一圆杆，在表面上画一系列的圆周线和垂直于圆周线的纵线，它们组成许多矩形网格如图 8-1 所示。然后在其两端施加一对大小相等、转向相反的力偶矩 M_e，使其发生扭转。当变形很小时，可以观察到以下现象。

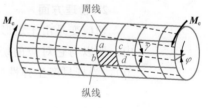

图 8-1

1）变形后所有圆周线的大小、形状和间距均未改变，只是绕杆的轴线作相对的转动。

2）所有的纵线都转过了同一角度 γ，因而所有的矩形网格都变成了平行四边形。

根据以上的表面现象去推测杆内部的变形，可作出如下假设：变形前为平面的横截面，变形后仍为平面，并如同刚片一样绕杆轴旋转。这样，横截面上任一半径始终保持为直线。这一假设称为平截面假设或平面假设。

在上述假设的基础上，再研究微体的变形。从如图 8-1 所示的杆中，截取长为 $\mathrm{d}x$ 的一段轴，其扭转后的相对变形情况如图 8-2（a）所示。为了更清楚地表示杆的变形，再从微段中截取一楔形微体 $OO'abcd$，如图 8-2（b）所示。其中实线和虚线分别表示变形前后的形状。由图 7-2 可见，在圆杆表面上的矩形 $abcd$ 变为平行四边形 $abc'd'$，边长不变，但直角改变了一个 γ 角，γ 即为切应变。在圆杆内部，距圆心为 ρ 处的矩形也变为平行四边形，其切应变为 γ_ρ。设 $\mathrm{d}x$ 段左、右两截面的相对扭转角用半径 $O'c$ 转到 $O'c'$ 的角度 $\mathrm{d}\varphi$ 表

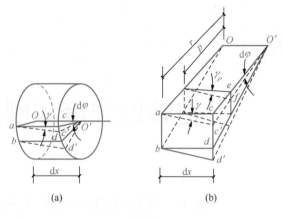

图 8-2

示，则由几何关系可以得到

$$\gamma_\rho \approx \tan\gamma_\rho = \frac{\overline{ef}}{\mathrm{d}x} = \frac{\rho\mathrm{d}\varphi}{\mathrm{d}x}$$

或

$$\gamma_\rho = \frac{\rho\mathrm{d}\varphi}{\mathrm{d}x} = \rho\theta \tag{8-1}$$

式中，$\theta = \dfrac{\mathrm{d}\varphi}{\mathrm{d}x}$——单位长度杆的相对扭转角。对于同一横截面，$\theta$ 为一常量，

故由式（8-1）可见，切应变 γ_ρ 与 ρ 成正比。

2. 物理方面

切应变是由于矩形的两侧相对错动而引起的，发生在垂直于半径的平面内，所以与它对应的切应力的方向也垂直于半径。由试验可知（见本章 8-2节），当杆只产生弹性变形时，切应力和切应变之间存在着如下关系：

$$\tau = G\gamma \tag{8-2}$$

这一关系称为剪切胡克定律。式中，G 为切变模量，量纲与 E 相同，常用单位为 MPa 或 GPa。G 值的大小因材料而异，可由试验测定。

由式（8-1）和式（8-2）可得横截面上任一点处的切应力为

$$\tau_\rho = G\gamma_\rho = G\rho\frac{\mathrm{d}\varphi}{\mathrm{d}x} \tag{8-3}$$

由此可知，横截面上各点处的切应力与 ρ 成正比，ρ 相同的圆周上各点处的切应力相同，切应力的方向垂直于半径。如图 8-3 所示的实心圆杆横截面上的切应力分布规律，在圆杆周边上各点处的切应力具有相同的最大值，在圆心处 $\tau = 0$。

式（8-3）虽确定了切应力的分布规律，但 $\dfrac{\mathrm{d}\varphi}{\mathrm{d}x}$ 还不知道，故无法计算切应力。因此，还需利用静力学方法求解。

3. 静力学方面

图 8-4 所示横截面上的扭矩 T 是由无数个微面积 $\mathrm{d}A$ 上的微内力 $\tau\mathrm{d}A$ 对圆心 O 点的力矩合成得到的，即

$$T = \int_A \rho \tau_\rho \mathrm{d}A \qquad (8\text{-}4)$$

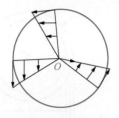

图 8-3

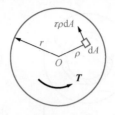

图 8-4

式中，A 为横截面面积。将式（8-3）代入式（8-4），得

$$T = \int_A G \rho^2 \frac{\mathrm{d}\varphi}{\mathrm{d}x} \mathrm{d}A = G \frac{\mathrm{d}\varphi}{\mathrm{d}x} \int_A \rho^2 \mathrm{d}A \qquad (8\text{-}5)$$

式中，$\int_A \rho^2 \mathrm{d}A$ 只与横截面尺寸有关，用 I_P 表示，称为截面的**极惯性矩**，即

$$I_P = \int_A \rho^2 \mathrm{d}A \qquad (8\text{-}6)$$

I_P 的量纲为 L^4，常用单位为 mm^4 或 m^4。于是式（8-5）可改写成

$$\frac{\mathrm{d}\varphi}{\mathrm{d}x} = \frac{T}{GI_P} \qquad (8\text{-}7)$$

将式（8-7）代入式（8-3），得到圆杆横截面上任一点处的切应力公式为

$$\tau_\rho = \frac{T\rho}{I_P} \qquad (8\text{-}8)$$

横截面上的最大切应力发生在 $\rho = r$ 处，其值为

$$\tau_{\max} = \frac{Tr}{I_P}$$

令

$$W_P = \frac{I_P}{r} \qquad (8\text{-}9)$$

则

$$\tau_{\max} = \frac{T}{W_P} \qquad (8\text{-}10)$$

式中，W_P——扭转截面系数，它也只与横截面尺寸有关。W_P 的量纲为 L^3，
    常用单位为 mm^3 或 m^3。

8-1-2 极惯性矩和扭转截面系数的计算

1. 实心圆截面

图 8-5（a）所示为一直径为 d 的实心圆截面。取微面积 $\mathrm{d}A = 2\pi \rho \mathrm{d}\rho$，则由式（8-6）及式（8-9）得

$$I_P = \int_A \rho^2 \mathrm{d}A = \int_0^{d/2} 2\pi \rho^3 \mathrm{d}\rho = \frac{\pi d^4}{32} \qquad (8\text{-}11)$$

$$W_P = \frac{I_P}{r} = \frac{\pi d^4}{32} \cdot \frac{2}{d} = \frac{\pi d^3}{16} \qquad (8-12)$$

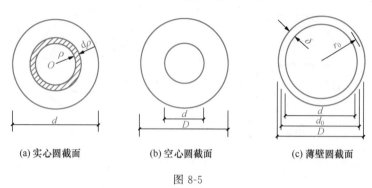

(a) 实心圆截面   (b) 空心圆截面   (c) 薄壁圆截面

图 8-5

2. 空心圆截面

图 8-5 (b) 所示为一空心圆截面，内径为 d，外径为 D。设 $\alpha = d/D$，则有

$$I_P = \int_A \rho^2 \, dA = \int_{d/2}^{D/2} 2\pi \rho^3 \, d\rho = \frac{\pi D^4}{32}(1 - \alpha^4) \qquad (8-13)$$

$$W_P = \frac{I_P}{r} = \frac{\pi D^4}{32}(1 - \alpha^4) \cdot \frac{2}{D} = \frac{\pi D^3}{16}(1 - \alpha^4) \qquad (8-14)$$

3. 薄壁圆环截面

图 8-5 (c) 所示为一薄壁圆环截面，内、外径分别为 d 及 D。设其平均直径为 d_0，平均半径为 r_0，壁厚为 δ。将 $D = 2r_0 + \delta$，$d = 2r_0 - \delta$ 分别代入式 (8-13) 和式 (8-14)，略去壁厚 δ 的二次方项后，得到

$$I_P \approx 2\pi r_0^3 \delta \qquad (8-15)$$

$$W_P \approx 2\pi r_0^2 \delta \qquad (8-16)$$

【例 8-1】 一直径为 50mm 的传动轴如图 8-6 (a) 所示。电动机通过 A 轮输入 100kW 的功率，由 B、C 和 D 轮分别输出 45kW、25kW 和 30kW 以带动其他部件。要求：(1) 画轴的扭矩图；(2) 求轴的最大切应力。

解 (1) 作用在轮上的力偶矩可由 (6-1) 计算得到，分别为

$$M_{eA} = 9.55 \times \frac{100}{300} \text{N} \cdot \text{m} = 3.18 \text{kN} \cdot \text{m}$$

$$M_{eB} = 9.55 \times \frac{45}{300} \text{N} \cdot \text{m} = 1.43 \text{kN} \cdot \text{m}$$

$$M_{eC} = 9.55 \times \frac{25}{300} \text{N} \cdot \text{m} = 0.80 \text{kN} \cdot \text{m}$$

$$M_{eD} = 9.55 \times \frac{30}{300} \text{N} \cdot \text{m} = 0.96 \text{kN} \cdot \text{m}$$

扭矩图如图 8-6 (b) 所示。

(2) 由扭矩图可知，最大扭矩发生在 AC 段内，$|T|_{max} = 1.75 \text{kN} \cdot \text{m}$。因为传动轴为等截面，故最大切应力发生在 AC 段内各横截面周边上各点处，

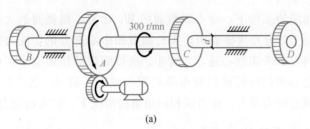

(a)

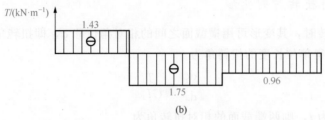

(b)

图 8-6

其值由式（8-12）和式（8-10）计算得到

$$W_P = \frac{\pi d^3}{16} = \frac{3.14 \times (50)^3 \times 10^{-9}}{16} = 24.5 \times 10^{-6} \, \text{m}^3$$

$$\tau_{\max} = \frac{|M_x|_{\max}}{W_P} = \frac{1.75 \times 10^3}{24.5 \times 10^{-6}} = 71.4 \times 10^6 \, \text{Pa} = 71.4 \, \text{MPa}$$

【例 8-2】　直径 $d = 100 \, \text{mm}$ 的实心圆轴，两端受力偶矩 $T = 10 \, \text{kN} \cdot \text{m}$ 作用而扭转，求横截面上的最大切应力。若改用内、外直径比值为 0.5 的空心圆轴，且横截面面积和以上实心轴横截面面积相等，问最大切应力是多少？

解　圆轴各横截面上的扭矩均为

$$T = M_e = 10 \, \text{kN} \cdot \text{m}$$

（1）实心圆截面。由式（8-12）和式（8-10），得

$$W_P = \frac{\pi d^3}{16} = \frac{3.14 \times (100)^3 \times 10^{-9}}{16} = 1.96 \times 10^{-4} \, \text{m}^3$$

$$\tau_{\max} = \frac{|T|_{\max}}{W_P} = \frac{10 \times 10^3}{1.96 \times 10^{-4}} = 51.0 \times 10^6 \, \text{Pa} = 51.0 \, \text{MPa}$$

（2）空心圆截面。由面积相等的条件，可求得空心圆截面的内、外直径。令内直径为 d_1，外直径为 D，$\alpha = d_1 / D = 0.5$，则有

$$\frac{1}{4} \pi d^2 = \frac{1}{4} D^2 (1 - \alpha^2)$$

由此求得

$$d_1 = 57.7 \, \text{mm}, \quad D = 115 \, \text{mm}$$

$$W_P = \frac{\pi D^3}{16} (1 - \alpha^4) = \frac{3.14 \times (115)^2}{16} [1 - (0.5)^4] = 2.4 \times 10^{-6} \, \text{m}^3$$

$$\tau_{\max} = \frac{|T|_{\max}}{W_P} = \frac{10 \times 10^3}{2.4 \times 10^{-4}} = 35.7 \times 10^6 \, \text{Pa} = 41.6 \, \text{MPa}$$

计算结果表明，空心圆截面上的最大切应力比实心圆截面上的小。这是因

为在面积相同的条件下，空心圆截面的 W_P 比实心圆截面的大。此外，扭转切应力在截面上的分布规律表明，实心圆截面中心部分的切应力很小，这部分面积上的微内力 $\tau \mathrm{d}A$ 离圆心近，力臂小，所以组成的扭矩也小，材料没有被充分利用。而空心圆截面的材料分布得离圆心较远，截面上各点的应力也较均匀，微内力对圆心的力臂大，在组成相同扭矩的情况下，最大切应力必然减小。

8-1-3　圆杆扭转时的变形

圆杆扭转时，其变形可用横截面之间的相对角位移 φ，即扭转角表示。由式（8-7）可得单位长度的扭转角为

$$\frac{\mathrm{d}\varphi}{\mathrm{d}x} = \frac{T}{GI_P}$$

若杆长为 l，则两端截面的相对扭转角为

$$\varphi = \int_l \mathrm{d}\varphi = \int_0^l \frac{T\mathrm{d}x}{GI_P} \tag{8-17}$$

当杆长 l 之内的 M_x、G、I_P 为常数时，则有

$$\varphi = \frac{Tl}{GI_P} \tag{8-18}$$

上式表明，扭转角与杆的长度 l 成正比，与 GI_P 成反比。乘积 GI_P 称为圆杆的抗扭刚度，它表示圆杆抵抗扭转变形的能力。当 T 和 l 不变时，GI_P 越大，则扭转角越小，GI_P 越小，则扭转角越大。扭转角的单位为弧度。

【例 8-3】 设直径分别为 $d_1 = 30\mathrm{mm}$ 和 $d_2 = 60\mathrm{mm}$ 的两圆轴，通过直径分别为 $D_1 = 50\mathrm{mm}$ 和 $D_2 = 250\mathrm{mm}$ 的齿轮啮合传动，如图 8-7 所示（未画轴承）。当 D 端施加一扭转力偶矩 $Me = 0.3\mathrm{kN \cdot m}$ 时，试求 D 端相对于 A 端的扭转角。左边的轴为钢材，$G = 8.4 \times 10^4 \mathrm{MPa}$，右边的轴为黄铜，$G = 3.5 \times 10^4 \mathrm{MPa}$。

解　分别取左、右两轴（包括与各轴联接的齿轮）为研究对象。由平衡方程可求得 B 轮作用在 C 轮上的切向力 $F = 0.3\mathrm{kN \cdot m}/0.025\mathrm{m} = 12\mathrm{kN}$，它也等于 C 轮对 B 轮的作用力。显然，

右轴的扭矩　$T = 0.3\mathrm{kN \cdot m}$，
左轴的扭矩　$T = 12\mathrm{kN} \times 0.125\mathrm{m} = 1.5\mathrm{kN \cdot m}$。

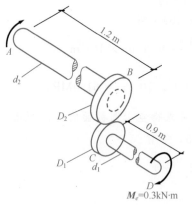

图 8-7

为了求 D 端相对于 A 端的扭转角，可假设 A 端固定。由式（8-18），可得 B 端相对于 A 端的扭转角为

$$\varphi_{AB} = \frac{Tl}{GI_P} = \frac{1.5 \times 10^3 \times 1.2}{8.4 \times 10^4 \times 10^6 \times \frac{\pi}{32} \times (50)^4 \times 10^{-12}}$$

$$= 21.8\mathrm{rad}$$

由于 B 轮的转动，将引起右轴作刚体转动（顺时针旋转）。根据大轮 B 与小轮 C 的直径比为 $D_2 : D_1 = 5 : 1$，则 D 端将产生顺时针的转角 $\varphi' = 5 \times 21.8\text{rad}$。由于右轴的扭转，$D$ 端相对于 C 端的扭转角为

$$\varphi_{DC} = \frac{Tl}{GI_P} = \frac{0.3 \times 10^3 \times 0.9}{3.5 \times 10^4 \times 10^6 \times \frac{\pi}{32} \times (30)^4 \times 10^{-12}}$$

$$= 0.0971\text{rad}(\text{顺时针旋转})$$

因此，D 端相对于 A 端的扭转角为

$$\varphi_{DA} = \varphi' + \varphi_{DC} = 5 \times 0.0349 + 0.097 = 0.2715\text{rad}$$

8-1-4　切应力互等定理　剪切胡克定律

1. 切应力互等定理

从上面的分析可知，圆杆扭转时，横截面上各点处存在切应力。下面证明，在圆杆的纵截面（径向平面）上也存在着切应力，这两个截面上的切应力有一定的关系。在如图 8-8（a）所示圆杆表面 A 点周围，沿横截面、纵截面及垂直于径向的平面截出一无限小的长方体，称为单元体，设其边长为 $\mathrm{d}x$，$\mathrm{d}y$，$\mathrm{d}z$，如图 8-8（b）所示。该单元体的左、右两个面属于横截面，作用有切应力 τ；前面的一个面为外表面，其上没有应力，与它平行的平面，由于相距很近，也认为没有切应力。从平衡的观点看，如果单元体上只有左、右两个面上有切应力，则该单元体将会转动，不能平衡，所以在上、下两个纵截面上必定存在着如图 8-8（b）所示的切应力 τ'。由于各面的面积很小，可认为切应力在各面上还均匀分布。

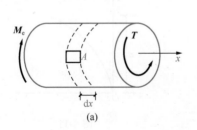

图 8-8

由平衡方程 $\sum M_{\omega'} = 0$ 得到

$$(\tau\mathrm{d}y\mathrm{d}z)\mathrm{d}x = (\tau'\mathrm{d}x\mathrm{d}z)\mathrm{d}y$$

$$\tau = \tau' \tag{8-19}$$

式（8-19）所表示的关系称为切应力互等定理。即过一点的互相垂直的两个截面上，垂直于两截面交线的切应力大小相等，并均指向或背离这一交线。

切应力互等定理在应力分析中有很重要的作用。例如，在圆杆扭转时，当已知横截面上的切应力及其分布规律后，由切应力互等定理便可知道纵截

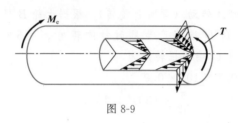

图 8-9

面上的切应力及其分布规律，如图 8-9 所示。切应力互等定理除在扭转问题中成立外，在其他的变形情况下也同样成立。但须特别指出，这一定理只适用于一点处或在一点处所取的单元体。如果边长不是无限小的长方体或一点处两个不相正交的方向上，便不能适用。切应力互等定理具有普遍性，若单元体的各面上还同时存在正应力时，也同样适用。

2. 剪切胡克定律

扭转试验在扭转试验机上进行。低碳钢扭转的 τ-γ 曲线如图 8-10 所示。由图 8-10 可见，当切应力不超过 a 点的切应力时，切应力 τ 与切应变 γ 之间成线性关系，因此得到

$$\tau = G\gamma$$

这就是本章 8-1 节中所提到的剪切胡克定律〔式（8-2）〕。a 点的切应力称为剪切比例极限，用 τ_p 表示。当切应力超过 τ_p 以后，材料将发生屈服，b 点的切应力称为剪切屈服极限，用 τ_s 表示。但低碳钢的扭转试验不易测得剪切屈服极限，因为在材料屈服前，圆筒壁可能会发生皱折。

铸铁的 τ-γ 曲线如图 8-11 所示。曲线上没有成直线的一段，故一般用割线代替，而认为剪切胡克定律近似成立。此外，铸铁扭转时没有屈服阶段，但可测得剪切强度极限 τ_b。

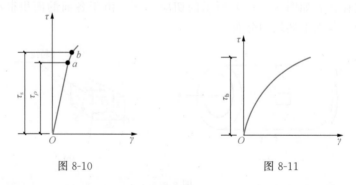

图 8-10   图 8-11

弹性模量 E、泊松比 ν 和切变模量 G 是材料的三个弹性常数，经试验验证和理论证明，它们之间存在如下关系

$$G = \frac{E}{2(1+\nu)} \tag{8-20}$$

因此在这三个常数中，只有两个是独立的。只要知道其中两个常数，便可由式（8-20）求得第三个常数。

对于绝大多数各向同性材料，泊松比 ν 一般大于 0，小于 0.5，因此，G 的值为 E 的 $\frac{1}{2}$ ~ $\frac{1}{3}$。

8-2　圆轴扭转时的强度和刚度计算

8-2-1　圆轴扭转时的强度计算

为了保证受扭圆轴安全可靠地工作，必须使圆轴的最大工作切应力 $\tau_{\max}$ 不超过材料的扭转许用切应力 $[\tau]$。因此，圆轴扭转时的强度条件为

$$\tau_{\max} \leqslant [\tau]$$

对于等直圆轴，其强度条件为

$$\tau_{\max} = \frac{T_{\max}}{W_P} \leqslant [\tau] \qquad (8\text{-}21)$$

式中，$T_{\max}$ 是扭矩图上绝对值最大的扭矩，最大切应力 $\tau_{\max}$ 发生在 $|T_{\max}|$ 所在截面的圆周边上。对于阶梯形变截面圆轴，因为 W_P 不是常量，$\tau_{\max}$ 不一定发生在 $T_{\max}$ 的截面上。这就要综合考虑扭矩 $T_{\max}$ 和抗扭截面模量 W_P 两者的变化情况来确定 $\tau_{\max}$。

在静荷载作用下，扭转许用切应力 $[\tau]$ 与许用拉应力 $[\sigma]$ 之间有如下关系：

对塑性材料，$[\tau] = (0.5 - 0.6)[\sigma]$；对脆性材料，$[\tau] = (0.8 - 1.0)[\sigma]$。

与轴向拉压相似，应用式（8-21）可解决圆轴扭转时的三类强度问题。

1）强度校核。已知材料的许用切应力 $[\tau]$、截面尺寸以及所受荷载，直接应用式（8-21）检查构件是否满足强度要求。

2）选择截面。已知圆轴所受的荷载及所用材料，可按式（8-21）计算 W_P 后，再进一步确定截面直径。此时式（8-21）改写为

$$W_P \geqslant \frac{T_{\max}}{[\tau]}$$

3）确定许可荷载。已知圆轴的材料和尺寸，按强度条件计算出构件所能承担的扭矩 $[T_{\max}]$，再根据扭矩与外力偶的关系，计算出圆轴所能承担的最大外力偶。此时，式（8-21）改写为

$$[T_{\max}] \leqslant [\tau] W_P$$

8-2-2　圆轴扭转时的刚度计算

对于承受扭转的圆轴，不仅要满足强度条件，还必须满足刚度条件，即要求轴的扭转变形不能超过一定的限度。通常规定单位长度扭转角的最大值不应超过规定的允许值 $[\theta]$。即圆轴扭转时的刚度条件为

$$\theta_{\max} = \frac{T_{\max}}{GI_P} \leqslant [\theta] \qquad (8\text{-}22)$$

式中，$[\theta]$ 称为许用单位长度扭转角，其单位为 rad/m。工程中，许用单位长度扭转角 $[\theta]$ 的单位常用 $(°)/m$。故式（8-22）可改写为

$$\theta_{\max} = \frac{T_{\max}}{GI_P} \times \frac{180}{\pi} \leqslant [\theta] \qquad (8\text{-}23)$$

【例 8-4】 一电动机传动钢轴，直径 $d=40\text{mm}$，轴传递的功率为 30kW，转速 $n=1400\text{r/min}$。轴的许用切应力 $[\tau]=40\text{MPa}$，剪切弹性模量 $G=8\times 10^4\text{MPa}$，轴的许用扭转角 $[\theta]=2$ （°/m），试校核此轴的强度和刚度。

解 （1）计算外力偶矩和扭矩。

$$M_e = 9.55\frac{P}{n} = 9.55\times\frac{30}{1400}\text{kN}\cdot\text{m} = 0.205\text{kN}\cdot\text{m}$$

由截面法求得轴横截面上的扭矩为

$$T = M_e = 0.205\text{kN}\cdot\text{m}$$

（2）强度校核。

$$I_P = \frac{\pi D^4}{32} = \frac{\pi}{32}\times 40^4 = 2.51\times 10^5\text{mm}^4 = 2.51\times 10^{-7}\text{m}^4$$

$$W_P = \frac{\pi D^3}{16} = \frac{\pi}{16}\times 40^3\text{mm}^3 = 1.256\times 10^4\text{mm}^3 = 1.256\times 10^{-5}\text{m}^3$$

$$\tau_{max} = \frac{T}{W_P} = \frac{0.204\times 10^3}{1.256\times 10^{-5}} = 16.2\times 10^6\text{Pa} = 16.2\text{MPa} \leqslant [\tau] = 40\text{MPa}$$

所以强度条件满足。

（3）刚度校核。

$$\theta_{max} = \frac{T}{GI_P}\times\frac{180}{\pi} = \frac{0.204\times 10^3}{8\times 10^{10}\times 2.51\times 10^{-7}}\times\frac{180}{\pi} = 0.58°/\text{m} \leqslant [\theta]$$
$$= 2°/\text{m}$$

所以刚度条件满足。

【例 8-5】 如图 8-12 （a）所示为某汽车传动轴简图，轴为无缝钢管，其外径 $D=90\text{mm}$，内径 $d=85\text{mm}$。许用切应力 $[\tau]=60\text{MPa}$，剪切弹性模量 $G=8\times 10^4\text{MPa}$，许用扭转角 $[\theta]=2°/\text{m}$。求：（1）轴能承受的最大扭矩；（2）在最大扭矩作用下，传动轴内外壁的切应力，并画出横截面的应力分布图。

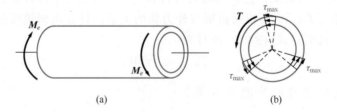

| (a) | (b) |

图 8-12

解 （1）确定最大扭矩。按强度条件计算为

$$\alpha = \frac{d}{D} = \frac{85}{90} = 0.944$$

$$W_P = \frac{\pi D^3}{16}(1-\alpha^4) = \frac{3.14\times(90)^3}{16}[1-(0.944)^4] = 29\,454\text{mm}^3$$

$$T_{max} \leqslant [\tau]W_P = 60\times 10^6\times 29\,454\times 10^{-9} = 1767\text{N}\cdot\text{m}$$

按刚度条件校核为

$$\theta_{max} = \frac{T}{GI_P} \times \frac{180}{\pi} = \frac{1767}{8 \times 10^{10} \times 29\ 454 \times 90/2} \times \frac{180}{\pi} = 0.955°/m \leqslant [\theta]$$

刚度条件满足要求，所以，轴能承受的最大扭矩为 1.76kN·m。

（2）求 $\tau_{外}$ 和 $\tau_{内}$。

$$I_P = \frac{\pi D^4}{32}(1 - \alpha^4) = \frac{3.14 \times (90)^4}{32}[1 - (0.944)^4] = 1.33 \times 10^6 \text{mm}^4$$

在最大扭矩作用下有

$$\tau_{外} = \tau_{max} = [\tau] = 60\text{MPa}$$

$$\tau_{内} = \tau_{min} = \frac{T_{max}\rho}{I_P} = \frac{1760 \times 85 \times 10^{-3}}{1.32 \times 10^{-6} \times 2} = 56.7 \times 10^6 \text{Pa} = 56.7\text{MPa}$$

横截面切应力的分布，如图 8-12（b）所示。

【例 8-6】 如果把例 8-5 的轴改为实心圆轴，求在最大扭矩相同情况下的实心圆轴直径，并比较空心轴与实心轴的重量。

解 设与空心轴承受的最大扭矩相同情况下的实心轴的直径为 d_1，该实心轴的许用切应力 $[\tau]=60\text{MPa}$，在两轴长度相等、材料相同的情况下，空、实心轴重量之比即横截面面积之比。

（1）按强度条件确定实心圆轴直径。

$$\tau_{max} = \frac{T}{W_P} = \frac{1760}{\frac{\pi}{16}d^3} = 60 \times 10^6 \text{Pa} = 60\text{MPa}$$

$$d_1 = \sqrt[3]{\frac{16 \times 1760}{\pi \times 60 \times 10^6}} = 0.0531\text{m} = 53.1\text{mm}$$

（2）比较空、实心轴重量。

$$\frac{A_{空}}{A_{实}} = \frac{\frac{\pi}{4}(D^2 - d^2)}{\frac{\pi}{4}d_1^2} = \frac{90^2 - 85^2}{53.1^2} = 0.31$$

由此可见，在荷载相同的条件下，空心轴的重量仅为实心轴的 31%，其减轻自重、节省材料的效果是非常明显的。这是因为横截面上的切应力沿半径按直线规律分布，轴心部分的切应力很小，材料未能充分发挥作用。若把轴心附近的材料向边缘移动，使其成为空心圆轴，就能增大 I_P 和 W_P，从而提高轴的强度。

*8-3 矩形截面等直杆在自由扭转时的应力与变形

平面假设是分析等截面圆杆扭转变形时横截面上应力的主要依据，但对于非圆截面杆受扭时，其横截面将由平面变为曲面，产生所谓翘曲现象，如图 8-13 所示，平面假设已不成立。因此，圆轴扭转时的应力变形公式对非圆截面杆均不适用。

非圆截面杆的扭转可分为自由扭转和约束扭转两类。自由扭转是指杆件横截面的翘曲不受任何约束，此时各横截面的翘曲程度相同，横截面上只有切应力没

有正应力。约束扭转是因约束条件或受力条件的制约使杆各横截面的翘曲程度不同，此时两横截面间的纵向纤维长度有改变，横截面上既有切应力又有正应力。

在非圆截面杆扭转中，最常见的是矩形截面杆，如雨篷梁、曲轴上的曲柄、方形截面传动轴等。本节简单介绍矩形截面杆的自由扭转。

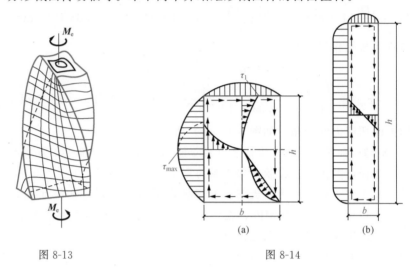

图 8-13　　　　　　　　　　　图 8-14

由弹性力学可知：发生自由扭转的矩形杆横截面上切应力分布规律如图 8-14（a）所示，从图中可知：

1）矩形截面杆在自由扭转时横截面上仍然只有切应力。

2）切应力的方向与横截面上扭矩的方向一致；最大切应力 τ_{max} 发生在长边的中点处；短边中点处有较大的切应力 τ_1；形心及角点处切应力为零；周边上各点处的切应力只可能与周边平行。

3）进一步的研究表明，长边中点处的切应力最大值为

$$\tau_{max} = \frac{T}{\alpha h b^2} \qquad (8-24)$$

短边中点处的切应力为

$$\tau_1 = \gamma \tau_{max} \qquad (8-25)$$

单位长度扭转角为

$$\theta = \frac{T}{G\beta b^3 h} \qquad (8-26)$$

式中，h 为截面长边长度，b 为截面短边长度。α、β、γ 均为与比值 h/b 有关的系数，见表 8-1。

表 8-1　α、β、γ 值

h/b	1.0	1.5	2.0	2.5	3.0	4.0	6.0	8.0	10.0	∞
α	0.208	0.231	0.246	0.258	0.267	0.282	0.299	0.307	0.313	0.333
β	0.141	0.196	0.229	0.249	0.263	0.281	0.299	0.307	0.313	0.333
γ	1.000	0.859	0.795	0.766	0.753	0.745	0.743	0.742	0.742	0.742

由表 8-1 可知，当 $h/b>10$ 即狭长矩形时，$\alpha=\beta\approx\dfrac{1}{3}$，$\gamma=0.742$。

狭长矩形截面扭转杆切应力变化规律如图 8-14（b）所示。虽然最大切应力 $\tau_{\max}$ 在长边的中点，但沿长边各点切应力实际变化不大，接近相等。在靠近短边处才迅速减小为零。

【例 8-7】　一矩形截面等直钢杆，其横截面尺寸 $h=100\text{mm}$，$b=60\text{mm}$，在杆两端作用一对矩为 Me 的扭转力偶。已知：$Me=4\text{kN}\cdot\text{m}$，钢的容许切应力 $[\tau]=100\text{MPa}$，剪切弹性模量 $G=8\times10^4\text{MPa}$，单位长度杆的容许扭转角 $[\theta]=1(°)/\text{m}$，试校核此杆的强度和刚度。

解　由截面法求得

$$T=4\times10^3\text{N}\cdot\text{m},\quad h/b=100/60=1.67$$

查表 8-1 知　　　　　　$\alpha=0.236,\quad \beta=0.207$

由式（8-24）知

$$\tau_{\max}=\frac{T}{\alpha hb^2}=\frac{4\times10^3}{0.236\times0.1\times(60\times10^{-3})^2}=47.08\times10^6\text{Pa}$$
$$=47.08\text{MPa}<[\tau]$$

由式（8-26）可知

$$\theta=\frac{T}{G\beta b^3 h}=\frac{4\times10^3}{8\times10^{10}\times0.207\times(60\times10^{-3})^3\times0.1}\cdot\frac{180}{\pi}$$
$$=0.641°/\text{m}<[\theta]$$

以上结果表明，此杆满足强度条件和刚度条件的要求。

 思考题与习题

思考题

8-1　若直径和长度相同，而材料不同的两根轴，在相同的扭矩作用下，它们的最大切应力是否相同？扭转角是否相同？

8-2　横截面积相同的空心圆轴与实心圆轴，哪一个的强度、刚度较好？工程中为什么使用实心轴较多？

8-3　试分析如图所示扭转切应力分布是否正确？为什么？

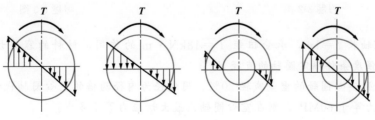

思考题 8-3 图

8-4　阶梯轴的最大扭转切应力是否一定发生在最大扭矩所在的截面上，为什么？

8-5　空心圆杆截面如图所示，其极惯性矩及抗扭截面模量是否按下式计算？为什么？

$$I_P = \frac{\pi D^4}{32} - \frac{\pi d^4}{32}, \quad W_P = \frac{\pi D^3}{16} - \frac{\pi d^3}{16}$$

8-6　图示传动轴的主动轮 A 输入功率 $P_A = 8\text{kW}$，从动轮 B、C、D 输出功率分别为 $P_B = 2\text{kW}$、$P_C = P_D = 3\text{kW}$。试问这种布置是否合理？如果不合理，应如何布置？

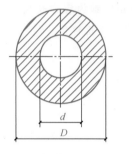

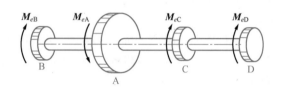

思考题 8-5 图　　　　　　　　思考题 8-6 图

习　题

8-1　如图所示，一直径 $d = 60\text{mm}$ 的圆杆，其两端受外力偶矩 $Me = 2\text{kN} \cdot \text{m}$ 的作用而发生扭转。试求横截面上 1、2、3 点处的切应力和最大切应变，并在此 3 点处画出切应力的方向。设 $G = 80\text{GPa}$。

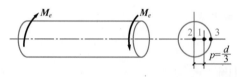

习题 8-1 图

8-2　如图所示，空心圆轴外径 $D = 80\text{mm}$，内径 $d = 62\text{mm}$，两端承受扭矩 $T = 1\text{kN} \cdot \text{m}$ 的作用，试求：（1）最大切应力和最小切应力；（2）在如图（b）所示上绘横截面上切应力的分布图。

8-3　一圆轴 AC 如图所示。AB 段为实心，直径为 50mm；BC 段为空心，外径为 50mm，内径为 35mm。要使杆的总扭转角为 $0.12°$，试确定 BC 段的长度 a。设 $G = 80\text{GPa}$。

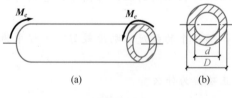

习题 8-2 图

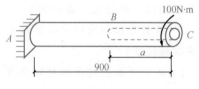

习题 8-3 图

8-4　一钢轴长 $l = 1\text{m}$，承受扭矩 $T = 18\text{kN} \cdot \text{m}$ 的作用，材料的容许切应力 $[\tau] = 40\text{MPa}$，试按强度条件确定圆轴的直径 d。

8-5　为了使实心圆轴的重量减轻 20%，用外径为内径两倍的空心圆轴代替。如实心圆轴内最大切应力等于 60MPa，则在空心圆轴内最大切应力等于多少？

8-6　有一受扭钢轴，已知其横截面直径 $d = 25\text{mm}$，剪切弹性模量 $G = 79\text{GPa}$，当扭转角为 $6°$ 时的最大切应力为 95MPa，试求此轴的长度。

8-7 如图所示，传动轴的转速为 $n = 500\mathrm{r/min}$，主动轮输入功率 $P_1 = 367.5\mathrm{kW}$，从动轮 2、3 分别输出功率 $P_2 = 147\mathrm{kW}$，$P_3 = 220.5\mathrm{kW}$。已知 $[\tau] = 70\mathrm{MPa}$，$[\theta] = 1°/\mathrm{m}$，$G = 8 \times 10^4\mathrm{MPa}$。

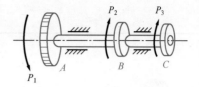

习题 8-7 图

（1）确定 AB 段的直径 d_1 和 BC 段的直径 d_2。

（2）若 AB 和 BC 两段选用同一直径，试确定直径 d。

习题参考答案

8-1 $\tau_1 = 31.4\mathrm{MPa}$，$\tau_2 = 0$，$\tau_3 = 47.2\mathrm{MPa}$，$\gamma = 0.59 \times 10^{-3}$

8-2 $\tau_{\max} = 15.6\mathrm{MPa}$，$\tau_{\min} = 12.1\mathrm{MPa}$

8-3 $a = 402\mathrm{mm}$

8-4 $d = 131.9\mathrm{mm}$

8-5 $\tau_{\max} = 56.9\mathrm{MPa}$

8-6 $l = 1088\mathrm{mm}$

8-7 （1）$d_1 = 85\mathrm{mm}$，$d_2 = 75\mathrm{mm}$；（2）$d = 85\mathrm{mm}$

第 9 章

梁的强度和刚度计算

前面讨论了梁的内力，本章主要解决梁在外力作用下横截面上的应力和强度问题。工程中常见的等直梁的破坏往往发生在最大弯矩或最大剪力作用的截面。例如，钢筋混凝土梁，当外力过大时，在最大弯矩作用截面的下边缘处首先出现裂缝（图 9-1），然后裂缝逐渐向上扩展而导致梁的破坏。通过本章学习，可以知道，其破坏原因是由于弯矩引起弯曲变形，使梁下部伸长而受拉伸，由于拉应力 σ 超过材料的极限拉应力而引起裂缝的发生，最后导致梁的破坏。

图 9-2 所示为木梁，其跨度较小且外力作用点靠近支座。当外力较大时，梁的端部截面处出现水平裂缝，裂缝两边发生相对错动，而导致梁的破坏，这种破坏发生在最大剪力作用截面的中性层上。通过本章学习，可以了解其破坏原因是由于最大切应力超过材料的顺纹极限切应力而引起的。

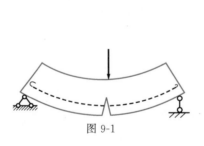

图 9-1

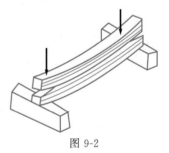

图 9-2

一般情况下，梁的横截面上既有剪力 F_S 又有弯矩 M。由图 9-3 可知，梁横截面上的剪力 F_S 应由截面上的微内力 τdA 组成；而弯矩 M 应由微内力 σdA 对 z 轴之矩组成。因此，当梁的横截面上同时有弯矩和剪力时，横截面上各点也就同时有正应力 σ 和切应力 τ。本章主要研究等直梁在平面弯曲时，其横截面上这两种应力的分布规律、计算公式及相应的强度计算和刚度计算。

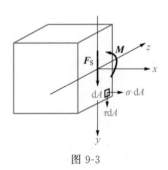

图 9-3

9-1　梁横截面上的正应力

平面弯曲时，如果某段梁各横截面上只有弯矩而没有剪力，这种平面弯曲称为纯弯曲。如果某段梁各横截面不仅有弯矩而且有剪力，此段梁在发生弯曲变形的同时，还伴有剪切变形，这种平面弯曲称为横力弯曲或剪切弯曲。下面以矩形截面梁为例，研究纯弯曲梁横截面上的正应力。

9-1-1　试验观察与分析

与圆轴扭转一样，梁纯弯曲时其正应力在横截面上的分布规律不能直接观察到，需要先研究梁的变形情况。通过对变形的观察、分析，找出变形分布规律，在此基础上进一步找出应力的分布规律。

矩形截面模型梁如图 9-4（a）所示，试验前在其表面画一些与梁轴平行的纵线和与纵线垂直的横线。然后，在梁的两端施加一对力偶，梁将发生纯弯曲变形，如图 9-4（b）所示。这时将观察到如下的一些现象。

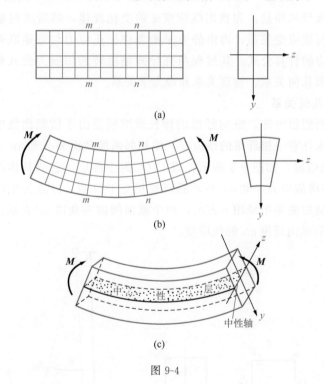

图 9-4

1）所有纵线都弯成曲线，靠近底面（凸边）的纵线伸长了，而靠近顶面（凹边）的纵线缩短了。

2）所有横线仍保持为直线，只是相互倾斜了一个角度，但仍与弯曲的纵线垂直。

3）矩形截面的上部变宽，下部变窄。

根据上面所观察到的现象，推测梁的内部变形，可作出如下的假设和推断。

1）平面假设。在纯弯曲时，梁的横截面在梁弯曲后仍保持为平面，且仍垂直于弯曲后的梁轴线。

2）单向受力假设。将梁看成由无数根纵向纤维组成，各纤维只受到轴向拉伸或压缩，不存在相互挤压。

由平面假设可知，梁变形后各横截面仍保持与纵线正交，所以切应变为零。由应力与应变的相应关系知，纯弯曲梁横截面上无切应力存在。

上部的纵线缩短，截面变宽，表示上部各根纤维受压缩；下部的纵线伸长，截面变窄，表示下部各根纤维受拉伸。从上部各层纤维缩短到下部各层纤维伸长的连续变化中，中间必有一层长度不变的过渡层称为中性层。中性层与横截面的交线称为中性轴，如图 9-4（c）所示。中性轴将横截面分为受压和受拉两个区域。

9-1-2 正应力计算公式

公式的推导思路是：先找出线应变 ε 的变化规律，然后通过胡克定律建立起正应力与线应变关系，再由静力平衡条件把正应力与弯矩联系起来，从而导出正应力的计算公式。其过程与推导圆轴扭转的切应力公式相似，即须综合研究变形几何关系、物理关系和静力学关系。

1. 变形几何关系

根据平面假设可知，纵向纤维的伸长或缩短是由于横截面绕中性轴转动的结果。为求任意一根纤维的线应变，用相邻两横截面 mm 和 nn 从梁上截出一长为 $\mathrm{d}x$ 的微段，如图 9-5 所示。设 O_1O_2 为中性层（它的具体位置还不知道），两相邻横截面 mm 和 nn 转动后延长相交于 O 点，O 点为中性层的曲率中心。中性层的曲率半径用 ρ 表示，两个截面间的夹角以 $\mathrm{d}\theta$ 表示。现求距中性层为 y 处的纵向纤维 ab 的线应变。

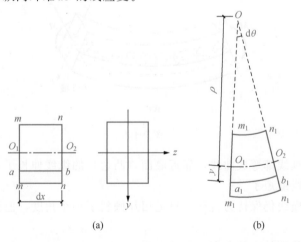

(a)　　　　(b)

图 9-5

纤维 ab 的原长 $\overline{ab} = \mathrm{d}x = O_1O_2 = \rho\mathrm{d}\theta$，变形后的长度为 $a_1b_1 = (\rho + y)\mathrm{d}\theta$，故纤维 ab 的线应变为

$$\varepsilon = \frac{a_1b_1 - \overline{ab}}{\overline{ab}} = \frac{(\rho + y)\mathrm{d}\theta - \rho\mathrm{d}\theta}{\rho\mathrm{d}\theta} = \frac{y}{\rho} \tag{9-1}$$

对于确定的截面来说，ρ 是常量。所以，各层纤维的应变与它到中性层的距离成正比，并且梁越弯（即曲率 $1/\rho$ 越大），同一位置的线应变也越大。

2. 物理关系

假设纵向纤维只受单向拉伸或压缩，在正应力不超过比例极限时，由胡克定律得

$$\sigma = E\varepsilon = E\frac{y}{\rho} \tag{9-2}$$

式（9-2）表明：距中性轴等远的各点正应力相同，并且横截面上任一点处的正应力与该点到中性轴的距离成正比。即弯曲正应力沿截面高度按线性规律分布，中性轴上各点的正应力均为零，如图 9-6 所示。

3. 静力学关系

式（9-2）只给出正应力的分布规律，还不能用来计算正应力的数值。因为中性轴的位置尚未确定，曲率半径 ρ 的大小也不知道。这些问题将通过研究横截面上分布内力与总内力之间的关系来解决。

图 9-7 所示，在横截面上取微面积 $\mathrm{d}A$，其形心坐标为 z、y，微面积上的法向内力可认为是均匀分布的，其集度（即正应力）用 σ 来表示。则微面积上的合力为 $\sigma\mathrm{d}A$，整个横截面上的法向微内力可组成下列三个内力分量为

$$F_N = \int_A \sigma\mathrm{d}A, \quad M_y = \int_A z\sigma\mathrm{d}A, \quad M_z = \int_A y\sigma\mathrm{d}A$$

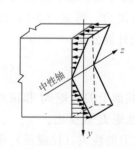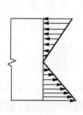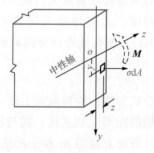

图 9-6　　　　　　　　　　　　　　图 9-7

由于横截面上只有绕中性轴转动的弯矩 M_z，整个横截面法向微内力合成的轴力 F_N 和力偶矩 M_y 应为零。于是有

$$F_N = \int_A \sigma\mathrm{d}A = 0 \tag{9-3}$$

$$M_y = \int_A \sigma z\mathrm{d}A = 0 \tag{9-4}$$

$$M_z = \int_A \sigma y\mathrm{d}A \tag{9-5}$$

将式（9-2）代入式（9-3），得

$$\frac{E}{\rho}\int_A y\,\mathrm{d}A = 0$$

由于 $\dfrac{E}{\rho}\neq 0$，一定有

$$\int_A y\,\mathrm{d}A = 0$$

上式表明截面对中性轴的静矩等于零。由此可知，直梁弯曲时其中性轴 z 必定通过截面的形心。

将式（9-2）代入式（9-4），得

$$\frac{E}{\rho}\int_A yz\,\mathrm{d}A = 0$$

由于 $\dfrac{E}{\rho}\neq 0$，一定有

$$\int_A yz\,\mathrm{d}A = 0$$

上式表明截面对 y、z 轴惯性积 I_{zy} 等于零，所以 z、y 轴必为形心主轴。即中性轴通过截面形心，且为截面的形心主轴。将式（9-2）代入式（9-5），得

$$M_z = \int_A \frac{E}{\rho}y^2\,\mathrm{d}A = \frac{E}{\rho}\int_A y^2\,\mathrm{d}A = \frac{E}{\rho}I_z$$

则

$$\frac{1}{\rho} = \frac{M_z}{EI_z} \tag{9-6}$$

式（9-6）是计算梁变形的基本公式。由该式可知，曲率 $1/\rho$ 与 M 成正比，与 EI_z 成反比。这表明：梁在外力作用下，某横截面上的弯矩愈大，该处梁的弯曲程度就愈大；而 EI_z 值愈大，则梁愈不易弯曲，故 EI_z 称为梁的抗弯刚度，其物理意义是表示梁抵抗弯曲变形的能力。将式（9-1）代入式（9-2），便得纯弯曲梁横截面上任一点处正应力的计算公式

$$\sigma = \frac{M_z y}{I_z} \tag{9-7}$$

公式表明：梁横截面上任一点的正应力。与该截面上的弯矩 M 和该点到中性轴的距离 y 成正比，而与该截面对中性轴的惯性矩 I_z 成反比。

计算时直接将 M 和 y 的绝对值代入公式，正应力的性质（拉或压）可由弯矩 M 的正负及所求点的位置来判断。当 M 为正时，中性轴以上各点为压应力，取负值；中性轴以下各点为拉应力，取正值，如图9-8（a）所示。当 M 为负时则相反，如图9-8（b）所示。

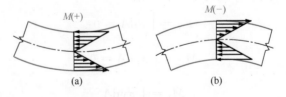

图 9-8

9-1-3　正应力公式的使用条件

1）由正应力计算公式的推导过程知，它的适用条件是：①纯弯曲梁；②梁的最大正应力不超过材料的比例极限。

2）横力弯曲是平面弯曲中最常见的情况。在这种情况下，梁横截面上不仅有正应力，而且有切应力。梁受载后，横截面将发生翘曲，平面假设不成立。但当梁跨度与横截面高度之比 $l/h > 5$ 时，切应力的存在对正应力的影响甚小，可以忽略不计。所以，式（9-8）在一般情况下也可用于横力弯曲时横截面正应力的计算。

3）式（9-8）虽然是由矩形截面推导出来的，但对于横截面为其他对称形状的梁，如圆形、圆环形、工字形和 T 形截面等，在发生平面弯曲时，均适用。

【例 9-1】　如图 9-9 所示为简支梁受均布荷载 q 作用。已知 $q = 3.5\mathrm{kN/m}$，梁的跨度 $l = 3\mathrm{m}$，截面为矩形，$b = 120\mathrm{mm}$，$h = 180\mathrm{mm}$。试求：梁截面 C 上 a、b、c 三点处正应力以及梁的最大正应力 σ_{max} 及其位置。

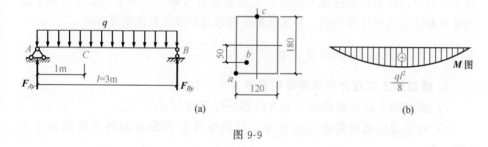

图 9-9

解　（1）计算 C 截面的弯矩。因对称，梁的支座反力为

$$F_{Ay} = F_{By} = \frac{ql}{2} = \frac{3.5 \times 3}{2} = 5.25\mathrm{kN}(\uparrow)$$

C 截面的弯矩为

$$M_C = F_{Ay} \times 1 - \frac{ql^2}{2} = 5.25 \times 1 - \frac{3.5 \times 1^2}{2} = 3.5\mathrm{kN \cdot m}$$

（2）计算截面对中性轴 z 的惯性矩为

$$I_z = \frac{bh^3}{12} = \frac{120 \times 180^3}{12} = 58.3 \times 10^6 \mathrm{mm}^4$$

（3）计算各点的正应力为

$$\sigma_a = \frac{M_C y_a}{I_z} = \frac{3.5 \times 10^3 \times 90 \times 10^{-3}}{58.3 \times 10^{-6}} = 5.4 \times 10^6 \mathrm{Pa} = 5.4\mathrm{MPa}(拉)$$

$$\sigma_b = \frac{M_C y_b}{I_z} = \frac{3.5 \times 10^3 \times 50 \times 10^{-3}}{58.3 \times 10^{-6}} = 3.0 \times 10^6 \mathrm{Pa} = 3.0\mathrm{MPa}(拉)$$

$$\sigma_c = \frac{M_C y_c}{I_z} = \frac{3.5 \times 10^3 \times 90 \times 10^{-3}}{58.3 \times 10^{-6}} = 5.4 \times 10^6 \mathrm{Pa} = 5.4\mathrm{MPa}(压)$$

（4）求梁最大正应力 σ_{max} 及其位置。由弯矩图可知，最大弯矩在跨中截面，其值为

$$M_{max} = \frac{ql^2}{8} = \frac{3.5 \times 3^2}{8} = 3.94 \text{kN} \cdot \text{m}$$

对等截面梁来说，梁的最大正应力应发生在 M_{max} 截面的上下边缘处。由梁的变形情况可以判定，最大拉应力发生在跨中截面的下边缘处；最大压应力发生在跨中截面的上边缘处。最大正应力的值为

$$\sigma_{max} = \frac{M_{max}y_{max}}{I_z} = \frac{3.94 \times 10^3 \times 90 \times 10^{-3}}{58.3 \times 10^{-6}} = 6.08 \times 10^6 \text{Pa} = 6.08 \text{MPa}$$

9-2　梁横截面上的切应力

当梁发生横向弯曲时，横截面上一般都有剪力存在，截面上与剪力对应的分布内力在各点的强弱程度称为切应力，用希腊字母 τ 表示。由切应力互等定理可知，在平行于中性层的纵向平面内，也有切应力存在。如果切应力的数值过大，而梁的材料抗剪强度不足时，也会发生剪切破坏。本节主要讨论矩形截面梁弯曲切应力的计算公式，对其他截面梁弯曲切应力只作简要介绍。

9-2-1　矩形截面梁横截面上的切应力

1. 横截面上切应力分布规律的假设（图 9-10）

1）横截面上各点处的切应力方向都平行于剪力 F_S。

2）切应力沿截面宽度均匀分布，即离中性轴等距离的各点处的切应力相等。

2. 切应力计算公式

$$\tau = \frac{F_S S_z}{I_z b} \tag{9-8}$$

式中，F_S——所求切应力的点所在横截面上的剪力；

　　　b——所求切应力的点处的截面宽度；

　　　I_z——整个截面对中性轴的惯性矩；

　　　S_z——所求切应力的点处横线以下（或以上）的面积 A^* 对中性轴的静矩。

式（9-8）就是矩形截面梁弯曲切应力的计算公式。

切应力沿截面高度按二次抛物线规律变化如图 9-10 所示。当 $y = \pm h/2$ 时，$\tau = 0$，即截面上下边缘处的切应力为零。当 $y = 0$ 时，$\tau = \tau_{max}$，即中性轴上切应力最大，其值为

$$\tau_{max} = 1.5 \frac{F_S}{A} \tag{9-9}$$

即矩形截面上的最大切应力为截面上平均切应力的 1.5 倍。

9-2-2 其他截面梁的切应力

1. 工字形截面及 T 形截面

工字形截面由腹板和上、下翼缘板组成，如图 9-11（a）所示，横截面上的剪力 F_S 的绝大部分为腹板所承担。在上、下翼缘板上，也有平行于 F_Q 的切应力分量，但分布情况比较复杂，且数值较小，通常并不进行计算。

工字形截面腹板为一狭长的矩形，关于矩形截面上切应力分布规律的两个假设仍然适用，所以腹板上的切应力可用公式（9-8）计算，即

$$\tau = \frac{F_S S_z}{I_z d} \tag{9-10}$$

式中，d——腹板的宽度；

$\quad$ F_S——截面上的剪力；

$\quad$ I_z——工字形截面对中性轴的惯性矩；

$\quad$ S_z——过欲求应力点的水平线与截面边缘间的面积 A^* 对中性轴的静矩。

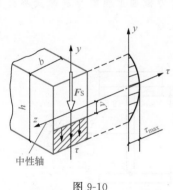

图 9-10

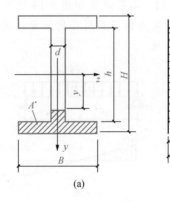

（a） （b）

图 9-11

切应力沿腹板高度的分布规律如图 9-11（b）所示，仍是按抛物线规律分布，最大切应力仍发生在截面的中性轴上，且腹板上的最大切应力与最小切应力相差不大。特别是当腹板的厚度比较小时，两者相差就更小。因此，当腹板的厚度很小时，常将横截面上的剪力 F_S 除以腹板面积，近似地作为工字形截面梁的最大切应力，即

$$\tau_{\max} \approx \frac{F_S}{bh} \tag{9-11}$$

工程中还会遇到 T 形截面，如图 9-12 所示。T 形截面是由两个矩形组成的。下面的窄长矩形仍可用矩形截面的切应力公式计算，最大切应力仍发生在截面的中性轴上。

2. 圆形及圆环形截面

对于圆形截面和圆环形截面，弯曲时最大切应力仍发生在中性轴上，如图 9-13 所示，且沿中性轴均匀分布，对于直径为 d 的圆截面，最大切应力为

$$\tau_{max} = \frac{4}{3}\frac{F_s}{A}, \quad A = \frac{\pi d^2}{4} \tag{9-12}$$

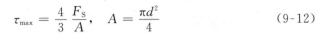

图 9-12   图 9-13

对于内径为 d、外径为 D 的空心圆截面，最大切应力为

$$\tau_{max} = 2\frac{F_s}{A}, \quad A = \frac{\pi(D^2 - d^2)}{4} \tag{9-13}$$

式中，F_s——截面上的剪力；

A——圆形或圆环形截面的面积。

【例 9-2】 工字钢梁如图 9-14 所示，工字钢型号为 56a。试求该梁的最大正应力和切应力值以及所在的位置，并求最大剪力截面上腹板与翼缘交界处 b 点的切应力值。

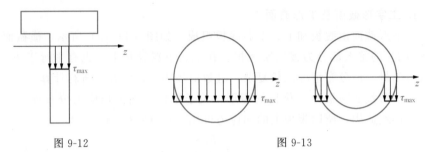

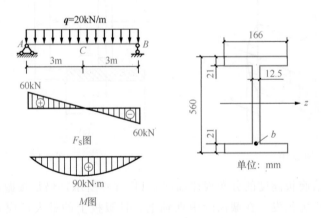

图 9-14

解 （1）确定最大正应力和最大切应力的位置。做梁的弯矩图、剪力图，由剪力图可知梁端处横截面上剪力最大，$F_{Smax} = 60kN$，故最大切应力发生在该两横截面的中性轴上。最大正应力发生在弯矩最大的跨中横截面的上、下边缘处。

（2）计算最大正应力和最大切应力。

查型钢表得 I56a 的 $S_{zmax} = 1365.8 \times 10^3 mm^3$，$I_z = 65\,576 \times 10^4 mm^4$，$d = 12.5mm$。截面上最大正应力和最大切应力分别为

$$\sigma_{max} = \frac{M_{max}y_{max}}{I_z} = \frac{90 \times 10^3 \times 280 \times 10^{-3}}{65\,576 \times 10^{-8}} = 38.43 \times 10^6 Pa = 38.43MPa$$

$$\tau_{max} = \frac{F_{Smax} S_{zmax}}{I_z d} = \frac{60 \times 10^3 \times 1368.8 \times 10^{-9}}{65\,576 \times 10^{-8} \times 12.5 \times 10^{-3}} = 10.02 \times 10^6\,\mathrm{Pa} = 10.02\,\mathrm{MPa}$$

（3）计算 b 点处的切应力 τ_b 为

$$\tau = \frac{F_{Smax} S_{zb}}{I_z d}$$

式中，S_{zb} 为过 b 点的横线与外缘轮廓线所围的面积（即翼缘的面积）对 z 轴的静矩，如图 9-14 所示，计算如下

$$S_{zb} = 166 \times 21 \times \left(\frac{560}{2} - \frac{21}{2} \right) = 939\,477\,\mathrm{mm}^3$$

$$\tau_b = \frac{60 \times 10^3 \times 939\,477}{12.5 \times 65\,576 \times 10^4} = 6.88\,\mathrm{MPa}$$

9-3　梁的强度计算

有了应力公式后，便可以计算梁中的最大应力，建立应力强度条件，对梁进行强度计算。

9-3-1　最大应力

1. 最大正应力

在进行梁的正应力强度计算时，必须首先算出梁的最大正应力。最大正应力所在截面称为危险截面。对于等直梁，弯矩绝对值最大的截面就是危险截面。危险截面上最大应力所在的点，称为危险点，它在距中性轴最远的上、下边缘处。

对中性轴是截面对称轴的梁，最大正应力值 σ_{max} 为

$$\sigma_{max} = \frac{M_{max} y_{max}}{I_z}$$

令

$$W_z = \frac{I_z}{y_{max}}$$

则

$$\sigma_{max} = \frac{M_{max}}{W_z} \tag{9-14}$$

式中，W_z 称为抗弯截面系数，它是一个与截面形状、尺寸有关的几何量，常用单位是 m^3 或 mm^3。显然，W_z 值愈大，梁中的最大正应力值愈小，从强度角度看，就愈有利。矩形和圆形截面的抗弯截面系数分别为

1）矩形

$$W_z = \frac{I_z}{y_{max}} = \frac{bh^3/12}{h/2} = \frac{1}{6}bh^2$$

2）圆形截面

$$W_z = \frac{I_z}{y_{max}} = \frac{\pi d^4/64}{d/2} = \frac{1}{32}\pi d^3$$

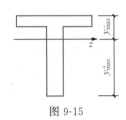

图 9-15

对于工字钢、槽钢等型钢截面，W_z 值可在型钢表中查得。

对中性轴不是对称轴的截面梁，如图 9-15 所示的 T 形截面梁，在正弯矩作用下，梁的下边缘上各点处产生最大拉应力，上边缘上各点处产生最大压应力，其值分别为

$$\left.\begin{array}{l} \sigma_{tmax} = \dfrac{My_{tmax}}{I_z} \\[3mm] \sigma_{cmax} = \dfrac{My_{cmax}}{I_z} \end{array}\right\} \tag{9-15}$$

式中，y_{tmax}——最大拉应力所在点距中性轴的距离；

y_{cmax}——最大压应力所在点距中性轴的距离。

2. 最大切应力

就全梁来说，最大切应力一般发生在最大剪力 F_{Smax} 所在截面的中性轴上各点处。对于不同形状的截面，τ_{max} 的计算公式可归纳为

$$\tau_{max} = \frac{F_{Smax}S_{zmax}}{I_z \cdot b} \tag{9-16}$$

式中，S_{zmax}——中性轴一侧截面对中性轴的静矩；

b——横截面在中性轴处的宽度。

9-3-2　梁的强度条件

1. 正应力强度条件

为了保证梁能安全工作，必须使梁的最大工作正应力 σ_{max} 不超过其材料的许用应力 $[\sigma]$，这就是梁的正应力强度条件。即正应力强度条件为

$$\sigma_{max} = \frac{M_{max}}{W_z} \leqslant [\sigma] \tag{9-17}$$

如果梁的材料是脆性材料，其抗压和抗拉许用应力不同。为了充分利用材料，通常将梁的横截面做成与中性轴不对称形状。此时，应分别对拉应力和压应力建立强度条件，即

$$\left.\begin{array}{l} \sigma_{tmax} = \dfrac{M_t y_{tmax}}{I_z} \leqslant [\sigma]_t \\[3mm] \sigma_{cmax} = \dfrac{M_c y_{cmax}}{I_z} \leqslant [\sigma]_c \end{array}\right\} \tag{9-18}$$

式中，σ_{tmax}、σ_{cmax}——最大拉应力和最大压应力；

M_t、M_c——产生最大拉应力和最大压应力截面上的弯矩；

$[\sigma]_t$、$[\sigma]_c$——材料的许用拉应力和许用压应力；

y_{tmax}、y_{cmax}——产生最大拉应力和最大压应力截面上的点到中性轴的距离。

运用正应力强度条件，可解决梁的三类强度计算问题。

1）强度校核。在已知梁的材料和横截面的形状、尺寸（即已知 $[\sigma]$、W_z）以及所受荷载（即已知 M_{max}）的情况下，检查梁是否满足正应力强度条件。

2）设计截面。当已知荷载和所用材料时（即已知 M_{max}、$[\sigma]$），可以根据强度条件计算所需的抗弯截面模量 $W_z \geqslant \dfrac{M_{max}}{[\sigma]}$，然后根据梁的截面形状进一步确定截面的具体尺寸。

3）确定许可荷载。如果已知梁的材料和截面尺寸（即已知 $[\sigma]$、W_z），则先由强度条件计算梁所能承受的最大弯矩，即 $M_{max} \leqslant [\sigma]W_z$，然后由 M_{max} 与荷载的关系计算许可荷载。

【例 9-3】　如图 9-16 所示，一悬臂梁长 $l = 1.5\text{m}$，自由端受集中力 $F = 32\text{kN}$ 作用，梁由 No. 22a 工字钢制成，自重按 $q = 0.33\text{kN/m}$ 计算，材料的许用应力 $[\sigma] = 160\text{MPa}$。试校核梁的正应力。

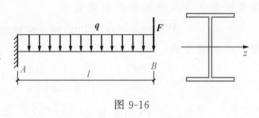

图 9-16

　　解　（1）求最大弯矩。最大弯矩在固定端截面 A 处

$$|M_{max}| = Fl + \frac{ql^2}{2} = 32 \times 1.5 + \frac{0.33 \times 1.5^2}{2} = 48.4\text{kN} \cdot \text{m}$$

（2）确定 W_z。查型钢表，No. 22a 工字钢的抗弯截面系数 $W_z = 309.8\text{cm}^3$。

（3）校核正应力强度。

$$\sigma_{max} = \frac{M_{max}}{W_z} = \frac{48.4 \times 10^3}{309.8 \times 10^{-6}} = 156.2 \times 10^6\,\text{Pa}$$

$$= 156.2\text{MPa} < [\sigma] = 160\text{MPa}$$

满足正应力强度条件。

本题若不计梁自重时

$$|M_{max}| = Fl = 32 \times 1.5 = 48\text{kN} \cdot \text{m}$$

$$\sigma_{max} = \frac{M_{max}}{W_z} = \frac{48 \times 10^3}{309.8 \times 10^{-6}} = 154.9 \times 10^6 = 154.9\text{MPa}$$

可见，对于钢材制成的梁，自重对强度的影响很小，工程上一般不予考虑。

【例 9-4】　如图 9-17（a）所示的楼板梁，采用 2[10 槽钢的截面，承受由楼板传来的荷载 $p = 3\text{kN/m}^2$，钢梁的间距为 1.2m，跨度为 1.5m，许用应力 $[\sigma] = 140\text{MPa}$，试校核梁的强度。

　　解　支承在墙上的槽形钢梁可按简支梁计算，其计算简图见图 9-17（b），每根梁承受的均布荷载为

$$q = 3 \times 1.2 = 3.6\text{kN/m}$$

梁的最大弯矩发生在跨中，其值为

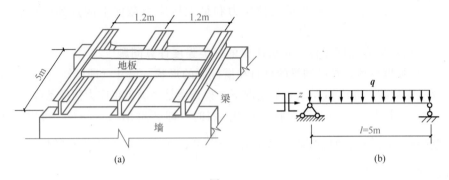

图 9-17

$$M_{max} = \frac{1}{8}ql^2 = \frac{1}{8} \times 3.6 \times 5^2 = 11.25 \text{kN} \cdot \text{m}$$

查型钢表，得梁的抗弯截面模量为

$$W_z = 2 \times 39.7 \text{cm}^3 = 79.4 \text{cm}^3 = 79.4 \times 10^{-6} \text{m}^3$$

校核梁的强度为

$$\sigma_{max} = \frac{M_{max}}{W_z} = \frac{11.25 \times 10^3}{79 \times 10^{-6}} = 142 \times 10^6 = 142 \text{MPa}$$

$$\frac{\sigma_{max} - [\sigma]}{[\sigma]} \times 100\% = \frac{142 - 140}{140} \times 100\% = 1.43\% < 5\%$$

满足正应力强度条件。

【例 9-5】 一圆形截面木梁，梁上荷载如图 9-18（a）所示，已知 $l=3\text{m}$，$F=3\text{kN}$，$q=3\text{kN/m}$，弯曲时木材的许用应力 $[\sigma]=10\text{MPa}$，试选择圆木的直径。

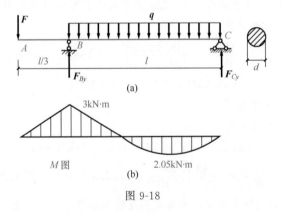

图 9-18

解 （1）确定最大弯矩。由静力平衡条件可计算出支座反力为

$$F_{By} = 8.5 \text{kN}(\uparrow), \quad F_{Cy} = 3.5 \text{kN}(\uparrow)$$

绘制弯矩图，如图 8-18（b）所示。从弯矩图上可知危险截面在 B 截面，$M_{zmax}=3\text{kN} \cdot \text{m}$。

（2）设计截面的直径。根据强度条件，此梁所需的弯曲截面系数为

$$W_z = \frac{M_{zmax}}{[\sigma]} = \frac{3 \times 10^3}{10 \times 10^6} = 3 \times 10^{-4} \text{m}^3$$

由于圆截面的弯曲截面系数为 $W_z = \dfrac{\pi d^3}{32}$，代入上式，即

$$\frac{\pi d^3}{32} \geqslant 3 \times 10^{-4}$$

则

$$d \geqslant \sqrt[3]{\frac{3 \times 10^{-4} \times 32}{\pi}}\,\mathrm{m} = 0.145\,\mathrm{m}$$

取圆木的直径为 $d = 14.5\,\mathrm{cm}$。

【例 9-6】 "⊥形"截面悬臂梁尺寸及荷载如图 9-19 所示，若材料的许用拉应力 $[\sigma]_t = 40\,\mathrm{MPa}$，许用压应力 $[\sigma]_c = 160\,\mathrm{MPa}$，截面对形心轴 z 的惯性矩 $I_z = 10\,180\,\mathrm{cm}^4$，$h_1 = 96.4\,\mathrm{mm}$，试计算该梁的许可荷载 $[F]$。

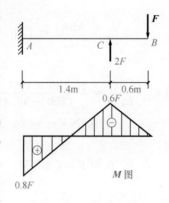

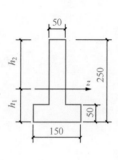

图 9-19

解 （1）确定最大弯矩。绘弯矩图如图 9-19 所示。由图 9-19 可见，在固定端截面 A 处有最大正弯矩，$M_A = 0.8F$。在截面 C 有最大负弯矩，$M_C = 0.6F$。由于中性轴不是截面的对称轴，材料又是拉、压强度不等的材料，故应分别考虑截面 A、C 的强度来确定许可荷载 $[F]$。

（2）由截面 A 强度条件确定 $[F]$。截面 A 弯矩为正，下拉上压。由强度条件得

$$\sigma_{t\max} = \frac{M_A h_1}{I_z} \leqslant [\sigma]_t$$

有

$$[M_A] \leqslant \frac{I_z [\sigma]_t}{h_1} = \frac{10\,180 \times 10^{-8} \times 40 \times 10^6}{96.4 \times 10^{-3}}$$
$$= 42.24 \times 10^3\,\mathrm{N \cdot m} = 42.24\,\mathrm{kN \cdot m}$$

由

$$0.8[F] \leqslant 42.24$$

得

$$[F] \leqslant 53\,\mathrm{kN}$$

由强度条件

$$\sigma_{\max}^- = \frac{M_A h_2}{I_z} \leqslant [\sigma]^-$$

有

$$[M_A] \leqslant \frac{I_z [\sigma]_c}{h_2} = \frac{10\,180 \times 10^{-8} \times 160 \times 10^6}{(250 - 96.4) \times 10^{-3}}$$

$$= 106 \times 10^3 \text{N} = 106 \text{kN} \cdot \text{m}$$

由

$$0.8[F] \leqslant 106$$

得

$$[F] \leqslant 132.5 \text{kN}$$

（3）由截面 C 强度条件确定 $[F]$。截面 C 弯矩为负，上拉下压。由强度条件得

$$\sigma_{\text{tmax}} = \frac{M_C h_1}{I_z} \leqslant [\sigma]_{\text{t}}$$

有

$$[M_A] \leqslant \frac{I_z [\sigma]_{\text{t}}}{h_1} = \frac{10\ 180 \times 10^{-8} \times 40 \times 10^6}{(250 - 96.4) \times 10^{-3}}$$
$$= 26.5 \times 10^3 \text{N} \cdot \text{m} = 26.5 \text{kN} \cdot \text{m}$$

由

$$0.6[F] \leqslant 26.5$$

得

$$[F] \leqslant 44.2 \text{kN}$$

由强度条件

$$\sigma_{\text{max}}^- = \frac{M_A h_2}{I_z} \leqslant [\sigma]^-$$

有

$$[M_A] \leqslant \frac{I_z [\sigma]_{\text{c}}}{h_2} = \frac{10\ 180 \times 10^{-8} \times 160 \times 10^6}{96.4 \times 10^{-3}}$$
$$= 169 \times 10^3 \text{N} = 169 \text{kN} \cdot \text{m}$$

由

$$0.6[F] \leqslant 169$$

得

$$[F] \leqslant 281.7 \text{kN}$$

由以上的计算结果可见，为保证梁的正应力强度安全，应取$[F]=44.2$kN。

2. 切应力强度条件

与梁的正应力强度计算一样，为了保证梁能安全正常工作，梁在荷载作用下产生的最大切应力也不能超过材料的许用切应力 $[\tau]$。即切应力强度条件为

$$\tau_{\text{max}} = \frac{F_{\text{Smax}} S_{z\text{max}}}{I_z \cdot b} \leqslant [\tau] \tag{9-19}$$

对梁进行强度计算时，必须同时满足正应力强度条件和切应力强度条件。一般情况下，梁的正应力强度条件为梁强度的控制条件，故一般先按正应力强度条件选择截面，或确定许可荷载，然后再按切应力强度条件进行校核。但在某些情况下，切应力强度也可能成为控制因素。例如，跨度较短的梁或者梁在支座附近有较大的集中力作用，这时梁的弯矩往往较小，

而剪力却较大；又如有些材料如木料的顺纹抗剪强度比较低，可能沿顺纹方向发生剪切破坏；还有如组合截面（工字形等），当腹板的高度较大而厚度较小时，则切应力也可能很大。所以，在这样一些情况下，切应力有可能成为引起破坏的主要因素，此时梁的承载能力将由切应力强度条件来确定。

【例 9-7】 如图 9-20（a）所示的一个 I20a 号工字钢截面的外伸梁，已知钢材的许用应力 $[\sigma]=160\text{MPa}$，许用切应力 $[\tau]=100\text{MPa}$，试校核此梁强度。

解 （1）确定最大弯矩和最大剪力。做梁的剪力图、弯矩图，如图 9-20（b）、（c）所示，由图可得

$$M_{max}=39\text{kN}\cdot\text{m}, \quad F_{Smax}=20.25\text{kN}$$

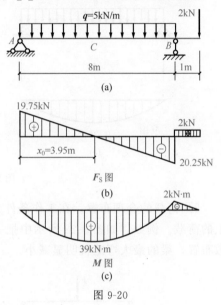

图 9-20

（2）查型钢表确定工字钢 I20a 有关的量为

$$W_z=236.9\text{cm}^3, \quad d=7\text{mm}$$

$$I_z=2369\text{cm}^4, \quad S_z=136.1\text{cm}^3$$

（3）确定正应力危险点的位置，校核正应力强度。梁的最大正应力发生在最大弯矩所在的横截面 C 的上、下边缘处，其值为

$$\sigma_{max}=\frac{M_C}{W_z}=\frac{39\times10^3}{236.9\times10^{-6}}\text{Pa}$$

$$=164.6\times10^6\text{Pa}=164.4\text{MPa}$$

虽然 $\sigma_{max}>[\sigma]=160\text{MPa}$，但工程设计上允许最大正应力略超过许用应力。只要最大正应力不超过许用应力的 5%，就认为是安全的。

$$\frac{\sigma_{max}-[\sigma]}{[\sigma]}=\frac{164.6-160}{160}$$

$$=0.029<5\%$$

故认为该梁满足正应力强度条件。

（4）确定切应力危险点的位置，校核切应力强度。由剪力图可知，最大剪力发生在 B 左横截面上，其值 $F_{Smax}=20.25\text{kN}$，该横截面的中性轴处各点为切应力危险点，其切应力为

$$\tau_{max}=\frac{F_{Smax}S_{zmax}}{dI_z}=\frac{20.25\times10^3\times136.1\times10^{-6}}{7\times10^{-3}\times2369\times10^{-8}}=16.6\times10^6\text{Pa}$$

$$=16.6\text{MPa}<[\tau]=100\text{MPa}$$

故该梁满足切应力强度条件。

9-3-3　提高梁弯曲强度的措施

如前所述，由于弯曲正应力是控制梁强度的主要因素，因此从梁的正应力强度条件考虑，采取以下措施可提高梁的强度。

1. 合理安排梁的支座和荷载来降低最大弯矩值 M_{max}

1）梁支承的合理安排。当荷载一定时，梁的最大弯矩值 M_{max} 与梁的跨度有关，首先应当合理安排支座。例如，如图 9-21（a）所示受均布荷载作用的简支梁，其最大弯矩值 $M_{max}=0.125ql^2$；如果将两支座向跨中方向移动 $0.2l$，如图 9-21（b）所示，则最大弯矩降为 $0.02ql^2$，即只有前者的 $1/5$。所以，在工程中起吊大梁时，两吊点设在梁端以内的一定距离处。

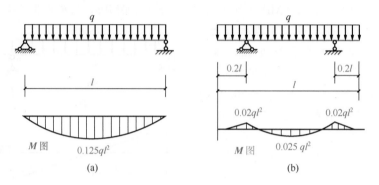

图 9-21

2）荷载的合理布置。在工作条件允许的情况下，应尽可能合理地布置梁上的荷载。例如，如图 9-22 所示中把一个集中力分为几个较小的集中力，分散布置，梁的最大弯矩就明显减小。

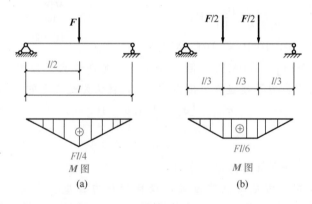

图 9-22

2. 采用合理的截面形状

1）从应力分布规律考虑，应将较多的截面面积布置在离中性轴较远的地

图 9-23

方。如矩形截面，由于弯曲正应力沿梁截面高度按直线分布，截面的上、下边缘处正应力最大，在中性轴附近应力很小，所以靠近中性轴处的一部分材料未能充分发挥作用。如果将中性轴附近的阴影面积，如图 9-23 所示，移至虚线位置，这样，就形成了工字形截面，其截面面积大小不变，而更多的材料可较好地发挥作用。所以，从应力分布情况看，凡是中性轴附近用料较

多的截面就是不合理的截面，即截面面积相同时，工字形比矩形好，矩形比正方形好，正方形比圆形好。

2）从抗弯截面系数 W_z 考虑。由式 $M_{max} \leqslant [\sigma] \cdot W_z$ 可知，梁所能承受的最大弯矩 M_{max} 与抗弯截面模量 W_z 成正比。所以，从强度角度看，当截面面积一定时，W_z 值愈大愈有利。通常用抗弯截面模量 W_z 与横截面面积 A 的比值来衡量梁的截面形状的合理性和经济性。表 9-1 中列出了几种常见的截面形状及其 W_z/A 值。

表 9-1　几种常见的截面形状及其 W_z/A 值

截面形状	圆　形	矩　形	圆环形	槽　钢	工字钢
$\dfrac{W_z}{A}$	$0.125h$	$0.167h$	$0.205h$	$(0.27 \sim 0.31)h$	$(0.27 \sim 0.31)h$

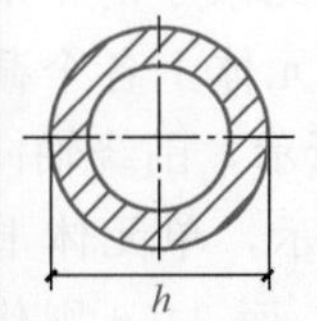

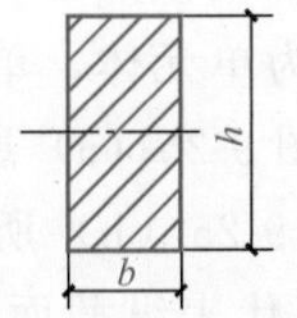

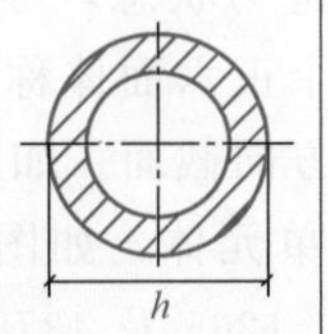

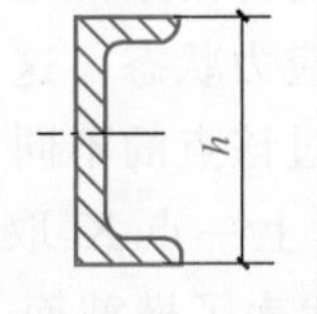

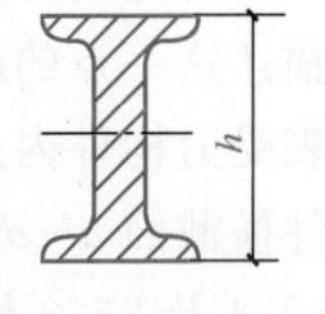

3）从材料的强度特性考虑。合理地布置中性轴的位置，使截面上的最大拉应力和最大压应力同时达到材料的许用应力。对抗拉和抗压强度相等的塑性材料梁，宜采用对称于中性轴的截面形状，如矩形、工字形、槽形、圆形等。对于拉、压强度不等的材料，一般采用非对称截面形状，使中性轴偏向强度较低的一边，如 T 形等。设计时最好使

$$\frac{\sigma_{cmax}}{\sigma_{tmax}} = \frac{\dfrac{My_C}{I_z}}{\dfrac{My_t}{I_z}} = \frac{y_C}{y_t} = \frac{[\sigma]_c}{[\sigma]_t}$$

即截面受拉、受压的边缘到中性轴的距离与材料的抗拉、抗压许用应力成正比，这样才能充分发挥材料的潜力。

4）采用等强度梁。一般承受横力弯曲的梁，各截面上的弯矩是随截面位置而变化的。对于等截面梁，除 M_{max} 所在截面以外，其余截面的材料必然没有充分发挥作用。若将梁制成变截面梁，使各截面上的最大弯曲正应力与材料的许用应力 $[\sigma]$ 相等或接近，这种梁称为等强度梁，如图 9-24（a）所示的雨篷悬臂梁，如图 9-24（b）所示的薄腹梁，如图 9-24（c）所示的鱼腹式吊车梁等，都是近似地按等强度原理设计的。

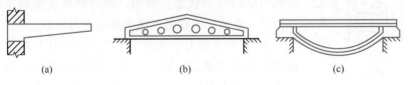

(a)　　　　　　　(b)　　　　　　　(c)

图 9-24

9-4　梁的主应力和主应力迹线

9-4-1　应力状态的概念

直杆发生轴向拉伸或压缩时，任意斜截面上的应力 σ、τ 随斜截面倾角 α 的变化而有不同的数值，通过杆件上某一点可以做无数个不同方位的截面，因此杆件上某一点处不同截面上的应力也随所取截面的方位而变化，在其他变形中也同样存在这种情况，受力构件内某点各方向的应力状况的总和称为该点的应力状态。

研究受力构件内某点的应力状态，可围绕该点取一无限小的正六面体来描述这一点的应力状态，这个正六面体称为单元体，单元体上各个截面便代表受力构件内过该点的不同方向截面。如图 9-25（a）所示，围绕轴向受拉杆件横截面 abcd 上一点 K 取单元体，如图 9-25（b）所示，单元体上的平面 1234 及 5678 代表了横截面，1265 及 4378 代表纵截面，而 3456 则代表了过 K 点与杆轴线成 45°角的斜截面。由于单元体边长为无穷小量，可以认为单元体各面上的应力均匀分布，并且平行面上应力是相同的。如图 9-26 所示，如果已知单元体 3 对互相垂直面上的应力，便可以用截面法和平衡条件，求得过这一点任意方向面上的应力。因此，一点的应力状态可用单元体上 3 对互垂面上的应力来描述。

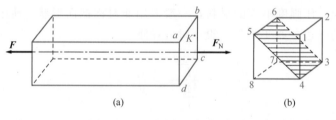

(a)　　　　　　　(b)

图 9-25

如果单元体的某一个面上只有正应力分量而无切应力分量，则这个面称为主平面，主平面上的正应力称为主应力。可以证明，在受力构件内的任意一点上总可以找到三个互相垂直的主平面，因此总存在三个互相垂直的主应力，通常用 σ_1、σ_2、σ_3 表示三个主应力，而且按代数值大小排列，即 $\sigma_1 > \sigma_2 > \sigma_3$。

根据主应力的情况，应力状态可分为三种。

1）三个主应力中只有一个不等于零，这种应力状态称为单向应力状态。例如，轴向拉伸或轴向压缩杆件内任一点的应力状态就属于单向应力状态。

2）三个主应力中有两个不等于零，这种应力状态称为二向应力状态。例如，横力弯曲梁内任一点（该点不在梁的表面）的应力状态属于二向应力状态。

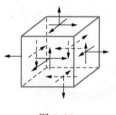

图 9-26

3) 三个主应力均不等于零，这种应力状态称为三向应力状态。例如，钢轨受到机车车轮压力、滚珠轴承受到滚珠压力作用点处，还有建筑物中基础内的一点均属于三向应力状态。

单向应力状态也称为简单应力状态，它与二向应力状态统称为平面应力状态；三向应力状态也称为空间应力状态。有时把二向应力状态和三向应力状态统称为复杂应力状态。

9-4-2　梁上任一点应力状态的分析

前面分析了梁的正应力强度和切应力强度问题。最大正应力在梁横截面的上、下边缘处，而这些点上的切应力等于零，与在轴向拉伸杆件中取出的单元体一样，属单向应力状态。最大切应力是在横截面的中性轴上，这些点属于纯剪切应力状态。横截面上除了上、下边缘各点和中性轴上各点之外，其他的点既有正应力，又有切应力存在，这些点的强度是否需要校核？应如何进行校核？是本小节要讨论的内容。

从实际工程中，可以观察到下面的现象，例如，钢筋混凝土梁上出现的斜裂缝，为了分析出现斜向裂缝的原因，先要研究斜截面上的应力。

1. 斜截面上的应力

在梁上围绕某点 A 截出一微小正六面体来研究，六面体的左、右两个面是梁的横截面，这种微小六面体称为应力单元体，如图 9-27（a）所示。单元体的各边长是微小的，所以，每个面上的应力都可以认为是均匀分布的，而且认为在相对的两个面上的应力，等值而反向。这些应力都可以用梁的正应力和切应力公式求出，分别用 σ_x 和 τ_x 来表示。单元体的上、下两个面上无正应力，即 $\sigma_y = 0$；但根据切应力互等定律有 σ_x 存在，就必定有切应力 τ_y 存在，τ_y 的数值等于 τ_x，方向如图 9-27（b）所示。单元体前后两个面无应力，所以，单元体可用平面表示，如图 9-27（c）所示。得到应力单元体以后，就可以用截面法和静力平衡条件将任一斜截面上的应力求出。

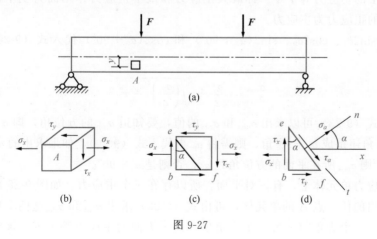

图 9-27

用任意截面 ef 将单元体截开，由三棱柱体 bef 的平衡可求出斜面上应力 σ_α 与 τ_α，如图 9-27（d）所示。斜截面的外法线与横截面的外法线成 α 角度，α 自 x 轴开始到斜截面的外法线方向，以逆时针转向为正，反之为负。应力 σ_α 的正、负号规定同前，即正应力以拉应力为正，压应力为负；切应力 τ_α 以使留下部分有做顺时针转动趋势的为正，反之为负。

设斜截面的外法线方向为 n，切线方向为 t，斜截面面积为 A_α，由平衡条件可以推导出 σ_α 和 τ_α 的计算公式为

由平衡条件可以求得平面应力状态下单元体任意斜截面上的应力计算公式为

$$\sigma_\alpha = \frac{\sigma_x}{2} + \frac{\sigma_x}{2}\cos2\alpha - \tau_x\sin2\alpha \tag{9-20}$$

$$\tau_\alpha = \frac{\sigma_x}{2}\sin2\alpha + \tau_x\cos2\alpha \tag{9-21}$$

应用上式计算 σ_α，τ_α 时，各已知应力 σ_x，τ_x 和 α 均用其代数值。

2. 主应力及其作用平面

从式（9-20）和式（9-21）可知，斜截面上的 σ_α 和 τ_α 是随斜截面方位角 α 的变化而变化的，在 α 的连续变化过程中，σ_α 必有最大值和最小值存在。可将式（9-20）对 α 求一阶导数，并使其等于零，且将此时斜截面的方位角 α 用 α_0 表示，可得到

$$\tan2\alpha_0 = \frac{-2\tau_x}{\sigma_x} \tag{9-22}$$

由式（9-22）可得 α_0 和 $\alpha_0+90°$ 两个解，由一阶导数等于零的含义知，在 α_0 和 $\alpha_0+90°$ 两个相互垂直面上的正应力具有极值，其中一个必是最大值，另一个是最小值。

从式（9-22）可求出 $\sin2\alpha_0$ 和 $\cos2\alpha_0$ 以及 $\sin2(\alpha_0+90°)$ 和 $\cos2(\alpha_0+90°)$，再代入式（9-21）得 $\tau_{\alpha_0}=0$，$\tau_{\alpha_0+90°}=0$，说明最大正应力和最小正应力作用面上的切应力等于零。称最大正应力和最小正应力作用面为主平面，主平面上的正应力为主应力。

将 $\sin2\alpha_0$、$\cos2\alpha_0$、$\sin2(\alpha_0+90°)$ 和 $\cos2(\alpha_0+90°)$ 代入式（9-20），经简化得

$$\begin{matrix}\sigma_{\max}\\\sigma_{\min}\end{matrix} = \frac{\sigma_x}{2} \pm \sqrt{\left(\frac{\sigma_x}{2}\right)^2 + \tau_x^2} \tag{9-23}$$

从式（9-23）可以求出 $\sigma_{\max}$ 和 $\sigma_{\min}$ 的值，要知道 $\sigma_{\max}$ 的方位角，即 $\sigma_{\max}$ 与 x 轴成 α_0 角还是成 $\alpha_0+90°$ 角，则需将 α_0 再代入式（9-20），如果求出的 α_0 等于 $\sigma_{\max}$ 值，则 $\sigma_{\max}$ 所在平面的方位角是 α_0，否则是 $\alpha_0+90°$。

在应力单元体上，有三对平面，所以存在三个主应力。如图 9-28 所示是梁内取出的任一点 A 的单元体，可由式（9-23）求出 $\sigma_{\max}$ 和 $\sigma_{\min}$ 这两个应力为主应力，一个为正值，另一个为负值，而 z 方向的主应力等于零。规定三个主应力按代数值排列，即 $\sigma_1 > \sigma_2 > \sigma_3$。所以，这种单元体上的主应力 $\sigma_1 = \sigma_{\max}$，

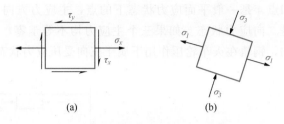

图 9-28

$\sigma_2 = 0$，$\sigma_3 = \sigma_{\min}$。

3. 最大切应力及其作用平面

式（9-21）τ_a 也是 α 的连续函数，将 τ_a 对 α 求一阶导数，并使一阶导数等于零，且令 $\alpha = \beta_0$，推导即可得到

$$\tan 2\beta_0 = \frac{\sigma_x}{2\tau_x} \tag{9-24}$$

式（9-24）同样有两个解 β_0 和 $\beta_0 + 90°$，这两个互相垂直面上有极值切应力，且

$$\tau_{\beta_0} = -\tau_{\beta_0 + 90°}$$

其中一个是最大值，另一个是最小值。再由式（9-24）求出 $\sin 2\beta_0$、$\cos 2\beta_0$，然后代入式（9-21），即可得到切应力极值为

$$\left.\begin{matrix} \tau_{\max} \\ \tau_{\min} \end{matrix}\right\} = \pm \sqrt{\left(\frac{\sigma_x}{2}\right)^2 + \tau_x^2} \tag{9-25}$$

若将式（9-23）中的 $\sigma_{\max}$ 减去 $\sigma_{\min}$ 并除以 2，也可得出 $\tau_{\max}$，即

$$\tau_{\max} = \frac{\sigma_{\max} - \sigma_{\min}}{2} = \sqrt{\left(\frac{\sigma_x}{2}\right)^2 + \tau_x^2} \tag{9-26}$$

在梁内取出的任一点应力单元体中求出的最大正应力 $\sigma_{\max}$ 为正值，而最小正应力 $\sigma_{\min}$ 为负值，所以

$$\sigma_{\max} = \sigma_1$$

$$\sigma_{\min} = \sigma_3$$

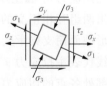

单元体前后面上正应力等于零，等于零的正应力也是主应力，是主应力 σ_2，主应力单元体如图 9-29 所示。

图 9-29

9-4-3　梁内主应力及主应力迹线

1. 梁内主应力

在梁中任意截面 m-m 上取五点，如图 9-30（a）所示，围绕各点做出五个应力单元体，分别计算出各点横截面上的应力 σ_x 和 τ_x，然后计算各点的主应力值和其所在平面方位。画各点的应力单元体，如图 9-30（b）所示。

点 1 和点 5 只有一个正应力，无切应力，是主应力单元体，属单向应力状态；点 3 只有切应力，无正应力，称纯剪切应力状态，点 3 的主应力与 x 轴成 $\pm 45°$，且数值都等于 τ_x，这种两个主应力均不等于零的单元体称二向应

力状态。点 2 和点 4 是一般平面应力状态下的点，主应力方向如图 9-30（b）所示，它们也是二向应力状态。如果三个主应力均不等于零，则称其为三向应力状态，例如，钢轨在火车轮压作用下属于三向受压应力状态。

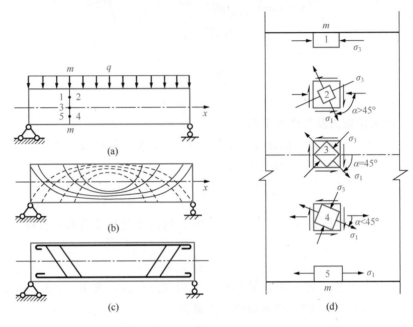

图 9-30

2. 梁内主应力迹线

分析梁上更多横截面上各点处的主应力情况，可以得到说明主应力方向变化的图像，这种图像称主应力迹线。由主应力的性质可知，梁内主应力有主拉应力 σ_1 和主压应力 σ_3，它们的方向必互相正交。根据所得资料，可以绘出两组互相正交的曲线，一组为主拉应力迹线，另一组为主压应力迹线。矩形截面简支梁承受均布荷载作用下的两组主应力迹线绘于图 9-30（c）中。实线代表主拉应力 σ_1 的迹线，虚线代表主压应力 σ_3 的迹线，因为在梁顶及梁底部处各点的切应力等于零，所以主应力迹线为水平或垂直方向的。在中性层处的应力单元体是纯剪切应力单元体，即这些点的单元体上无正应力，所以中性层上各点的主应力迹线与水平线 x 轴倾斜成 45°。

主应力轨迹线在工程中是非常有用的。例如，在钢筋混凝土梁中，混凝土抗拉能力很差，主拉应力主要由钢筋来承担，所以钢筋应该尽可能地沿着主拉应力 σ_1 的方向放置。钢筋混凝土矩形截面简支梁承受均布荷载时的钢筋布置如图 9-30（d）所示。又如在坝体中绘制主应力轨迹线，可供选择廊道、管道和伸缩缝位置以及配置钢筋时参考。

【例 9-8】 由梁内某点处截取的应力单元体如图 9-31（a）所示，已知 $\sigma_x = 40\mathrm{MPa}$，$\tau_x = \tau_y = 60\mathrm{MPa}$，试求：（1）该单元体 45° 斜面上的应力；（2）主应力数值及其作用平面的方位，画主应力单元体；（3）最大切应力数值及其作用平面方位，面最大切应力单元体。

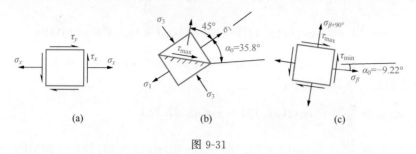

图 9-31

解　（1）计算 45°斜面上的应力为

$$\sigma_\alpha = \frac{\sigma_x}{2} + \frac{\sigma_x}{2}\cos 2\alpha - \tau_x\sin 2\alpha = \frac{40}{2} + \frac{40}{2}\cos 2(45°) - (-60)\sin 2(45°)$$

$$= 80\text{MPa}$$

$$\tau_\alpha = \frac{\sigma_x}{2}\sin 2\alpha + \tau_x\cos 2\alpha = \frac{40}{2}\sin 2(45°) + (-60)\cos(45°) = 20\text{MPa}$$

（2）计算主应力数值及其所在平面方位为

$$\begin{matrix}\sigma_1\\\sigma_3\end{matrix} = \frac{\sigma_x}{2} \pm \sqrt{\left(\frac{\sigma_x}{2}\right)^2 + \tau_x^2} = \frac{40}{2} \pm \sqrt{\frac{40^2}{2} + (-60)^2} = \begin{matrix}+83.3\\-43.3\end{matrix}\text{MPa}$$

$$\tan 2\alpha_0 = \frac{-2\tau_x}{\sigma_x} = \frac{-2(-60)}{40} = 3$$

$2\alpha_0 = 71.56°$，$\alpha_0 = 35.8°$ 和 $\alpha_0 + 90° = 125.8°$，将 $\alpha_0 = 35.8°$带入式（9-20）有

$$\sigma_{\alpha_0} = \frac{\sigma_x}{2} + \frac{\sigma_x}{2}\cos 2\alpha_0 - \tau_x\sin 2\alpha_0$$

$$= \frac{40}{2} + \frac{40}{2}\cos 2(35.8°) - (-60)\sin 2(35.8°) = 83.3\text{MPa}$$

所以，σ_1 所在平面的方位角为 $\alpha_0 = 35.8°$，σ_3 所在平面的方位角为 $\alpha_0 + 90° = 125.8°$。主应力单元体如图 9-31（b）所示。

（3）最大切应力为

$$\tau_{max} = \frac{\sigma_1 - \sigma_3}{2} = \frac{83.3 - (-43.3)}{2} = 63.3\text{MPa}$$

$$\tau_{min} = 63.3\text{MPa}$$

$$\tan 2\beta_0 = \frac{\sigma_x}{2\tau_x} = \frac{40}{2(-60)} = -0.333$$

$2\beta_0 = -18.44°$，$\beta_0 = -9.22°$，$\beta_0 + 90° = 87.78°$，将 β_0 代入式（9-21）得

$$\tau_{-9.22°} = \frac{\sigma_x}{2}\sin 2(-9.22°) + \tau_x\cos 2(-9.22°)$$

$$= \frac{40}{2}\sin(-18.44°) + (-60)\cos(-18.44°) = -63.3\text{MPa}$$

所以，$\beta_0 = -9.22°$是 x 轴与 τ_{min} 的夹角。注意，最大和最小切应力作用平面上一般有正应力，其值为

$$\sigma_{-9.22°} = \frac{\sigma_x}{2} + \frac{\sigma_x}{2}\cos2(-9.22°) - \tau_x\sin2(-9.22°)$$

$$= \frac{40}{2} + \frac{40}{2}\cos(-18.44°) - (-60)\sin(-18.44°) = 20\text{MPa}$$

最大切应力作用平面与 x 轴的夹角为 $\beta_0 + 90° = 87.78°$，最大切应力作用平面上的正应力计算如下：

$$\sigma_{87.78°} = \frac{\sigma_x}{2} + \frac{\sigma_x}{2}\cos2(87.78) - \tau_x\sin2(87.78)$$

$$= \frac{40}{2} + \frac{40}{2}\cos(2 \times 87.78) - (-60)\sin(2 \times 87.78) = 20\text{MPa}$$

最大和最小切应力作用面上的正应力相等，这是普遍规律。最大切应力单元体如图 9-31（c）所示。

【例 9-9】 两端简支的焊接工字形钢梁如图 9-32（a）所示。试绘出 C 截面稍左截面上 a、b 两点应力单元体，并求出单元体上应力的数值，然后求这两点的主应力。

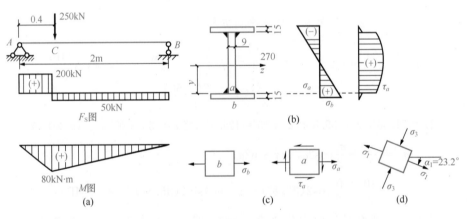

图 9-32

解 （1）计算支座反力为

$$F_A = 200\text{kN}, F_B = 50\text{kN}$$

（2）绘制剪力图和弯矩图

F_S 图和 M 图如图 9-32（a）所示。

（3）计算截面的几何性质

$$I_z = \frac{120 \times 300^3}{12} - \frac{111 \times 270^3}{12} = 88 \times 10^6\text{mm}^4 = 88 \times 10^{-6}\text{m}^4$$

$$S_{za}^* = 120 \times 15 \times (150 - 7.5) = 256.5 \times 10^3\text{mm}^3 = 256.5 \times 10^{-6}\text{m}^3$$

$$y_a = 135\text{mm} = 0.135\text{m}$$

（4）b 点的应力，如图 9-32（c）所示为

$$\sigma_b = \frac{M_C}{I_z}y_b = \frac{80 \times 10^3}{88 \times 10^{-6}} \times 0.15 = 136 \times 10^6\text{Pa} = 136\text{MPa}$$

$$\tau_b = 0$$

（5）C 截面稍左截面上 a 点应力，如图 9-32（d）所示为

$$\sigma_a = \frac{M_C}{I_z}y_a = \frac{80 \times 10^3}{88 \times 10^{-6}} \times 0.135 = 122.7 \times 10^6 \,\text{Pa} = 123\text{MPa}$$

$$\tau_a = \frac{F_S S_{za}^*}{I_z b} = \frac{200 \times 10^3 \times 256 \times 10^{-6}}{88 \times 10^{-6} \times 9 \times 10^{-3}} = 64.6 \times 10^6 \,\text{Pa} = 64.6\text{MPa}$$

（6）C 截面稍左截面上 a 点主应力为

$$\genfrac{}{}{0pt}{}{\sigma_1}{\sigma_3} = \frac{\sigma_x}{2} \pm \sqrt{\left(\frac{\sigma_x}{2}\right)^2 + \tau_x^2} = \frac{123}{2} \pm \sqrt{\left(\frac{123}{2}\right)^2 + 64.6^2}$$

$$= \genfrac{}{}{0pt}{}{+150.7}{-27.7} \times 10^6 \,\text{Pa} = \genfrac{}{}{0pt}{}{+150.7}{-27.7} \,\text{MPa}$$

$$\tan 2\alpha_0 = \frac{-2\tau_x}{\sigma_x} = -\frac{2 \times 64.6}{123} = -1.05$$

$2\alpha_0 = -46.4°$，$\alpha_0 = -23.2°$，$\alpha_0 + 90° = 66.8°$，主应力单元体如图 9-32（e）所示。

通过例 9-9 求出了梁内任一点 a 和 b 的主应力。b 点属单向应力状态，其强度条件是 $\sigma < [\sigma]$。a 点则有两个主应力 σ_1 和 σ_3，属二向应力状态，对 a 点如何进行强度校核，是下一节要介绍的内容。

9-5 二向应力状态下的强度条件——强度理论

二向应力状态有两个不等于零的主应力。它们之间的比值有无穷多的个数，用直接试验的方法来建立强度条件是困难的，因此，长期以来不少学者致力于研究在复杂应力状态下的强度条件的建立（所谓复杂应力状态，是指二向应力状态或三向应力状态，而单向应力状态则是简单应力状态），它们对材料达到危险状态的因素和条件进行研究。

人们从大量的生产实践和科学试验中发现构件发生破坏的原因不外乎以下两种形式：一种是断裂，包括拉断、压坏；另一种是塑性流动，即构件发生较大的塑性变形，因而影响正常使用。同时还发现：①荷载形式相同，应力状态相同，而材料不同会发生不同的破坏形式，例如，低碳钢拉伸时发生显著的塑性变形（颈缩现象），而铸铁则变形很微小就被拉断；②材料相同，但应力状态不同，其破坏形式也不同，例如，低碳钢在单向拉伸时塑性变形很大，属塑性破坏。而在三向拉伸时则发生脆性拉断。

为了建立复杂应力状态下的强度条件，一些学者作出一些假说，根据这些假说建立强度条件，然后由实践加以验证。下面介绍工程中常用的几个强度理论。

9-5-1 最大拉应力理论（第一强度理论）

17 世纪，伽利略根据直观提出了这一理论。该理论认为，材料在复杂应力状态下引起破坏的原因是它的最大拉应力 σ_1 达到该材料在简单拉伸时的最

大拉应力的危险值 σ_1^0。根据这一假说的破坏条件是

$$\sigma_1 = \sigma_1^0$$

其强度条件是

$$\sigma_1 \leqslant [\sigma] \tag{9-27}$$

式中，$[\sigma]$——简单拉伸时的许用应力，实践证明此理论对于某些脆性材料是符合的，对塑性材料是不适合的。

9-5-2　最大拉应变理论（第二强度理论）

该理论是 1682 年由马里奥特（E. Mariotte）提出的。该理论认为，材料在复杂应力状态下引起破坏的原因是最大拉应变 ε_1 达到该材料在简单拉伸时最大拉应变的危险值 ε_1^0。其破坏条件是

$$\varepsilon_1 = \varepsilon_1^0$$

强度条件是

$$\sigma_1 - \nu(\sigma_2 + \sigma_3) \leqslant [\sigma] \tag{9-28}$$

此处不作推导（在推导上式时要用到应力与应变之间的广义胡克定律，可参阅有关书籍）。此理论也适用于脆性材料，例如，混凝土的压缩破坏与这一理论符合。

9-5-3　最大切应力理论（第三强度理论）

最大切应力理论是由库仑（C. A. Coulomb）在 1773 年提出的。该理论认为，材料在复杂应力状态下引起破坏的原因是它的最大切应力达到该材料在简单拉伸或压缩时的最大切应力的危险值 τ^0。其破坏条件是

$$\tau_{\max} = \tau^0$$

强度条件是

$$\tau_{\max} \leqslant [\tau]$$

式中，$\tau_{\max}$ 为在复杂应力状态下的最大切应力，其值等于 $(\sigma_1 - \sigma_3)/2$；$[\tau]$ 为许用切应力，其值等于单向拉伸时切应力的危险值 τ^0 除以安全系数 n，即

$$[\tau] = \frac{\tau^0}{n}$$

而在简单拉伸时有

$$\tau^0 = \frac{\sigma^0}{2}$$

若取相同的安全系数，则

$$[\tau] = \frac{[\sigma]}{2}$$

强度条件改写为

$$\sigma_1 - \sigma_3 \leqslant [\sigma] \tag{9-29}$$

实践证明，此理论对塑性材料比较适合，因为一般塑性材料引起破坏是由于塑性流动，而这正是切应力所引起的。

9-5-4　形状改变比能理论（第四强度理论）

形状改变比能理论最早是由贝尔特拉密（E. Beltralni）于 1885 年提出的，但未被试验所证实，后于 1904 年由波兰力学家胡勃（M. T. Huber）修改。该理论认为，材料在复杂应力状态下引起单元体单位体积形状改变的能量 u_d，达到简单拉伸时单元体的单位体积形状改变的能量 u_d^0 的危险值，即发生破坏。其破坏条件是

$$u_d = u_d^0$$

强度条件

$$\sqrt{\sigma_1^2 + \sigma_2^2 + \sigma_3^2 - \sigma_1\sigma_2 - \sigma_2\sigma_3 - \sigma_1\sigma_3} \leqslant [\sigma] \tag{9-30}$$

在二向应力状态下，即 $\sigma_2 = 0$ 时，有

$$\sqrt{\sigma_1^2 + \sigma_3^2 - \sigma_1\sigma_3} \leqslant [\sigma] \tag{9-31}$$

式（9-30）的推导可参阅其他书籍，式中，$[\sigma]$ 是简单拉伸时的许用应力，并且即使在复杂应力状态下，也只要运用简单拉伸试验的结果，不必作无穷多的试验。

试验证明，塑性材料符合第四强度理论，且按此理论计算的结果，较按第三强度理论计算的结果经济，所以，目前的钢结构计算中用的是这一理论。下面举例说明，梁内翼板与腹板交界点应用强度理论进行强度校核的方法。

除以上四个强度理论外，在工程地质与土力学中还经常用到"莫尔强度理论"。该理论的详细论述参见有关书籍，这里不作具体介绍。

【例 9-10】 一铸铁零件，在危险点处的应力状态主应力为 $\sigma_1 = 24\text{MPa}$，$\sigma_2 = 0$，$\sigma_3 = -36\text{MPa}$。已知材料的 $[\sigma_1] = 35\text{MPa}$，$\nu = 0.25$，试校核其强度。

解　因为铸铁是脆性材料，因此选用第二强度理论，有

$$\sigma_{xd2} = \sigma_1 - \nu(\sigma_2 + \sigma_3) = 24 - 0.25 \times (0 - 36)$$
$$= 33\text{MPa} < [\sigma_1] = 35\text{MPa}$$

所以零件是安全的。

如果采用第三强度理论，

$$\sigma_{xd3} = \sigma_1 - \sigma_3 = 24 - (-36) = 60\text{MPa} > [\sigma_1] = 35\text{MPa}$$

即按第三强度理论计算，零件不安全，但实际是安全的，这是因为铸铁属脆性材料，不适合于应用第三强度理论。

【例 9-11】 用第四强度理论校核例题 9-9 中 a 点的强度，已知许用应力 $[\sigma] = 170\text{MPa}$。

解　由例 9-9 知：a 点的主应力 $\sigma_1 = 150.7\text{MPa}$，$\sigma_3 = -27.7\text{MPa}$，$\sigma_2 = 0$，代入式（9-31），得

$$\sqrt{\sigma_1^2 + \sigma_3^2 - \sigma_1\sigma_3} = \sqrt{150.7^2 + (-27.7)^2 - 150.7 \times (-27.7)}$$
$$= 166.3\text{MPa} \leqslant [\sigma] = 170\text{MPa}$$

由第四强度理论校核结果满足要求。

在平面应力状态下，如果 $\sigma_x \neq 0$，$\tau_x \neq 0$，而 $\sigma_y = 0$ 时，该单元体的主应力为

$$\begin{matrix} \sigma_1 \\ \sigma_3 \end{matrix} = \frac{\sigma_x}{2} \pm \sqrt{\left(\frac{\sigma_x}{2}\right)^2 + \tau_x^2}$$

代入第三强度理论，得

$$\sigma_1 - \sigma_3 = \sqrt{\sigma_x^2 + 4\tau_x^2}$$

故第三强度理论可改写为下面的形式：

$$\sqrt{\sigma_x^2 + 4\tau_x^2} \leqslant [\sigma] \tag{9-32}$$

将主应力公式代入式 (9-31)，则第四强度理论可改写为

$$\sqrt{\sigma_x^2 + 3\tau_x^2} \leqslant [\sigma] \tag{9-33}$$

应用上述公式，只需求出单元体横截面上的应力 σ_x 和 τ_x，直接代入式 (9-32) 或式 (9-33) 校核其强度，不必先求出主应力 σ_1 和 σ_3。这样就简化了计算工作。

【例 9-12】 一工字钢简支梁及所受荷载如图 9-33 (a) 所示。已知材料的容许应力 $[\sigma] = 170\text{MPa}$，$[\tau] = 100\text{MPa}$。试由强度计算，选择工字钢的型号。

解 首先做出梁的剪力图和弯矩图，如图 9-33 (b)、(c) 所示。

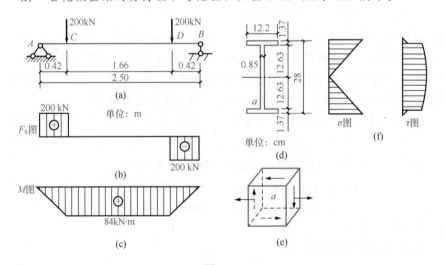

图 9-33

(1) 正应力强度计算。由弯矩图可见，CD 段梁内各横截面的弯矩相等且为最大值，$M_{max} = 84\text{kN} \cdot \text{m}$。所以这段梁上各横截面均为危险截面。由正应力强度条件式 (9-17)，工字钢梁所需的抗弯截面系数为

$$W \geqslant \frac{M_{max}}{[\sigma]} = \frac{84 \times 10^3}{170 \times 10^6} = 494 \times 10^{-6}\,\text{m}^3 = 494\text{cm}^3$$

查型钢表，选用 28a 号工字钢，$W = 508.15\text{cm}^3$，$I = 7114.14\text{cm}^4$。

(2) 切应力强度计算。由剪力图可见，AC 段梁和 DB 段梁内各横截面的剪力相同（仅正负号不同），均为危险截面，$F_{Smax} = 200\text{kN}$。由切应力强度条件式 (9-19) 校核切应力强度。查型钢表，28a 号工字钢的 $I/S = 24.62\text{cm}$，

腹板宽度 $d=0.85\text{cm}$，所以有

$$\tau_{\max} = \frac{F_{S\max}}{\dfrac{I}{S}\times d} = \frac{200\times10^3}{24.62\times0.85\times10^{-4}} = 95.6\text{MPa} < [\tau]$$

可见，28a 号工字钢可满足切应力强度要求。

（3）主应力强度校核。由剪力图和弯矩图可见，C 点稍左横截面上和 D 点稍右横截面上，同时存在最大剪力和最大弯矩。又由这两个横截面上的应力分布如图 9-33（f）所示，可见，在工字钢腹板和翼缘的交界点处，同时存在正应力和切应力，并且两者的数值都较大。这些点是否危险，也需要作强度校核。由于这些点处于二向应力状态，需要求出主应力，再代入强度理论的强度条件进行强度校核，所以称为主应力强度校核。现在对 C 点稍左横截面腹板与下翼缘的交界点处，即如图 9-33（d）所示中的 a 点作强度校核（也可对该截面腹板与上翼缘的交界点处作强度校核，结果相同）。从 a 点处取出一单元体，如图 9-33（e）所示。单元体上的 σ 和 τ 是 a 点处的正应力和切应力，它们可由简化的截面尺寸，如图 9-33（d）所示，分别求得

$$\sigma = \frac{My}{I_z} = \frac{84\times10^3\times12.63\times10^{-2}}{7114.14\times10^{-8}} = 149.1\text{MPa}$$

$$\tau = \frac{F_S S_z^*}{I_z b} = \frac{200\times10^3\times222.5\times10^{-6}}{7114.14\times10^{-8}\times0.85\times10^{-2}} = 73.6\text{MPa}$$

式中，S_z^* 是下翼缘的面积对中性轴的面积矩，其值为

$$S_z^* = 12.4\times1.37\times\left(12.63+\frac{1.37}{2}\right) = 226.2\text{cm}^3$$

将 a 点处 σ 和 τ 的数值代入式（9-32）和式（9-33），得

$$\sqrt{\sigma_x^2 + 4\tau_x^2} = \sqrt{(149.1)^2 + 4\times(73.6)^2} = 209.5\text{MPa} > [\sigma] = 170\text{MPa}$$

$$\sqrt{\sigma_x^2 + 3\tau_x^2} = \sqrt{(149.1)^2 + 3\times(73.6)^2} = 196.2\text{MPa} > [\sigma] = 170\text{MPa}$$

可见，28a 号工字钢不能满足主应力强度要求，需加大截面，重新选择工字钢。

改选 32a 号工字钢，并计算 a 点处的正应力和切应力，得

$$\sigma = \frac{84\times10^3\times14.5\times10^{-2}}{11\,075.5\times10^{-8}} = 110.0\text{MPa}$$

$$\tau = \frac{200\times10^3\times267.4\times10^{-6}}{11\,075.5\times10^{-8}\times0.95\times10^{-2}} = 50.8\text{MPa}$$

由此可得

$$\sqrt{\sigma_x^2 + 4\tau_x^2} = 157.7\text{MPa} < [\sigma] = 170\text{MPa}$$

$$\sqrt{\sigma_x^2 + 3\tau_x^2} = 147.2\text{MPa} < [\sigma] = 170\text{MPa}$$

可见，32a 号工字钢能满足主应力强度要求。显然，该梁最大正应力和最大切应力也能满足强度要求。

由例 9-12 可知，为了全面校核梁的强度，除了需要作正应力和切应力强度计算外，有时还需要作主应力强度校核。一般地说，在下列情况下，需作

主应力强度校核。

1）弯矩和剪力都是最大值或者接近最大值的横截面。

2）梁的横截面宽度有突然变化的点处，如工字形和槽形截面翼缘和腹板的交界点处。但是，对于型钢，由于在腹板和翼缘的交界点处做成圆弧状，因而增加了该处的横截面宽度，所以，主应力强度是足够的。只有对那些由三块钢板焊接起来的工字钢梁或槽形钢梁才需作主应力强度校核。

*9-6   弯曲中心的概念

当梁产生纯弯曲时，横截面上只产生正应力，不产生切应力，所以外力作用在任一平行于形心主惯性平面的平面内时，梁只发生平面弯曲。但对于剪切弯曲，由于截面上除有正应力外，还有切应力。在这种情况下，只有当横向外力作用在平行于形心主惯性平面的某一特定平面中，梁才只产生平面弯曲。否则，梁还会扭转。下面对开口薄壁截面梁进行分析。

图 9-34（a）所示为一槽形截面梁，在竖向无纵向对称面。根据实验，若外力 F 作用在形心主惯性平面（xCy 平面）内，则梁除弯曲外，还要扭转。若外力作用在距形心主惯性平面为 e 的平行平面内时，则梁只产生平面弯曲，如图 9-34（b）所示。现分析为什么会出现这一现象。

假想将如图 9-34（a）所示的悬臂梁在任意横截面处截开，取前面一段梁研究，并如图 9-35（a）所示放置。可以确定槽形截面的腹板上和翼缘上的切应力方向，它们形成切应力流。切应力的分布如图 9-35（b）所示。

对于槽形截面梁，截面腹板上存在竖向切应力，上下翼缘内存在水平切应力，且切应力的方向遵循"切应力流"规律，如图 9-35（c）所示。将腹板上切应力的总和及上、下翼缘上的切应力总和分别用合力 F_Q 及 F_H 来表示，如图 9-35（c）所示。其上、下翼缘的剪力形成一力偶矩 $F_H h'$，力 F_S 和力偶矩 $F_H h'$ 合成为通过 A 点的合力 F_S，它就是横截面上的剪力，如图 9-35（d）

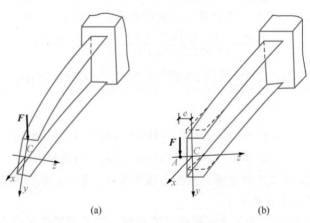

(a)   (b)

图 9-34

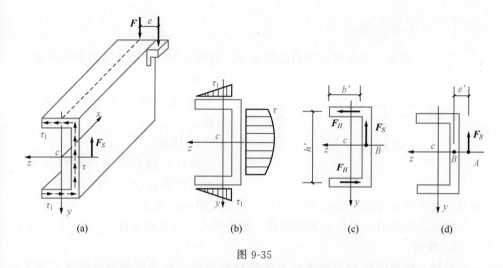

图 9-35

所示。由于剪力 F_S 与外力 F 不在同一纵向平面内，两者将使梁产生扭转变形。在截面上必然存在一个扭矩（否则不能满足平衡条件 $\sum M_x = 0$）。因而，外力 F 对槽形截面来说，它除了产生弯曲外，还将产生扭转。欲使梁不产生扭转，就必须使外力 F 作用在过 A 点的纵向平面内。通常，把 A 点称为弯曲中心。也就是说，只有横向力 F 作用在通过弯曲中心的纵向平面内时，梁才只产生弯曲而不产生扭转。表 9-2 中绘出了几种常见截面弯曲中心的位置。

表 9-2　常见截面弯曲中心的位置

截面形状				
弯曲中心 A 的位置	$e = \dfrac{b_1^2 h_1^2 t}{4 I_z}$	$e = r_0$	位于中线交点	与形心重合

9-7　梁的变形和刚度计算

梁在外力作用下将产生弯曲变形，如果弯曲变形过大，就会影响结构的正常工作。例如，楼面梁变形过大，会使下面的抹灰层开裂或脱落；吊车梁若变形过大，将影响吊车的正常运行；水闸上的工作闸门若变形过大，则会影响闸门的正常启闭。因此，梁在满足强度条件的同时，还应满足刚度条件，即限制梁的变形不能超过一定的许可值。解决梁的刚度问题，必须研究梁的变形计算。

9-7-1 挠度和转角

图 9-36 所示，梁在平面弯曲的情况下，其轴线为一光滑连续的平面曲线，称为挠曲线。由图 9-36 可见，梁变形后任一横截面将产生两种位移。

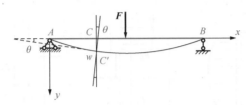

图 9-36

1. 挠度

梁任一横截面的形心沿 y 轴方向的线位移 CC'，称为该截面的挠度，通常用 w 表示，并以向下为正，其单位用 mm 或 m。

横截面形心沿 x 轴方向的线位移，因为很小，可忽略不计。

2. 转角

梁任一横截面相对于原来位置所转动的角度，称为该截面的转角，用 θ 表示，并以顺时针转动为正。单位为弧度（rad）。

梁的挠曲线可用方程 $w = f(x)$ 来表示，称为梁的挠曲线方程。

根据平面假设，梁的横截面在梁弯曲前垂直于轴线，弯曲后仍将垂直于挠曲线在该处的切线。因此，截面转角 θ 就等于挠曲线在该处的切线与 x 轴的夹角。挠曲线上任意一点处的斜率为

$$\tan\theta = \frac{\mathrm{d}w}{\mathrm{d}x}$$

由于实际变形 θ 是很小的量，可认为 $\tan\theta \approx \theta$。于是上式可写成 $\theta = \frac{\mathrm{d}w}{\mathrm{d}x}$。

上式表明，梁任一横截面的转角 θ 等于挠曲线方程的一阶导数。可见，只要确定了挠曲线方程，就可以计算任意截面的挠度和转角。由此可知，计算梁的挠度和转角，关键在于确定挠曲线方程。

9-7-2 梁的挠曲线近似微分方程

由式（9-6）可知，梁在纯弯曲时的曲率表达式为

$$\frac{1}{\rho} = \frac{M_z}{EI_z}$$

对于跨度远远大于截面高度的梁在横力弯曲时，剪力对弯曲变形的影响很小，可以略去不计，所以上式仍可应用。但这时的 M_z、ρ 都是 x 的函数，故对等截面梁，应将上式改写为

$$\frac{1}{\rho(x)} = \frac{M_z(x)}{EI_z} \tag{9-34}$$

由微分学知，平面曲线的曲率与曲线方程之间存在下列关系

$$\frac{1}{\rho} = \pm \frac{\dfrac{\mathrm{d}^2 w}{\mathrm{d}x^2}}{\left[1 + \left(\dfrac{\mathrm{d}w}{\mathrm{d}x}\right)^2\right]^{\frac{3}{2}}}$$

在小变形的条件下，$\dfrac{\mathrm{d}w}{\mathrm{d}x}$ 是一个很小的量，而 $\left(\dfrac{\mathrm{d}w}{\mathrm{d}x}\right)^2$ 则更小，可以略去不计，于是上式可简化为

$$\frac{1}{\rho} = \pm \frac{\mathrm{d}^2 w}{\mathrm{d}x^2} \tag{9-35}$$

比较式（9-34）和式（9-35）两式，可得

$$\frac{\mathrm{d}^2 w}{\mathrm{d}x^2} = \pm \frac{M_z(x)}{EI_z}$$

式中的正负号与弯矩的正负号规则和选取的坐标系有关，若采用如图 9-37 所示坐标系和第 4 章关于弯矩的正负号规定，则正弯矩对应二阶导数 $\dfrac{\mathrm{d}^2 w}{\mathrm{d}x^2}$ 的负值，而负弯矩对应二阶导数 $\dfrac{\mathrm{d}^2 w}{\mathrm{d}x^2}$ 的正值，故上式等号右边取负号，即

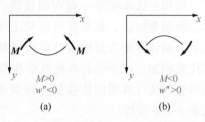

图 9-37

$$\frac{\mathrm{d}^2 w}{\mathrm{d}x^2} = -\frac{M_z(x)}{EI_z} \tag{9-36}$$

上式略去了剪力对梁弯曲变形的影响，并且在推导过程中略去了高阶微量，曲率采用近似的公式，所以称为梁的挠曲线近似微分方程。对此微分方程求解，即可得到挠度方程和转角方程。

9-7-3　积分法计算梁的位移

对等截面梁，将式（9-20）逐次积分，便得到梁的转角和挠度方程

$$\theta(x) = \frac{\mathrm{d}w}{\mathrm{d}x} = -\frac{1}{EI_z}\left[\int M_z(x)\,\mathrm{d}x + C\right] \tag{9-37}$$

$$w(x) = -\frac{1}{EI_z}\left\{\int\left[\int M_z(x)\,\mathrm{d}x\right]\mathrm{d}x + Cx + D\right\} \tag{9-38}$$

这种应用两次积分法求出挠曲线方程的方法称为积分法。方程中的积分常数可通过挠曲线上已知的位移条件（通常称之为边界条件）来确定。例如，如图 9-38（a）所示中简支梁，左、右两支座处的挠度 w_A 和 w_B 都等于零；如图 9-38（b）所示，悬臂梁在固定端处的挠度 w_A 和转角 θ_A 都等于零等。

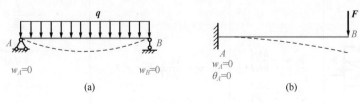

图 9-38

　　如果梁的弯矩方程须分段写出时，则各段梁的挠曲线近似微分方程将不同。因此，在对各段梁的微分方程积分时都将出现两个积分常数。要确定这些积分常数，除了利用支承处的边界条件之外，还应该根据挠曲线为光滑连续曲线这一特征，利用相邻两段梁在分段处位移的连续条件，即两段梁在分段处应具有相同的挠度和转角。

9-7-4　叠加法求挠度和转角

　　用积分法求梁某一截面的位移，其计算过程较繁，工程上常用叠加法来求。所谓叠加法，就是首先将梁上所承受的复杂荷载分解为几种简单荷载，然后分别计算梁在每种简单荷载单独作用下产生的位移，最后，再将这些位移代数相加。由于梁在各种简单荷载作用下计算位移的公式均有表可查，因而用叠加法计算梁的位移就比较简单。梁在简单荷载作用下的转角和挠度可从表 9-3 中查得。

表 9-3　简单荷载作用下梁的变形

序号	梁的简图	端截面转角	挠曲线方程	绝对值最大的挠度
1		$\theta_B = \dfrac{M_0 l}{EI}$	$w = \dfrac{M_0 x^2}{2EI}$	$w_B = \dfrac{M_0 l^2}{2EI}$
2		$\theta_B = \dfrac{F l^2}{2EI}$	$w = \dfrac{F x^2}{6EI}(3l - x)$	$w_B = \dfrac{F l^3}{3EI}$
3		$\theta_B = \dfrac{F c^2}{2EI}$	$0 \leqslant x \leqslant c$ $$w = \dfrac{F x^2}{6EI}(3c - x)$$ $c \leqslant x \leqslant l$ $$w = \dfrac{F c^2}{6EI}(3x - c)$$	$w_B = \dfrac{F c^2}{6EI}(3l - c)$
4		$\theta_B = \dfrac{q l^3}{6EI}$	$w = \dfrac{q x^2}{24EI}(x^2 + 6l^2 - 4lx)$	$w_B = \dfrac{q l^4}{8EI}$
5		$\theta_A = -\dfrac{M_0 l}{6EI}$ $\theta_B = -\dfrac{M_0 l}{3EI}$	$w = \dfrac{M_0 x}{6lEI}(l^2 - x^2)$	$x = \dfrac{l}{\sqrt{3}}$ 处 $$w = \dfrac{M_0 l^2}{9\sqrt{3}EI}$$ $x = \dfrac{l}{2}$ 处 $$w_{\frac{l}{2}} = \dfrac{M_0 l^2}{16EI}$$

序号	梁的简图	端截面转角	挠曲线方程	绝对值最大的挠度
6	θ_A C M_0 θ_B A a b B l	$\theta_A = \dfrac{-M_0}{6lEI}(l^2 - 3b^2)$ $\theta_B = \dfrac{-M_0}{6lEI}(l^2 - 3a^2)$ $\theta_C = \dfrac{M_0}{6lEI}(3a^2 +$ $3b^2 - l^2)$	$0 \leqslant x \leqslant a$ $w = \dfrac{-M_0 x}{6lEI}(l^2 - 3b^2 - x^2)$ $a \leqslant x \leqslant l$ $w = \dfrac{M_0(l-x)}{6lEI}[l^2 - 3a^2$ $- (l-x)^2]$	$x = \sqrt{\dfrac{l^2 - 3b^2}{3}}$ 处 $w = \dfrac{-M_0(l^2 - 3b^2)^{\frac{3}{2}}}{9\sqrt{3}lEI}$ $x = l - \sqrt{\dfrac{l^2 - 3a^2}{3}}$ 处 $w = \dfrac{M_0(l^2 - 3a^2)^{\frac{3}{2}}}{9\sqrt{3}lEI}$
7	A θ_A C F θ_B B $\dfrac{l}{2}$ w_C $\dfrac{l}{2}$	$\theta_A = -\theta_B = \dfrac{Fl^2}{16EI}$	$0 \leqslant x \leqslant \dfrac{l}{2}$ $w = \dfrac{Fx}{48EI}(3l^2 - 4x^2)$	$w = \dfrac{Fl^3}{48EI}$
8	a F b A C B θ_A l θ_B	$\theta_A = \dfrac{Fab(l+b)}{6lEI}$ $\theta_A = \dfrac{-Fab(l+a)}{6lEI}$	$0 \leqslant x \leqslant a$ $w = \dfrac{Fbx}{6lEI}(l^2 - x^2 - b^2)$ $a \leqslant x \leqslant l$ $w = \dfrac{Fb}{6lEI}\big[(l^2 - b^2)x -$ $x^3 + \dfrac{l}{b}(x-a)^3\big]$	若 $a > b$ 在 $x = \sqrt{\dfrac{l^2 - b^2}{3}}$ 处 $w = \dfrac{\sqrt{3}Fb}{27lEI}(l^2 - b^2)^{\frac{3}{2}}$ 在 $x = \dfrac{l}{2}$ 处 $w_{\frac{l}{2}} = \dfrac{Fb}{48EI}(3l^2 - 4b^2)$
9	q A C B θ_A $\dfrac{l}{2}$ w_C $\dfrac{l}{2}$ θ_B	$\theta_A = -\theta_B = \dfrac{ql^3}{24EI}$	$w = \dfrac{qx}{24EI}(l^3 - 2lx^2 + x^3)$	$w_C = \dfrac{5ql^4}{384EI}$
10	q A C B θ_A a w_C a θ_B	$\theta_A = \dfrac{7qa^3}{48EI}$ $\theta_B = -\dfrac{3qa^3}{16EI}$	$0 \leqslant x \leqslant a$ $w = \dfrac{qa}{24EI}\Big[\dfrac{7}{2}a^2 x - x^3\Big]$ $a \leqslant x \leqslant 2a$ $w = \dfrac{q}{24EI}\Big[\dfrac{7}{2}a^3 x +$ $(x-a)^4 - ax^3\Big]$	在 $x = a$ 处 $w_C = \dfrac{5qa^4}{48EI}$

【例 9-13】 如图 9-39 （a）所示的悬臂梁，求自由端 A 截面的挠度和转角。

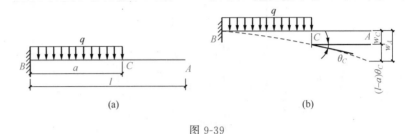

图 9-39

解 梁上虽只有一种荷载，但不能由表 9-3 直接计算。由图 9-39 可见，梁的变形分为两段，梁段 BC 相当于跨度为 a 的悬臂梁截面 C 的挠度和转角，可由表 9-3 查得

$$w_C = \frac{qa^4}{8EI_z}, \quad \theta_C = \frac{qa^3}{6EI_z}$$

而段梁 CA 上无荷载，它随着梁段 BC 的变形作刚性转动。所以，梁段 CA 变形后仍应保持直杆。从变形的连续性可知，截面 A 的转角与截面 C 的转角相同，而截面 A 处的挠度应由截面 C 处的挠度 w_C 再加上由于截面 C 转角的影响。考虑到小变形，$\tan\theta \approx \theta$，所以有

$$w_A = w_C + (l-a)\theta_C = \frac{qa^4}{8EI_z} + (l-a)\frac{qa^3}{6EI_z}, \quad \theta_A = \theta_C = \frac{qa^3}{6EI_z}$$

9-7-5 梁的刚度校核

根据梁的强度条件设计了梁的截面以后，还需要按梁的刚度条件检查梁的变形是否在允许的范围内，以保证梁正常工作。土建工程中常以允许的挠度与梁跨长的比值 $[f/l]$ 作为校核的标准。梁的刚度条件可写为

$$\frac{w_{max}}{l} \leqslant \left[\frac{f}{l}\right] \tag{9-39}$$

梁应同时满足强度条件和刚度条件，但在一般情况下，强度条件起控制作用。在设计梁时，一般先由强度条件选择截面或确定许用荷载，再按刚度条件校核。若不满足，则需按刚度条件重新设计。

【例 9-14】 如图 9-40 （a）所示的一矩形截面悬臂梁，$q = 10\text{kN/m}$，$l = 3\text{m}$，容许单位跨度内的挠度值 $[f/l] = 1/250$，材料的许用应力 $[\sigma] = 12\text{MPa}$，弹性模量 $E = 2 \times 10^4 \text{MPa}$，截面尺寸比 $h/b = 2$。试确定截面尺寸 h、b。

解 梁既要满足强度条件，又要满足刚度条件。可分别按强度条件和刚度条件来设计截面尺寸，取其较大者。

（1）按强度条件 $\sigma_{max} = \dfrac{M_{max}}{W_z} \leqslant [\sigma]$ 设计截面尺寸。弯矩图如图 9-40 （b）所示。最大弯矩、抗弯截面系数分别为

$$M_{\max} = \frac{q}{2}l^2 = 45\text{kN}\cdot\text{m}, \quad W_z = \frac{b}{6}h^2 = \frac{2}{3}b^3$$

把 M 及 W_z 代入强度条件，得

$$b \geqslant \sqrt[3]{\frac{3M_{\max}}{2[\sigma]}} = \sqrt[3]{\frac{3\times 45\times 10^3}{2\times 12\times 10^6}} = 0.178\text{m} = 178\text{mm}, \quad h = 2b = 356\text{mm}$$

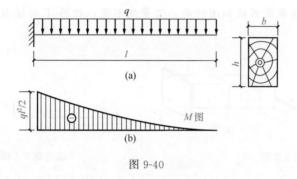

图 9-40

（2）按刚度条件 $\dfrac{w_{\max}}{l} \leqslant \left[\dfrac{w}{l}\right]$ 设计截面尺寸。查表 9-3 得

$$w_{\max} = \frac{ql^4}{8EI_z}$$

又 $I_z = \dfrac{b}{12}h^3 = \dfrac{2}{3}b^4$，把 $w_{\max}$ 及 I_z 代入刚度条件，得

$$b \geqslant \sqrt[4]{\frac{3ql^3}{16\left[\frac{f}{l}\right]E}} = \sqrt[4]{\frac{3\times 10\times 3000^3\times 250}{16\times 2\times 10^4}} = 159\text{mm}, \quad h = 2b = 318\text{mm}$$

（3）要求的截面尺寸按大者选取，即 $h = 356\text{mm}$，$b = 178\text{mm}$。另外，工程上截面尺寸应符合模数要求，取整数即 $h = 360\text{mm}$，$b = 180\text{mm}$。

思考题与习题

思考题

9-1　弯曲正应力在横截面上是如何分布的？当图示截面梁发生平面弯曲时，绘出横截面上的正应力沿截面高度的分布图。

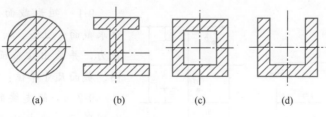

思考题 9-1 图

9-2 指出如图所示中各梁 m-m 截面中性轴的位置，标出该截面的受拉区和受压区，并说明各梁的最大拉应力和最大压应力分别发生在何处？

9-3 在何种情况下需要作梁的切应力强度校核？

9-4 梁截面合理设计的原则是什么？何谓变截面梁？何谓等强度梁？如何改变梁的受力情况？

9-5 铸铁梁的荷载及横截面形状如图所示。若荷载不变，但将 T 形横截面倒置，问是否合理？

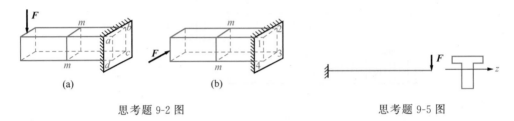

思考题 9-2 图　　　　　　　　　　　　　　思考题 9-5 图

9-6 试确定如图所示杆中 A、B 点处的应力状态。

9-7 用塑性材料和脆性材料制成的梁，在强度校核和合理截面形式的选择上有何不同？

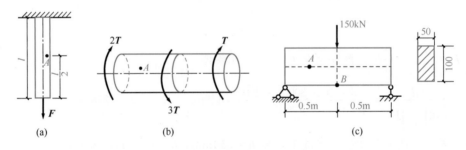

思考题 9-6 图

9-8 在最大正应力所在的截面上，有没有切应力？在最大切应力所在的截面上，有没有正应力？

9-9 低碳钢和铸铁试样在拉伸与扭转时的破坏形式有何不同？

9-10 试解释铸铁试样压缩时，为什么沿与轴线约成 $45°$ 角的斜截面发生破坏？

9-11 用塑性材料和脆性材料制成的梁，在强度校核和合理截面形式的选择上有何不同？

习 题

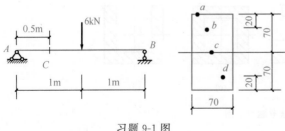

习题 9-1 图

9-1 矩形截面简支梁如图所示，试求截面 C 上 a、b、c、d 四点处的正应力，并画出该截面上的正应力分布图。截面尺寸单位：mm。

9-2 一简支梁的受力及截面尺寸如图所示，试求此梁的最大切应力及其所在截面上腹板与翼缘交界处 C 的切应力。截面尺寸单位：mm。

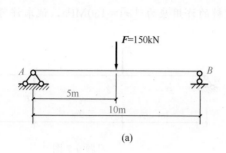

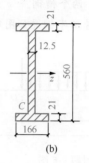

(a)　　　　　　　　　　(b)

习题 9-2 图

9-3　试求如图所示各梁的最大正应力及所在位置。截面尺寸单位：mm。

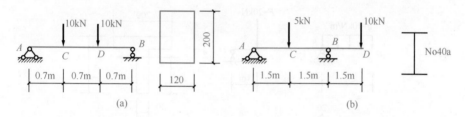

(a)　　　　　　　　　　　　(b)

习题 9-3 图

9-4　木梁的荷载如图所示，材料的许用应力 $[\sigma]=10\mathrm{MPa}$。试设计如下三种截面尺寸，并比较用料量。（1）高宽比 $h/b=2$ 的矩形；（2）边长为 a 的正方形；（3）直径为 d 的圆形。

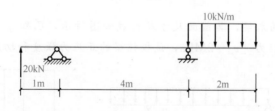

习题 9-4 图

9-5　一根由 No22b 工字钢制成的外伸梁，承受均布荷载如图所示。已知 $l=6\mathrm{m}$，若要使梁在支座 A、B 处和跨中 C 截面上的最大正应力都为 $\sigma=170\mathrm{MPa}$，问悬臂的长度 a 和荷载的集度 q 各等于多少？

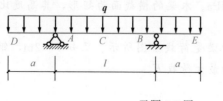

习题 9-5 图

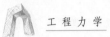工程力学

9-6 一钢梁的荷载如图所示，材料的许用应力 $[\sigma]=150\text{MPa}$，试选择钢的型号：（1）一根工字钢；（2）两个槽钢。

9-7 20a 号工字钢梁如图所示，若材料的许用应力 $[\sigma]=160\text{MPa}$，试求许可荷载 $[F]$。

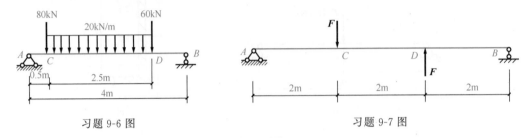

习题 9-6 图　　　　　　　　　　　习题 9-7 图

9-8 外伸梁受力及其截面尺寸如图所示。已知材料的许用拉应力 $[\sigma]_t=30\text{MPa}$，许用压应力 $[\sigma]_c=70\text{MPa}$。试校核梁的正应力强度。

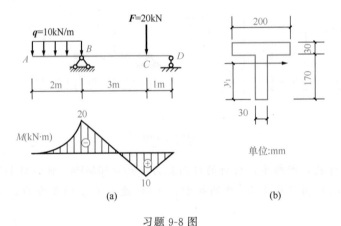

习题 9-8 图

9-9 一矩形截面的木梁，其截面尺寸及荷载如图所示，已知 $q=1.5\text{kN/m}$，许用应力 $[\sigma]=10\text{MPa}$，许用切应力 $[\tau]=2\text{MPa}$，试校核梁的正应力强度和切应力强度。

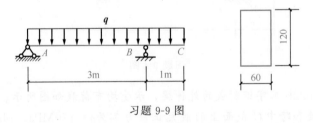

习题 9-9 图

9-10 木梁受一个可移动的荷载 F 作用，如图所示，已知 $F=40\text{kN}$，木材的许用应力 $[\sigma]=10\text{MPa}$，许用切应力 $[\tau]=3\text{MPa}$。木梁的横截面为矩形，其高度比 $h/b=3/2$。试选择此梁的截面尺寸。

9-11 两个 16a 槽钢组成的外伸梁受荷载如图所示。已知 $l=2\text{m}$，钢材弯曲许用应力 $[\sigma]=140\text{MPa}$，试求此梁所能承受的最大荷载 F。

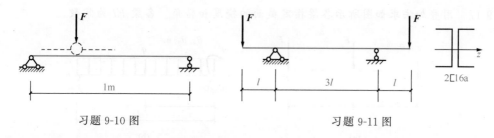

习题 9-10 图　　　　　　　　　　　　习题 9-11 图

9-12　各单元体上的应力如图所示，计算指定斜截面上的应力。

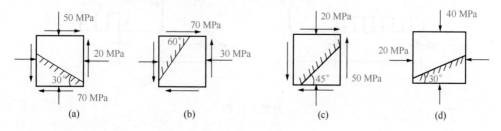

(a)　　　　　　(b)　　　　　　(c)　　　　　　(d)

习题 9-12 图

9-13　（1）计算如图所示各单元体上的主应力及其方向，并绘出主应力单元体；（2）计算各单元体上的最大切应力。

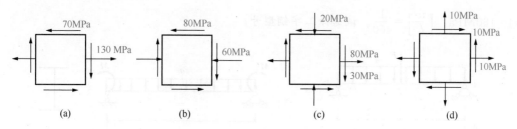

(a)　　　　　　(b)　　　　　　(c)　　　　　　(d)

习题 9-13 图

9-14　求如图所示悬臂梁危险截面上 a、b、c 三点处主应力的大小和方向。已知 $F=100$kN，$l=2$m，$h=400$mm，$b=240$mm。

9-15　钢制圆筒上一点的主应力为 $\sigma_1=45$MPa，$\sigma_2=0$，$\sigma_3=-120$MPa。已知钢的 $[\sigma]=160$MPa，试用第三、第四强度理论校核圆筒的强度。

9-16　如图所示的外伸梁，截面形状为工字形，受如图所示荷载作用。如需要考虑自重，试选择工字形梁的型号，并分别用第三及第四强度理论进行强度校核。已知 $[\sigma]=160$MPa，$[\tau]=100$MPa。

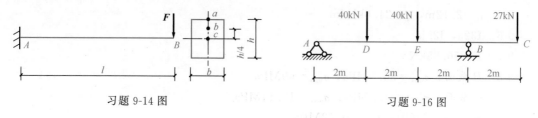

习题 9-14 图　　　　　　　　　　　　习题 9-16 图

9-17 用叠加法求如图所示各梁指定截面的挠度和转角。各梁 EI 为常数。

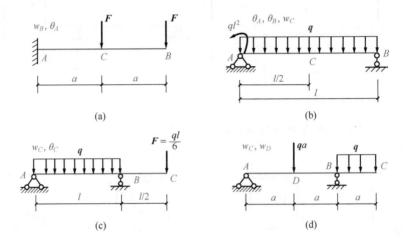

习题 9-17 图

9-18 如图所示，一简支梁用 No. 20b 工字钢制成，已知 $F=10\text{kN}$，$q=4\text{kN/m}$，$l=6\text{m}$，材料的弹性模量 $E=200\text{GPa}$，$\left[\dfrac{w}{l}\right]=\dfrac{1}{400}$。试校核梁的刚度。

9-19 如图所示工字钢简支梁，已知 $q=4\text{kN/m}$，$M=4\text{kN}\cdot\text{m}$，$l=6\text{m}$，$E=200\text{GPa}$，$[\sigma]=160\text{MPa}$，$\left[\dfrac{w}{l}\right]=\dfrac{1}{400}$。试选择工字钢型号。

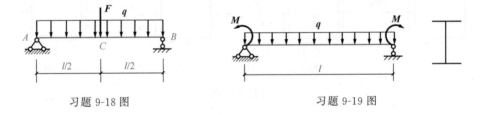

习题 9-18 图　　　　　　　　　　　　　习题 9-19 图

习题参考答案

9-1 $\sigma_a=-6.56\text{MPa}$，$\sigma_b=-4.69\text{MPa}$，$\sigma_c=0$，$\sigma_d=4.69\text{MPa}$

9-2 $\tau_{\max}=12.53\text{MPa}$，$\sigma_c=148.1\text{MPa}$，$\tau_c=-8.6\text{MPa}$

9-3 最大压应力在 CD 段上边缘处 $\sigma_{\max}=-8.75\text{MPa}$，最大压应力在 CD 段下边缘处 $\sigma_{\max}=8.75\text{MPa}$

9-4 (1) $A_1=42\,050\text{mm}^2$　　(2) $A_2=52\,900\text{mm}^2$　　(3) $A_3=59\,365\text{mm}^2$

9-5 $a=2.12\text{m}$，$q=24.6\text{kN/m}$

9-6 I32a，I25b

9-7 $F=56.85\text{kN}$

9-8 B 截面：$\sigma_{\max}^+=30.3\text{MPa}$，$\sigma_{\max}^-=69\text{MPa}$

　　　C 截面：$\sigma_{\max}^+=34.5\text{MPa}$，$\sigma_{\max}^-=15.14\text{MPa}$

9-9 $\sigma_{\max}=9.26\text{MPa}$，$\tau_{\max}=0.52\text{MPa}$

9-10　$b=140\text{mm}$，$h=210\text{mm}$

9-11　$F=15.2\text{kN}$

9-12　图（a）$\sigma_{60°}=18.12\text{MPa}$，$\tau_{60°}=47.99\text{MPa}$

　　　图（b）$\sigma_{-30°}=-83.12\text{MPa}$，$\tau_{-30°}=-22.0\text{MPa}$

　　　图（c）$\sigma_{-45°}=-60\text{MPa}$，$\tau_{-45°}=10\text{MPa}$

　　　图（d）$\sigma_{120°}=-35\text{MPa}$，$\tau_{120°}=-8.66\text{MPa}$

9-13　图（a）$\sigma_1=160\text{MPa}$，$\sigma_3=-30\text{MPa}$，$\alpha_0=-23.56°$；$\tau_{\max}=95\text{MPa}$

　　　图（b）$\sigma_1=55\text{MPa}$，$\sigma_3=-115\text{MPa}$，$\alpha_0=-55.28°$；$\tau_{\max}=85\text{MPa}$

　　　图（c）$\sigma_1=88.3\text{MPa}$，$\sigma_3=-28.3\text{MPa}$，$\alpha_0=-15.48°$；$\tau_{\max}=58.3\text{MPa}$

　　　图（d）$\sigma_1=20\text{MPa}$，$\sigma_3=0$，$\alpha_0=-45°$；$\tau_{\max}=10\text{MPa}$

9-14　a 点：$\sigma_1=31.25\text{MPa}$，$\sigma_3=0$

　　　b 点：$\sigma_1=15.7\text{MPa}$，$\sigma_3=-0.1\text{MPa}$，$\alpha_0=-4.25°$

　　　c 点：$\sigma_1=1.56\text{MPa}$，$\sigma_3=-1.56\text{MPa}$，$\alpha_0=-45°$

9-15　$\sigma_{xd3}=165\text{MPa}$，$\sigma_{xd4}=104.5\text{MPa}$

9-16　I25a，$\sigma_{xd3}=141.1\text{MPa}$，$\sigma_{xd4}=140.4\text{MPa}$

9-17　图（a）$w_B=\dfrac{7Fa^3}{2EI}$，$\theta_A=0$

　　　图（b）$\theta_A=-\dfrac{7ql^3}{24EI}$，$\theta_B=\dfrac{ql^3}{8EI}$，$w_C=-\dfrac{19ql^4}{384EI}$

　　　图（c）$w_C=0$，$\theta_C=\dfrac{ql^3}{144EI}$

　　　图（d）$w_C=\dfrac{5qa^4}{24EI}$，$w_D=\dfrac{qa^4}{24EI}$

9-18　$\dfrac{w}{l}=\dfrac{1}{266.9}$

9-19　I18

第 10 章

杆件在组合变形下的强度计算

10-1 概 述

在实际工程中，构件在荷载作用下往往不只产生一种基本变形。同时产生两种或两种以上的基本变形形式称为组合变形。例如，如图 10-1（a）所示屋架上的檩条受到屋面传来的荷载 q 作用，由于荷载作用线不在纵向对称平面内，檩条将在 y、z 两个方向发生平面弯曲，这种组合变形称斜弯曲；如图 10-1（b）所示的烟囱除自重引起的轴向压缩外，还有因水平风力作用而产生的弯曲变形；如图 10-1（c）所示工业厂房的承重柱同时承受屋架传来的荷载 F_1 和吊车荷载 F_2 的作用，因其合力作用线与柱子的轴线不重合，使柱子发生偏心压缩；如图 10-1（d）所示的机器中的传动轴，在外力作用下，将发生弯曲与扭转的组合变形。

解决组合变形的基本方法是叠加法。本章所讨论的组合变形，是在材料服从胡克定律和小变形条件下，此时内力、应力、变形等参量均与荷载成线性关系，故可用叠加原理计算。其做法是首先将组合变形分解为基本变形，然后分别计算各基本变形的应力或变形，最后将其叠加起来，即得构件在组合变形时的应力或变形。即

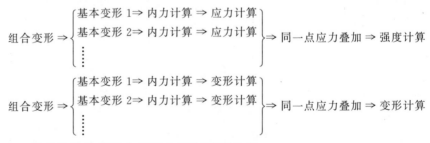

工程中最常见的组合变形主要有下列几种。

1）斜弯曲。

2）拉伸（压缩）与弯曲的组合。

3）偏心压缩（拉伸）。

4）弯曲与扭转的组合。

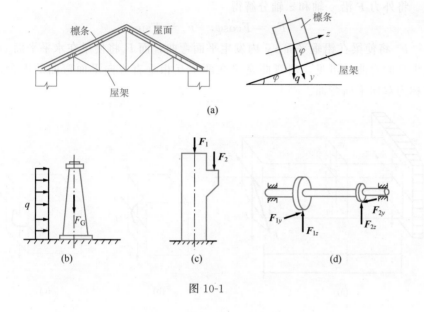

图 10-1

10-2 斜 弯 曲

平面弯曲的特点是：外力作用在梁的纵向对称平面内，变形后梁的挠曲线仍在此对称平面内，且外力作用面与中性轴垂直，如图 10-2（a）所示。如果外力不作用在梁的纵向对称平面内，如图 10-2（b）所示，或者外力通过弯曲中心，但在不与截面形心主轴平行的平面内，如图 10-2（c）所示，在这种情况下，变形后梁的挠曲线所在平面与外力作用平面不重合，这种弯曲变形称为斜弯曲。

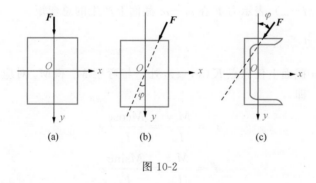

图 10-2

10-2-1 外力分析

现以矩形截面悬臂梁为例介绍斜弯曲的应力和强度计算。

图 10-3（a）所示，设矩形截面的形心主轴分别为 y 轴和 z 轴，作用于梁自由端的外力 F 通过截面形心，且与形心主轴 y 的夹角为 φ。

将外力 $\boldsymbol{F}$ 沿 y 轴和 z 轴分解得

$$F_y = F\cos\varphi, \quad F_z = F\sin\varphi$$

F_y 将使梁在铅垂平面 xy 内发生平面弯曲；而 F_z 将使梁在水平平面 xz 内发生平面弯曲。可见，斜弯曲是梁在两个互相垂直方向平面弯曲的组合，故又称为双向平面弯曲。

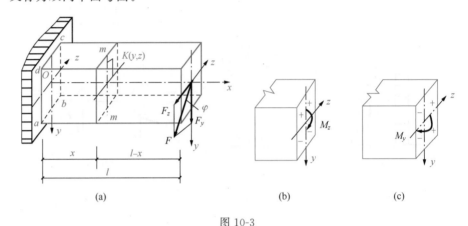

图 10-3

10-2-2 内力分析

与平面弯曲一样，在斜弯曲梁的横截面上也有剪力和弯矩两种内力。但由于剪力引起的切应力数值很小，常常忽略不计。所以，在内力分析时，只考虑弯矩。

在距固定端为 x 的任意横截面 m—m 上由 F_y 和 F_z 引起的弯矩分别为

$$M_z = F_y(l-x) = F(l-x)\cos\varphi = M\cos\varphi$$
$$M_y = F_z(l-x) = F(l-x)\sin\varphi = M\sin\varphi$$

式中，$M = F(l-x)$ 表示力 $\boldsymbol{F}$ 在 m—m 截面上产生的总弯矩。

10-2-3 应力分析

在 m—m 截面上任意点 $K(y, z)$ 处，与弯矩 M_z 和 M_y 对应的正应力分别为 σ' 和 σ''，即

$$\sigma' = \frac{M_z y}{I_z} = \frac{M\cos\varphi}{I_z} y$$

$$\sigma'' = \frac{M_y z}{I_y} = \frac{M\sin\varphi}{I_y} z$$

式中，I_z 和 I_y 分别为截面对 z 轴和 y 轴的惯性矩。

根据叠加原理，K 点处总的弯曲正应力，应为上述两个正应力的代数和，即

$$\sigma = \sigma' + \sigma'' = \frac{M_z y}{I_z} + \frac{M_y z}{I_y} = M\left(\frac{\cos\varphi}{I_z}y + \frac{\sin\varphi}{I_y}z\right) \tag{10-1}$$

这就是斜弯曲梁内任意一点正应力的计算公式。

应用式（10-1）计算应力时，M 和 y、z 均取绝对值，应力的正负号可以直接观察梁的变形，看弯矩 M_z 和 M_y 分别引起所求点的正应力是拉应力还是压应力来决定，以拉应力为正号，压应力为负号。如图 10-3（b）、（c）所示，由 M_z 和 M_y 引起的 K 点处的正应力均为拉应力，故 σ' 和 σ'' 均为正值。

10-2-4 强度计算

进行强度计算时，必须首先确定危险截面和危险点的位置。对于如图 10-3 所示的悬臂梁，当 $x=0$ 时，M_z 和 M_y 同时达到最大值。因此，固定端截面就是危险截面，根据对变形的判断，可知棱角 c 点和 a 点是危险点，其中 c 点处有最大拉应力，a 点处有最大压应力，且 $\sigma_c = |\sigma_a| = \sigma_{max}$。设危险点的坐标分别为 z_{max} 和 y_{max}，由式（10-1）可得最大正应力为

$$\sigma_{max} = \frac{M_{zmax}y_{max}}{I_z} + \frac{M_{ymax}z_{max}}{I_y} = \frac{M_{zmax}}{W_z} + \frac{M_{ymax}}{W_y}$$

式中，$W_z = \dfrac{I_z}{y_{max}}$；$W_y = \dfrac{I_y}{z_{max}}$。

若材料的抗拉和抗压强度相等，则其强度条件为

$$\sigma_{max} = \frac{M_{zmax}}{W_z} + \frac{M_{ymax}}{W_y} \leqslant [\sigma] \qquad (10\text{-}2)$$

运用上述强度条件，同样可对斜弯曲梁进行强度校核、选择截面和确定许可荷载三类问题的计算。在设计截面尺寸时，因式（10-2）不能同时确定 W_z 和 W_y 两个未知量，故需首先假设一个 $\dfrac{W_z}{W_y}$ 的比值，然后和式（10-2）联解求出 W_z 和 W_y，选出截面后再按式（10-2）进行强度校核。矩形截面通常取 $\dfrac{W_z}{W_y} = 1.2 \sim 2$；工字形截面常取 $\dfrac{W_z}{W_y} = 8 \sim 10$。

10-2-5 挠度计算

杆段的挠度计算也用叠加法，由于分别计算的挠度 f_y 和 f_z 方向不同，故应几何相加求截面总挠度

$$w = \sqrt{w_y^2 + w_z^2}, \quad \tan\alpha = \frac{w_z}{w_y}$$

【例 10-1】 矩形截面木檩条，简支在屋架上，跨度 $l=4\text{m}$，荷载及截面尺寸（单位：mm）如图 10-4 所示，材料许用应力 $[\sigma]=10\text{MPa}$，试校核檩条强度，并求最大挠度。

解 （1）外力分析。将均布荷载 q 沿

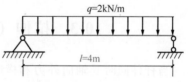

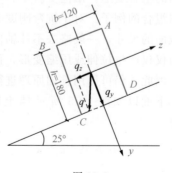

图 10-4

对称轴 y 和 z 分解，得

$$q_y = q\cos\varphi = 2 \times \cos25°$$
$$= 1.81\text{kN/m}$$
$$q_z = q\sin\varphi = 2 \times \sin25°$$
$$= 0.85\text{kN/m}$$

（2）内力计算。跨中截面为危险截面

$$M_z = q_y l^2/8 = 1.81 \times 4^2/8$$
$$= 3.62\text{kN} \cdot \text{m}$$
$$M_y = q_z l^2/8 = 0.85 \times 4^2/8$$
$$= 1.70\text{kN} \cdot \text{m}$$

（3）强度计算。跨中截面离中性轴最远的 A 点有最大压应力，C 点有最大拉应力，它们的值大小相等，是危险点。

$$W_z = bh^2/6 = 120 \times 180^2/6 = 6.48 \times 10^5 \text{mm}^3$$
$$W_y = hb^2/6 = 180 \times 120^2/6 = 4.32 \times 10^5 \text{mm}^3$$

$$\sigma_{max} = \frac{M_{zmax}}{W_z} + \frac{M_{ymax}}{W_y} = \frac{3.62 \times 10^6}{6.48 \times 10^5} + \frac{1.70 \times 10^6}{4.32 \times 10^5} = 9.52\text{MPa} < [\sigma]$$

檩条满足强度要求。

（4）挠度计算。木材 $E=10\text{GPa}$，跨中截面产生最大挠度为

$$w_y = \frac{5q_y l^4}{384EI_z} = \frac{5 \times 1.81 \times 10^3 \times 4^4}{384 \times 10 \times 10^9 \times \frac{0.12 \times 0.18^3}{12}} = 0.010\,93\text{m} = 10.93\text{mm}$$

$$w_z = \frac{5q_z l^4}{384EI_y} = \frac{5 \times 0.85 \times 10^3 \times 4^4}{384 \times 10 \times 10^9 \times \frac{0.18 \times 0.12^3}{12}} = 0.010\,35\text{m} = 10.35\text{mm}$$

$$w = \sqrt{w_y^2 + w_z^2} = 15.05\text{mm}, \quad \tan\alpha = \frac{w_z}{w_y} = 1.06, \quad \alpha = 46.56°$$

10-3 拉伸（压缩）与弯曲的组合

当杆件同时受轴向外力和横向外力作用时，杆件将产生拉伸（压缩）与弯曲的组合变形。烟囱受自重和风力作用，如图 10-1（b）所示，就是压缩与弯曲组合的例子。对于抗弯刚度 EI 较大的杆件，弯曲变形产生的挠度远小于横截面的尺寸，一般略去不计轴向力由于弯曲变形而产生的弯矩。认为轴向外力仅仅产生拉伸或压缩变形，而横向外力仅仅产生弯曲变形，两者各自独立。因此，仍可以用叠加原理进行计算。

下面以如图 10-5 所示挡土墙为例，介绍压缩与弯曲组合变形的强度计算。

10-3-1 外力和内力分析

图 10-5（b）所示为挡土墙的计算简图，其上所受荷载有水平方向的土压

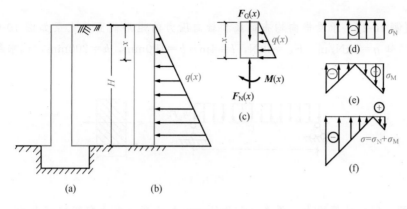

图 10-5

力 $q(x)$ 和垂直方向的自重 $F_G(x)$。土压力使墙产生弯曲变形，自重使墙产生压缩变形。横截面上将有轴力和弯矩两种内力分量，如图 10-5（c）所示。

10-3-2　应力分析

在距挡土墙顶端为 x 的任意截面上，由于自重作用产生均匀分布的压应力为

$$\sigma_N = -\frac{F_N(x)}{A}$$

由于土压力作用，在该截面上任一点产生的弯曲正应力为

$$\sigma_M = \pm\frac{M(x)y}{I_z}$$

该截面上任一点的总应力为

$$\sigma = \sigma_N + \sigma_M = -\frac{F_N(x)}{A} \pm \frac{M(x)y}{I_z} \tag{10-3}$$

式中，第二项正负号由计算点处的弯曲正应力的正负号来决定，即弯曲在该点产生拉应力时取正，反之取负。应力 σ_N、σ_M 和 σ 的分布情形分别如图 10-5（d）、（e）、（f）所示（图中为 $|\sigma_M| > |\sigma_N|$ 的情况）。

10-3-3　强度计算

对于所研究的挡土墙，其底部截面的轴力和弯矩均为最大，是危险截面。危险截面上的最大和最小正应力为

$$\sigma_{\substack{max \\ min}} = -\frac{F_{Nmax}}{A} \pm \frac{M_{max}}{W_z} \tag{10-4}$$

则强度条件为

$$\sigma_{\substack{max \\ min}} = -\frac{F_{Nmax}}{A} \pm \frac{M_{max}}{W_z} \leqslant [\sigma] \tag{10-5}$$

以上各式同样适用于拉伸与弯曲组合变形的情况，不过式中第一项应取

正号。

【例 10-2】 承受横向均布荷载和轴向压力的矩形截面简支梁如图 10-6 所示。已知 $q=2\text{kN/m}$，$F_N=8\text{kN}$，$l=4\text{m}$，$b=100\text{mm}$，$h=200\text{mm}$，试求梁中的最大拉应力与最大压应力。

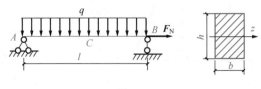

图 10-6

解 （1）计算内力。梁在 q 作用下，其最大弯矩发生在跨中 C 截面：

$$M_{max}=\frac{ql^2}{8}=\frac{2\times4^2}{8}=4\text{kN}\cdot\text{m}$$

梁在 F_N 作用下，梁各截面的轴力均相等，其值为

$$F_N=8\text{kN}$$

（2）计算梁中最大拉应力与最大压应力。梁中最大拉应力和最大压应力分别发生在跨中 C 截面的下边缘与上边缘，故梁中最大拉应力为

$$\sigma_{max}=\frac{F_N}{A}+\frac{M_{max}}{W_z}=\frac{F_N}{bh}+\frac{M_{max}}{bh^2/6}=\frac{8\times10^3}{0.1\times0.2}+\frac{4\times10^3}{0.1\times0.2^2/6}$$

$$=(0.4+6)\times10^6\text{Pa}=6.4\text{MPa}（截面下边缘）$$

梁中最大压应力为

$$\sigma_{max}=\frac{F_N}{A}-\frac{M_{max}}{W_z}=\frac{F_N}{bh}-\frac{M_{max}}{bh^2/6}=\frac{8\times10^3}{0.1\times0.2}-\frac{4\times10^3}{0.1\times0.2^2/6}$$

$$=(0.4-6)\times10^6\text{Pa}=-5.6\text{MPa}（截面上边缘）$$

10-4 偏心压缩（拉伸）

当作用在杆件上的外力与杆轴平行但不重合时，杆件所发生的变形称为偏心压缩（拉伸）。这种外力称为偏心力，偏心力的作用点到截面形心的距离称为偏心距，常用 e 表示。偏心压缩（拉伸）是工程实际中常见的组合变形形式。例如，混凝土重力坝竣工未挡水时，坝的水平截面仅受不通过形心的重力作用，此时属偏心压缩；厂房边柱，受吊车梁作用，也属于偏心压缩。

10-4-1 偏心压缩（拉伸）时的强度计算

根据偏心力作用点位置的不同，常将偏心压缩分为单向偏心压缩和双向偏心压缩两种情况，本书仅讨论单向偏心压缩的强度计算。

当偏心压力 F 作用在截面上的某一对称轴（如 y 轴）上的 K 点时，杆件产生的偏心压缩称为单向偏心压缩，如图 10-7 （a）所示，这种情况在工程实际中最常见。

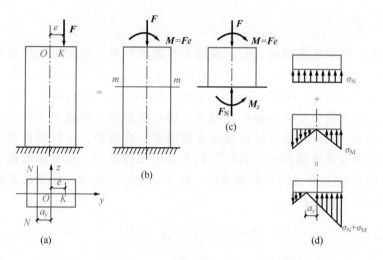

图 10-7

1. 外力分析

将偏心压力 F 向截面形心简化，得到一个轴向压力 F 和一个力偶矩 $M = Fe$ 的力偶，如图 10-7（b）所示。

2. 内力分析

用截面法可求得任意横截面 m—m 上的内力为

$$F_N = -F, \quad M_z = M = Fe$$

由外力简化和内力计算结果可知，偏心压缩为轴向压缩与纯弯曲的变形组合。

3. 应力分析

根据叠加原理，将轴力 F_N 对应的正应力 σ_N 与弯矩 M_z 对应的正应力 σ_M 叠加起来，即得单向偏心压缩时任意横截面上任一点处正应力的计算式为

$$\sigma = \sigma_N + \sigma_M = \frac{F_N}{A} \pm \frac{M_z y}{I_z} = -\frac{F}{A} \pm \frac{Fe}{I_z} y \tag{10-6}$$

应用式（10-6）计算应力时，式中各量均以绝对值代入，公式中第二项前的正负号通过观察弯曲变形确定，该点在受拉区为正，在受压区为负。

4. 强度计算

若不计柱的自重，则各截面内力相同。由应力分布图可知偏心压缩时的中性轴不再通过截面形心，如图 10-7（d）所示，最大正应力和最小正应力分别发生在横截面上距中性轴 N—N 最远的左、右两边缘上，其计算公式为

$$\sigma_{\substack{\max \\ \min}} = -\frac{F}{A} \pm \frac{Fe}{W_z} \tag{10-7}$$

则强度条件为

$$\sigma_{\substack{\max \\ \min}} = -\frac{F}{A} \pm \frac{Fe}{W_z} \leqslant [\sigma] \tag{10-8}$$

10-4-2　截面核心

土木工程中常用的砖、石、混凝土等脆性材料，它们的抗拉强度远远小于抗压强度，所以在设计由这类材料制成的偏心受压构件时，要求横截面上不出现拉应力。由式（10-7）可知，当偏心压力 F 和截面形状、尺寸确定后，应力的分布只与偏心距有关。偏心距愈小，横截面上拉应力的数值也就愈小。因此，总可以找到包含截面形心在内的一个特定区域，当偏心压力作用在该区域内时，截面上就不会出现拉应力，这个区域称为截面核心。如图 10-8 所示的矩形截面杆，在单向偏心压缩时，要使横截面上不出现拉应力，就应使

$$\sigma_{\text{tmax}} = -\frac{F}{A} + \frac{Fe}{W_z} \leqslant 0$$

将 $A = bh$、$W_z = \dfrac{bh^2}{6}$ 代入上式可得

$$1 - \frac{6e}{h} \geqslant 0$$

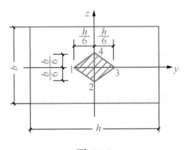

图 10-8

从而得 $e \leqslant \dfrac{h}{6}$，这说明当偏心压力作用在 y 轴上 $\pm \dfrac{h}{6}$ 范围以内时，截面上不会出现拉应力。同理，当偏心压力作用在 z 轴上 $\pm \dfrac{b}{6}$ 的范围以内时，截面上就不会出现拉应力。当偏心压力不作用在对称轴上时，可以证明将图中 1、2、3、4 点顺次用直线连接所得的菱形，即为矩形截面核心。常见截面的截面核心如图 10-9 所示。

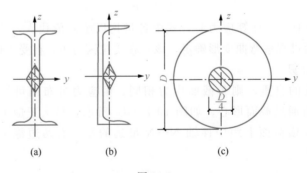

(a)	(b)	(c)

图 10-9

【例 10-3】　如图 10-10（a）所示为钻床结构计算简图。铁管的外径为 $D = 140\text{mm}$，内、外径之比 $d/D = 0.75$。铸铁的拉伸许用应力 $[\sigma]_t = 30\text{MPa}$，压缩许用应力 $[\sigma]_c = 90\text{MPa}$。钻孔时钻头和工作台面的受力如图 10-10（a）

所示，其中 $F_P=15$kN，力 F_P 作用线与立柱轴线之间的距离（偏心距）$e=400$mm。试校核立柱的强度是否安全。

解 （1）确定立柱横截面上的内力分量。用假想截面 $m—m$ 将立柱截开，以截开的上半部分为研究对象，如图 10-10 （b）所示。由平衡条件得截面上的轴力和弯矩分别为

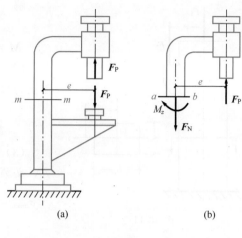

$$F_N = F_P = 15\text{kN}$$
$$M_z = F_P \times e = 15 \times 0.4$$
$$= 6\text{kN} \cdot \text{m}$$

图 10-10

（2）确定危险截面并计算最大应力。立柱在偏心力 F_P 作用下产生拉伸与弯曲组合变形。因为立柱内所有横截面上的轴力和弯矩都是相同的，所以，所有横截面的危险程度是相同的。根据如图 10-10 （b）所示横截面上轴力 F_N 和弯矩 M_z 的实际方向可知，横截面上左、右两侧上的 b 点和 a 点分别承受最大拉应力和最大压应力，其值分别为

$$\sigma_{tmax} = \frac{F_{Nmax}}{A} + \frac{M_{max}}{W_z} = \frac{F_P}{\frac{\pi(D^2-d^2)}{4}} + \frac{F_P \times e}{\frac{\pi D^3(1-\alpha^4)}{32}}$$

$$= \frac{4 \times 5}{\pi[(140 \times 10^{-3})^2 - (0.75 \times 140 \times 10^{-3})^2]}$$
$$+ \frac{32 \times 6 \times 10^3}{\pi(140 \times 10^{-3})^3(1-0.75^4)}$$

$$= 34.92 \times 10^6 \text{Pa} = 34.92\text{MPa} < [\sigma]_t = 35\text{MPa}$$

$$\sigma_{cmax} = \frac{F_{Nmax}}{A} - \frac{M_{max}}{W_z} = \frac{F_P}{\frac{\pi(D^2-d^2)}{4}} - \frac{F_P \times e}{\frac{\pi D^3(1-\alpha^4)}{32}}$$

$$= \frac{4 \times 5}{\pi[(140 \times 10^{-3})^2 - (0.75 \times 140 \times 10^{-3})^2]}$$
$$- \frac{32 \times 6 \times 10^3}{\pi(140 \times 10^{-3})^3(1-0.75^4)}$$

$$= -30.38 \times 10^6 \text{Pa} = 30.38\text{MPa} < [\sigma]_c = 90\text{MPa}$$

两者的数值都小于各自的许用应力值。这表明立柱的拉伸和压缩的强度都是安全的。

【例 10-4】 如图 10-11 所示一厂房的牛腿柱。设由屋架传来的压力 $F_1=100$kN，由吊车梁传来的压力 $F_2=30$kN，F_2 与柱子的轴线有一偏心 $e=0.2$m。如果柱横截面宽度 $b=180$mm，试求当 h 为多少时，截面才不会出现拉应力，并求柱这时的最大压应力。

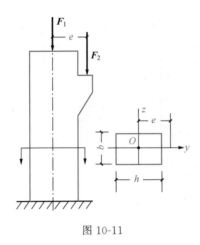

图 10-11

解　(1) 外力计算：

$$F = F_1 + F_2 = 130 \text{kN}$$

$$M = F_2 e = 30 \times 0.2 = 6 \text{kN} \cdot \text{m}$$

（2）内力计算。用截面法可求得横截面上的内力为

$$F_N = -F = -130 \text{kN}$$

$$M_z = M = F_2 e = 6 \text{kN} \cdot \text{m}$$

（3）应力计算。使截面上不出现拉应力，必须令 $\sigma_{tmax} = 0$，即

$$\sigma_{tmax} = -\frac{F}{A} + \frac{M_z}{W_z}$$

$$= -\frac{130 \times 10^3}{0.18h} + \frac{6 \times 10^3}{0.18h^2/6} = 0$$

解得　　　　$h = 0.28 \text{m}$

此时，柱的最大压应力发生在截面的右边缘上各点处，其值为

$$\sigma_{cmax} = \frac{F}{A} + \frac{M_z}{W_z} = \frac{130 \times 10^3}{0.18 \times 0.28} + \frac{6 \times 10^3}{\frac{1}{6} \times 0.18 \times 0.28^2} = 5.13 \times 10^6 \text{Pa} = 5.13 \text{MPa}$$

思考题与习题

思考题

10-1　何谓组合变形？如何计算组合变形杆件横截面上任一点的应力？

10-2　何谓平面弯曲？何谓斜弯曲？两者有何区别？

10-3　将斜弯曲、拉（压）弯组合及偏心拉伸（压缩）分解为基本变形时，如何确定各基本变形下正应力的正负？

10-4　什么叫截面核心？为什么工程中将偏心压力控制在受压杆件的截面核心范围内？

习　题

10-1　如图所示，桥式吊车梁由 32a 工字钢制成，当小车走到梁跨度中点时，吊车梁处于最不利的受力状态。吊车工作时，由于惯性和其他原因，荷载 F 偏离铅垂线与 y 轴成 $\varphi = 15°$ 的夹角。已知 $l = 4\text{m}$，$[\sigma] = 160 \text{MPa}$，$F = 30 \text{kN}$，试校核吊车梁的强度。

10-2　如图所示，木制悬臂梁在水平对称平面内受力 $F_1 = 1.6 \text{kN}$，竖直对称平面内受力 $F_2 = 0.8 \text{kN}$ 的作用，梁的矩形截面尺寸为 $9\text{cm} \times 8\text{cm}$，$E = 10 \times 10^3 \text{MPa}$，试求梁的最大拉压应力数值及其位置。

10-3　矩形截面悬臂梁受力如图所示，F 通过截面形心且与 y 轴成角 φ，已知 $F = 1.2 \text{kN}$，$l = 2\text{m}$，$\varphi = 12°$，$\frac{h}{b} = 1.5$，材料的容许正应力 $[\sigma] = 10 \text{MPa}$，试确定 b 和 h 的尺寸。

10-4　承受均布荷载作用的矩形截面简支梁如图所示，q 与 y 轴成 φ 角且通过形心，已知 $l=4$m，$b=10$cm，$h=15$cm，材料的容许应力 $[\sigma]=10$MPa，试求梁能承受的最大分布荷载 q_{max}。

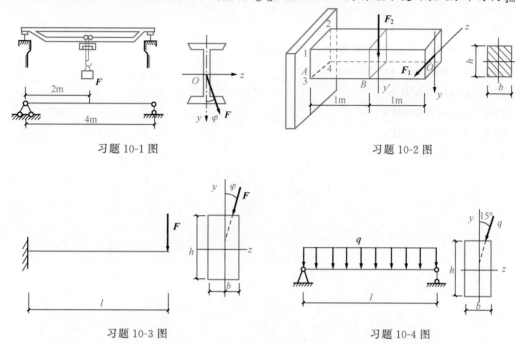

习题 10-1 图　　　　　　　　　　　习题 10-2 图

习题 10-3 图　　　　　　　　　　习题 10-4 图

10-5　矩形截面杆受力如图所示，F_1 和 F_2 的作用线均与杆的轴线重合，F_3 作用在杆的对称平面内，已知 $F_1=5$kN，$F_2=10$kN，$F_3=1.2$kN，$l=2$m，$b=12$cm，$h=18$cm，试求杆中的最大压应力。

10-6　如图所示为起重用悬臂式吊车，梁 AC 由 No18 工字钢制成，材料的许用正应力 $[\sigma]=100$MPa。当吊起物重（包括小车重）$F_Q=25$kN，并作用于梁的中点 D 时，试校核梁 AC 的强度。

10-7　如图所示，矩形截面偏心受拉木杆，偏心力 $F=160$kN，$e=5$cm，$[\sigma]=10$MPa，矩形截面宽度 $b=16$cm，试确定木杆的截面高度 h。

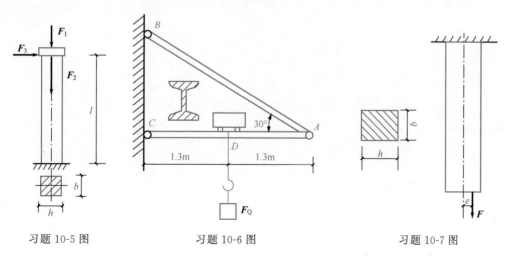

习题 10-5 图　　　　　　　习题 10-6 图　　　　　　　　习题 10-7 图

习题参考答案

10-1 $\sigma = 152.4\text{MPa}$

10-2 2 点处产生最大拉应力 $\sigma_{max} = 14.8\text{MPa}$

10-3 $b = 100\text{mm}$，$h = 150\text{mm}$

10-4 $q \leqslant 1.38\text{kN/m}$

10-5 $\sigma_{max} = 4.39\text{MPa}$

10-6 $\sigma_{max} = 94.7\text{MPa}$

10-7 $h = 230\text{mm}$

第11章

压杆的稳定计算

11-1 概　述

11-1-1　工程中的稳定问题

　　本章仅讨论中心受压杆的稳定问题。工程上经常遇到的中心受压杆有桁架中的压杆、中心受压柱等，它们除必须满足强度条件外，主要是考虑稳定问题，因为往往会由于"失稳"而破坏。下面通过实例说明什么叫"失稳"。

　　中心受拉杆，荷载逐渐增大，直到杆件被拉断，杆件的轴线始终保持原有的直线形状。而细长的中心受压杆，在压力 F 远小于材料的抗压强度所确定的荷载时，杆就发生了弯曲，此时杆件已不能正常工作，甚至会引起整个结构物的倒塌。例如，1907 年北美的魁北克圣劳伦斯河上一座长 548m 的钢桥，在施工中突然倒塌，就是由于桁架中的一根压杆失稳所致，而其强度却是足够的。所谓失稳也就是本来直线状态的中心压杆，当荷载超过某一数值后，突然弯曲，改变了它原来的变形性质，即由压缩变形转化为压弯变形，如图 11-1 所示，杆件此时的荷载是远小于按抗压强度所确定的荷载。人们将细长压杆所发生的这种情形称为"丧失稳定"，或简称"失稳"，而把这一类性质的问题称为"稳定问题"。

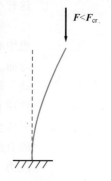

图 11-1

　　除中心压杆会出现稳定问题外，其他一些构件也会出现类似的稳定问题。例如，狭长矩形截面梁的侧向整体失稳、薄板的失稳、薄壁圆柱筒壳的失稳和拱的失稳问题，如图 11-2 所示。

　　本章主要讨论细长中心压杆的稳定计算，这类稳定问题通常称为"压杆稳定"。

11-1-2　压杆的稳定平衡与不稳定平衡

　　图 11-3（a）表示将一小球放在凹面的最低位置 A，处于平衡状态的情形，这时如果将小球轻轻推动一下，小球将由于本身自重的作用，在点 A 附近来回滚动，最后停留在原来位置 A，于是说小球在位置 A 的平衡是稳定的，即称为"稳定平衡"。图 11-3（b）则表示将小球放在凸面上的 B 点，如果无

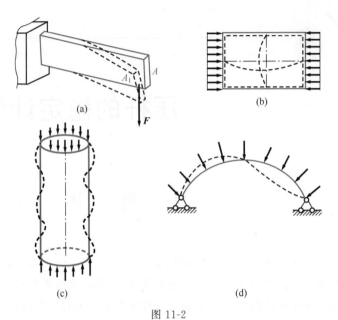

图 11-2

干扰力，小球在最高点 B 也能平衡，但如果将小球轻微推动一下，小球将沿坡面滚下去，到另一位置 C，然后静止平衡，再也不能回到原来位置 B 上，这种小球在原来位置 B 的平衡是不稳定的，称为"不稳定平衡"。

同样，对弹性压杆也有稳定平衡与不稳定平衡的问题。例如，细长的理想中心受压杆件，两端铰支且作用压力 F，并使杆在微小横向干扰力作用下弯曲。在图 11-4（a）中，当 F 较小时，撤去横向干扰力以后，杆件便来回摆动，最后恢复到原来的直线形状的平衡。所以，在较小的压力 F 作用时，杆件原有的直线形状的平衡是稳定的。如果增大力 F，直到一定值 F_{cr} 时，压杆只要受到一微小的横向干扰力，即使将干扰力立即去除，也不能回复到原来的直线平衡状态，而变为曲线形状的平衡，如图 11-4（b）所示。如果再增大压力 F，则杆件继续弯曲以至最后折断，这时压杆原来的直线形状的平衡是不稳定的。从稳定平衡过渡到不稳定平衡的外力 F_{cr} 称为临界力。杆件上作用的外力超过临界力，杆件将发生失稳现象。工程上要求压杆在外力作用下始终保持其原有的直线形状的平衡，否则，将会导致建筑物的倒塌。

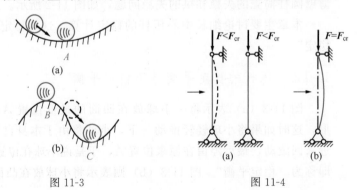

图 11-3   图 11-4

以上所述只限于理想的中心压杆的情况，实际上压杆上的荷载不可能绝对地作用在杆的轴线上，而有初偏心存在，同时杆件的材料不可能绝对均匀，以及制造上的误差都会存在初曲率，所以实际构件往往发生压弯现象，而不存在单纯的中心压杆的稳定。也就是说，实际压杆所能承受的最大压力必小于理想中心压杆的临界力 F_{cr}，所以临界力只能视作实际压杆承载能力的上限。

11-2　细长中心压杆的临界力

11-2-1　两端铰支细长压杆

本节介绍理想的弹性细长中心受压杆的临界力公式，这里以两端铰支（球铰）的等截面中心压杆为例来推导其临界力的计算公式。根据前面所述，此中心压杆在 F_{cr} 作用下，有可能在微弯状态下平衡。现假设在 F_{cr} 作用下如图 11-5（a）所示，两端为铰支的细长压杆，取图示坐标系，假设压杆在临界荷载作用下，在 xy 平面内处于微弯平衡状态。

其任一截面上的弯矩，如图 11-5（b）所示为

$$M(x) = F_{cr}w \qquad (11\text{-}1)$$

式中，w 为 x 截面处的挠度。

应用梁的挠曲线近似微分方程为

$$EIw'' = -M(x) \qquad (11\text{-}2)$$

将式（11-1）代入式（11-2）得

$$EIw'' = -F_{cr}w \qquad (11\text{-}3)$$

若令

$$k^2 = \frac{F_{cr}}{EI} \qquad (11\text{-}4)$$

则式（11-3）可写为 $w''+k^2w=0$。这是一个二阶齐次常微分方程，通解为

$$w = A\sin kx + B\cos kx \qquad (11\text{-}5)$$

式中的待定常数 A、B 和 k，可由杆的边界条件确定。对于两端铰支压杆，边界条件为当 $x=0$ 时，$w=0$；当 $x=l$ 时，$w=0$。将此边界条件代入式（11-5），得

$$B = 0 \ \text{及} \ A\sin kl = 0$$

式中，$A\neq0$，否则 $y\equiv0$，即压杆各点处的挠度均为零，这显然与杆微弯的状态不相符。因此，只可能是 $\sin kl=0$，即 $kl=n\pi$ 或 $k=n\pi/l$，其中 $n=0$，1，2，3，…。

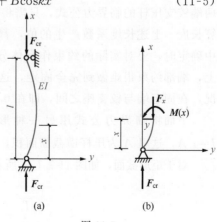

图 11-5

将 $k = n\pi/l$ 代入式（11-4），得

$$F_{cr} = \frac{n^2 \pi^2 EI}{l^2} \quad (n = 0, 1, 2, 3, \cdots)$$

由压杆处于微弯状态平衡的假设及临界压力 F_{cr} 应为不稳定平衡时所受的最小轴向压力，因此取 $n=1$。由此得两端铰支细长压杆的临界荷载为

$$F_{cr} = \frac{\pi^2 EI}{l^2} \tag{11-6}$$

式（11-6）又称为欧拉公式。从临界力公式知，临界力与抗弯刚度 EI 成正比，与 l^2 成反比。同时，上述临界力公式是从两端铰支的中心受压杆推导出来的，对于其他约束情况，亦可用同样方法推导出各自的临界力公式，在推导过程中，运用了边界条件，故说明临界力与两端的支座条件有关。

应当注意，在两端支承各方向相同时，杆的弯曲必然发生在抗弯能力最小的平面内，所以，式（11-1）中的惯性矩 I 应为压杆横截面的最小惯性矩；对于杆端各方向支承情况不同时，应分别计算，然后取其最小者作为压杆的临界荷载。

11-2-2　其他支承形式压杆的临界力

对一端固定另一端自由、一端固定另一端铰支和两端固定的压杆，如图 11-6 所示，推导临界力公式的结果表明，无论支承约束如何，其临界力公式，可用下面的普遍形式表达，即

$$F_{cr} = \frac{\pi^2 EI}{(\mu l)^2} \tag{11-7}$$

式中，μ 反映了杆端支承对临界力的影响，称为长度系数，它反映了杆件两端约束对临界力的影响，μ 的数值见图 11-6。从 μ 的数值知，杆端约束愈强，则临界力愈大。μl 称为相当长度。

各种约束情况下的压杆，由于在失稳时的挠曲线上拐点 C 处的弯矩为零，故可设想拐点 C 处有一铰，并可将两铰之间视作两端铰支的压杆，则可利用两端铰支压杆的临界力公式，只需将长度 l 写成相当长度 μl 即可，μl 又称计算长度。上述长度系数产生的值，都是按理想约束情况得到的，在工程实际中确定时，要对实际的约束作具体分析，例如，设计两端固定的压杆，实际上，端部约束很难做到完全固定，这时 μ 不能取 0.5，而要根据实际固定情况，在固定端与铰支座之间，即在 0.5～1 的范围内取值。

下面将临界力公式用另一种形式表达。将惯性矩 I 用 $i^2 A$ 表示，即 $I = i^2 A$，这里 A 为压杆横截面面积，i 为惯性半径。

对于矩形截面，如图 11-7（a）所示，有

$$i_z = \sqrt{\frac{I_z}{A}} = \sqrt{\frac{\frac{1}{12} bh^3}{bh}} = \frac{h}{\sqrt{12}}$$

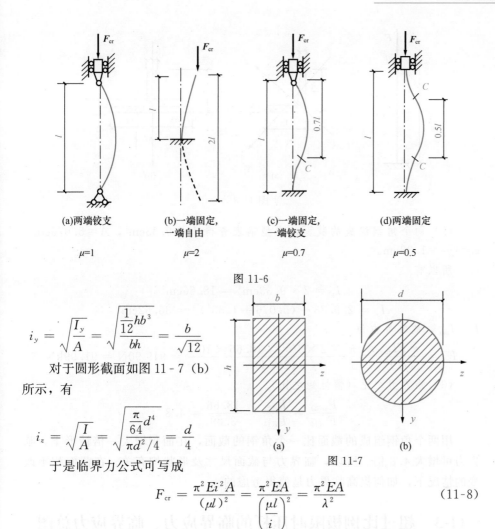

图 11-6

$$i_y = \sqrt{\frac{I_y}{A}} = \sqrt{\frac{\frac{1}{12}hb^3}{bh}} = \frac{b}{\sqrt{12}}$$

对于圆形截面如图 11-7（b）所示，有

$$i_z = \sqrt{\frac{I}{A}} = \sqrt{\frac{\frac{\pi}{64}d^4}{\pi d^2/4}} = \frac{d}{4}$$

图 11-7

于是临界力公式可写成

$$F_{cr} = \frac{\pi^2 E i^2 A}{(\mu l)^2} = \frac{\pi^2 EA}{\left(\frac{\mu l}{i}\right)^2} = \frac{\pi^2 EA}{\lambda^2} \tag{11-8}$$

式中，$\lambda = \frac{\mu l}{i}$ 是一个无量纲的量，称为压杆的柔度，或称为长细比。它反映了与杆的长度 l、横截面的形状和尺寸有关的惯性半径 i 及与杆端约束有关的长度系 μ，对临界力的综合影响，以后可根据 λ 的数值的变化来研究临界力的变化。应该注意的是，式（11-7）与式（11-8）只适用于材料处于弹性范围内。

【例 11-1】　如图 11-8 所示，一端固定、一端自由的中心受压柱，柱长 $l=1$m，材料为 Q_{225} 钢，弹性模量 $E=2\times10^5$MPa。试求：（1）图示两种截面时的临界力，一种截面为 45mm×6mm 的角钢，另一种由截面为两个 45mm ×6mm 的角钢组成；（2）比较二者的临界力。

解　（1）单个角钢的截面。由型钢表查得

$$I_{min} = I_{y_0} = 3.89\text{cm}^4 = 3.89 \times 10^{-8}\text{m}^4$$

临界力为

$$F_{cr} = \frac{\pi^2 E I_{min}}{(\mu l)^2} = \frac{\pi^2 \times 2 \times 10^{11} \times 3.89 \times 10^{-8}}{(2 \times 1)^2} = 191\,80\text{N} = 19.18\text{kN}$$

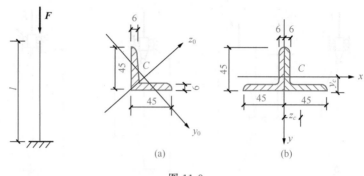

图 11-8

（2）两个角钢组成的截面，由型钢表查得 $I_z = 9.33\text{cm}^4$，$A = 5.076\text{cm}^2$，$z_C = y_C = 1.33\text{cm}$。

所以有

$$I_z = 2 \times 9.33\text{cm}^4 = 18.66\text{cm}^4$$

$$I_y = 2[9.33 + (5.076 + 1.33^2)] = 36.62\text{cm}^4$$

$I_z = I_{\min}$，故临界力为

$$F_{\text{cr}} = \frac{\pi^2 E I_{\min}}{(\mu l)^2} = \frac{\pi^2 \times 2 \times 10^{11} \times 18.66 \times 10^{-8}}{(2 \times 1)^2} = 919\ 90\text{N} = 91.99\text{kN}$$

（3）临界力之比（惯性矩之比）。

$$\frac{F_{\text{cr}(2)}}{F_{\text{cr}(1)}} = \frac{I_{\text{cr}(2)}}{I_{\text{cr}(1)}} = \frac{18.66}{3.89} = 4.8$$

用两个角钢组成的截面比一个角钢的截面，在面积增大一倍情形下，临界力可增大 4.8 倍。所以，临界力与截面尺寸及形状均有关。在截面积不改变的情况下，如何提高临界力是值得考虑的。

11-3　超过比例极限时压杆的临界应力、临界应力总图

11-3-1　临界应力

将临界荷载 F_{cr} 除以压杆的横截面面积 A，即可求得压杆的临界应力，即

$$\sigma_{\text{cr}} = \frac{F_{\text{cr}}}{A} = \frac{\pi^2 E I}{(\mu l)^2 A}$$

将截面对中性轴的惯性半径 $i = \sqrt{\dfrac{I}{A}}$ 代入上式，得

$$\sigma_{\text{cr}} = \frac{\pi^2 E}{\left(\dfrac{\mu l}{i}\right)^2} = \frac{\pi^2 E}{\lambda^2} \tag{11-9}$$

式（11-9）称为临界应力欧拉公式。此公式表明，λ 值愈大，压杆就愈容易失稳。

11-3-2　欧拉公式的适用范围

欧拉公式是根据弯曲变形的微分方程 $EIw'' = -M(x)$ 推导出的，而这个

微分方程只有在材料服从胡克定律时才成立。因此，欧拉公式的适用范围应该是临界应力不超过材料的比例极限 σ_p，即

$$\sigma_{cr} = \frac{\pi^2 E}{\lambda^2} \leqslant \sigma_p \text{ 或 } \lambda \geqslant \pi\sqrt{\frac{E}{\sigma_p}} \tag{11-10}$$

令

$$\lambda_p = \pi\sqrt{\frac{E}{\sigma_p}}$$

于是欧拉公式的适用范围可用柔度表示为

$$\lambda \geqslant \lambda_p \tag{11-11}$$

上式表明，只有当压杆的柔度 λ 不小于某一特定值 λ_p 时，才能用欧拉公式（11-7）或式（11-9）计算其临界荷载和临界应力。而满足这一条件的压杆称为细长杆或大柔度杆。由于 λ_p 与材料的比例极限 σ_p 和弹性模量 E 有关，因而不同材料压杆的 λ_p 是不相同的。例如，Q_{235} 钢 $\sigma_p = 200\text{MPa}$，$E = 206\text{GPa}$，代入式（11-11）后得

$$\lambda_p = \pi\sqrt{\frac{E}{\sigma_p}} = \rho\sqrt{\frac{2.06 \times 10^5}{200}} \approx 100$$

即 Q_{235} 钢制成的中心受压杆，当 $\lambda \geqslant 100$ 时，才能用欧拉公式计算临界力。其他材料，同样可求出其界限值 λ_p，如 TC_{13} 松木压杆 $\lambda_p = 110$，铸铁压杆的 $\lambda_p = 80$。

11-3-3　超出比例极限时压杆的临界应力

1. 经验公式

大量试验表明：$\lambda > \lambda_p$ 的压杆，其失稳时的临界应力 σ_{cr} 大于比例极限 σ_p。这类压杆的失稳称为非弹性失稳。其临界荷载和临界应力均不能用欧拉公式计算。

对于这种非弹性失稳的压杆，已有一些理论分析的结果。但工程中一般采用以试验结果为依据的经验公式来计算这类压杆的临界应力 σ_{cr}，并由此得到临界荷载为

$$F_{cr} = \sigma_{cr} A \tag{11-12}$$

常用的经验公式中最简单的为直线公式，此外还有抛物线公式。

在直线公式中，临界应力 σ_{cr} 与柔度 λ 成直线关系，其表达式为

$$\sigma_{cr} = a - b\lambda \tag{11-13}$$

式中，a、b 为与材料有关的常数，由试验确定。例如，Q_{235} 钢：$a = 304\text{MPa}$，$b = 1.12\text{MPa}$；TC_{13} 松木：$a = 29.3\text{MPa}$，$b = 0.19\text{MPa}$。

实际上，式（11-13）只能在下述范围内适用

$$\sigma_p < \sigma_{cr} < \sigma_u \tag{11-14}$$

因为当 $\sigma_{cr} \geqslant \sigma_u$（塑性材料 $\sigma_u = \sigma_s$，脆性材料 $\sigma_u = \sigma_b$）时，压杆将发生强度破坏而不是失稳破坏。

式（11-14）的范围也可用柔度表示为

$$\lambda_p > \lambda > \lambda_u \qquad (11\text{-}15)$$

柔度在此范围内的压杆称为中柔度杆或中长杆，而 $\sigma_{cr} \geqslant \sigma_u$，即 $\lambda \leqslant \lambda_u$ 的压杆称为小柔度杆或短杆。短杆的破坏是强度破坏。λ_u 是中长杆和短杆柔度的分界值。如在式（11-13）中令 $\sigma_{cr} = \sigma_u$，则所得到 λ 的就是 λ_u，即

$$\lambda_u = \frac{a - \sigma_u}{b}$$

例如，Q_{235} 钢：$\lambda_u = 60$，TC_{13} 松木：$\lambda_u = 85$。

2. 临界应力总图

综上所述，如用直线经验公式，临界荷载或临界应力的计算可按柔度分为如下三类。

1）$\lambda \geqslant \lambda_p$ 的大柔度杆，即细长杆，用欧拉公式（11-8）计算临界应力。

2）$\lambda_p > \lambda > \lambda_u$ 的中柔度杆，即中长杆，用直线公式（11-13）计算临界应力。

3）$\lambda \leqslant \lambda_u$ 的小柔度杆，即短杆，实际上是强度破坏。

由于不同柔度的压杆，其临界应力的公式不相同。因此，在压杆的稳定性计算中，应首先按式（11-9）计算其柔度值 λ，再按上述分类选用合适的公式计算其临界应力和临界荷载。

为了清楚地表明各类压杆的临界应力 σ_{cr} 和柔度 λ 之间的关系，可绘制临界应力总图。如图 11-9 所示是 Q_{235} 钢的临界应力总图。

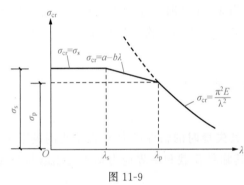

图 11-9

【例 11-2】 一 TC_{13} 松木压杆，两端为球铰，如图 11-10 所示。已知压杆材料的比例极限 $\sigma_p = 9\text{MPa}$，$\sigma_b = 13\text{MPa}$，弹性模量 $E = 1.0 \times 10^4\text{MPa}$。压杆截面为如下两种：（1）$h = 120\text{mm}$，$b = 90\text{mm}$ 的矩形；（2）$h = b = 104\text{mm}$ 的正方形。试比较两者的临界荷载。

解 （1）矩形截面。压杆两端为球铰，$\mu = 1$。截面的最小惯性半径 i_{min} 为

$$i_{min} = \sqrt{\frac{I_{min}}{A}} = \sqrt{\frac{hb^3/12}{hb}} = \frac{b}{\sqrt{12}} = \frac{90}{\sqrt{12}} = 26.0\text{mm}$$

压杆的柔度为

$$\lambda = \frac{\mu l}{i} = \frac{1 \times 3 \times 10^3}{26} = 115.4$$

由式（11-9），得

$$\lambda_p = \sqrt{\frac{\pi^2 E}{\sigma_p}} = \sqrt{\frac{\pi^2 \times 1 \times 10^4}{9}} = 104.7$$

图 11-10

可见 $\lambda > \lambda_{p}$，故该压杆为细长杆。临界荷载用欧拉公式（11-7）计算，得

$$F_{cr} = \frac{\pi^2 EI}{(\mu l)^2} = \frac{\pi^2 \times 1 \times 10^{10} \times \frac{1}{12} \times 120 \times 90^3 \times 10^{-12}}{(1 \times 3)^2}$$

$$= 79\ 944\text{N} = 79.9\text{kN}$$

（2）正方形截面。μ 仍为 1，截面的惯性半径 i 为

$$i = \frac{b}{\sqrt{12}} = \frac{104}{\sqrt{12}} = 30.0\text{mm}$$

压杆的柔度为

$$\lambda = \frac{\mu l}{i} = \frac{1 \times 3 \times 10^3}{30} = 100$$

可见 $\lambda_{u} < \lambda < \lambda_{p}$，杆为中长杆，先用直线公式（11-14）计算其临界应力，公式中的 a、b 分别为 29.3MPa 和 0.19MPa，即

$$\sigma_{cr} = a - b\lambda = 29.3 - 0.19 \times 100 = 10.3\text{MPa}$$

再由式（11-12），临界荷载为

$$F_{cr} = \sigma_{cr}A = 10.3 \times 10^6 \times (104 \times 10^{-3})^2 = 111\ 513\text{N} = 111.5\text{kN}$$

上述两种截面的面积相等，而正方形截面压杆的临界荷载较大，不容易失稳。

11-4　压杆的稳定计算

11-4-1　稳定条件

为了使压杆能正常工作而不失稳，压杆所受的轴向压力 F 必须小于临界荷载 F_{cr}；或压杆的压应力 σ 必须小于临界应力 σ_{cr}。对工程上的压杆，由于存在着种种不利因素，还需有一定的安全储备，所以要有足够的稳定安全系数 n_{st}。于是，压杆的稳定条件为

$$F \leqslant \frac{F_{cr}}{n_{st}} = [F_{st}] \tag{11-16}$$

或

$$\sigma \leqslant \frac{\sigma_{cr}}{n_{st}} = [\sigma_{st}] \tag{11-17}$$

以上两式中的 $[F_{st}]$ 和 $[\sigma_{st}]$ 分别称为稳定容许荷载和稳定容许应力。它们分别等于临界荷载和临界应力除以稳定安全系数。

稳定安全系数 n_{st} 的选取，除了要考虑在选取强度安全系数时的那些因素外，还要考虑影响压杆失稳所特有的不利因素，如压杆不可避免地存在初曲率、材料不均匀、荷载的偏心等。这些不利因素，对稳定的影响比对强度的影响大。因而，通常稳定安全系数的数值要比强度安全系数大得多。例如，钢材压杆的 n_{st} 一般取 1.8～3.0，铸铁取 5.0～5.5，木材取 2.8～3.2。而且，当压杆的柔度越大，即越细长时，这些不利因素的影响越大，稳定安全系数也应取得越大。对于压杆，都要以稳定安全系数作为其安全储备进行稳定计

算，而不必作强度校核。

但是，工程上的压杆由于构造或其他原因，有时截面会受到局部削弱，如杆中有小孔或槽等，当这种削弱不严重时，对压杆整体稳定性的影响很小，在稳定计算中可不予考虑。但对这些削弱了的局部截面，则应作强度校核。

根据稳定条件式（11-16）和式（11-17），对压杆进行稳定计算。压杆稳定计算的内容与强度计算相类似，包括校核稳定性、设计截面和求容许荷载三个方面。压杆稳定计算通常有如下两种方法。

1. 安全系数法

压杆的临界荷载为 F_{cr}。当压杆受力为 F 时，它实际具有的安全系数为 $n = F_{cr}/F$，按式（11-16），则应满足下述条件

$$n = \frac{F_{cr}}{F} \geqslant n_{st} \tag{11-18}$$

此式是用安全系数表示的稳定条件。表明只有当压杆实有的安全系数不小于给出的稳定安全系数时，压杆才能正常工作。

用这种方法进行压杆稳定计算时，必须计算压杆的临界荷载，而且应给定稳定安全系数。而为了计算 F_{cr}，应首先计算压杆的柔度，再按不同的范围选用合适的公式计算。

2. 折减系数法

将式（11-17）中的稳定容许应力表示为 $[\sigma_{st}] = \varphi[\sigma]$。其中 $[\sigma]$ 为强度容许应力，φ 称为稳定系数或折减系数。因此，式（11-17）所示的稳定条件成为

$$\sigma = \frac{F}{A} \leqslant \varphi[\sigma] \tag{11-19}$$

式中，φ 值小于 1 而大于 0，随柔度 λ 变化。《钢结构设计规范》（GB 500172—2003），根据我国常用构件的截面形式、尺寸和加工条件等因素，把压杆的稳定系数 φ 与柔度 λ 之间的关系归并为不同材料的 a、b、c 三类不同截面分别给出，表 11-1 仅给出 a、b 类部分。当计算出的 λ 不是表中的整数时，可查规范或可用线性内插的近似方法计算。

对于木制压杆的稳定系数 φ 值，由《木结构设计规范》（GB 50005—2003），按不同树种的强度等级分两组计算公式：

树种强度等级为 TC_{17}、TC_{25} 及 TC_{20} 时，有

$$\lambda \leqslant 75, \quad \varphi = \frac{1}{1 + \left(\dfrac{\lambda}{80}\right)^2} \tag{11-20}$$

$$\lambda > 75, \quad \varphi = \frac{3000}{\lambda^2} \tag{11-21}$$

树种等级为 TC_{13}、TC_{11}、TB_{17} 及 TB_{15} 时，有

$$\lambda \leqslant 91 \quad \varphi = \frac{1}{1 + \left(\dfrac{\lambda}{65}\right)^2} \tag{11-22}$$

$$\lambda > 91, \quad \varphi = \frac{2800}{\lambda^2} \qquad (11\text{-}23)$$

在式（11-20）～式（11-23）中，λ 为压杆的柔度。树种的强度等级 TC_{17} 有柏木、东北落叶松等；TC_{25} 有红杉、云杉等；TC_{13} 有红松、马尾松等；TC_{11} 有西北云杉、冷杉等；TB_{20} 有栋木、桐木等；TB_{17} 有水曲柳等；TB_{15} 有桦木、栲木等。代号后的数字为树种抗弯强度（MPa）。

表 11-1　压杆的 $\lambda \sim \varphi$ 表

$\lambda = \dfrac{\mu l}{i}$	φ					
	Q_{235} 钢		16Mn 钢		铸　铁	木　材
	a 类截面	b 类截面	a 类截面	b 类截面		TC_{15}、TC_{17}
0	1.000	1.000	1.000	1.000	1.000	1.000
10	0.995	0.992	0.993	0.989	0.97	0.985
20	0.981	0.970	0.973	0.956	0.91	0.941
30	0.963	0.936	0.950	0.913	0.81	0.877
40	0.941	0.899	0.920	0.863	0.69	0.800
50	0.916	0.856	0.881	0.804	0.57	0.719
60	0.883	0.807	0.825	0.734	0.44	0.640
70	0.839	0.751	0.751	0.656	0.34	0.566
80	0.783	0.688	0.661	0.575	0.26	0.469
90	0.714	0.621	0.570	0.499	0.20	0.370
100	0.638	0.555	0.487	0.431	0.16	0.300
110	0.563	0.493	0.416	0.373		0.246
120	0.494	0.437	0.358	0.324		0.208
130	0.434	0.387	0.310	0.283		0.178
140	0.383	0.345	0.271	0.249		0.153
150	0.339	0.303	0.239	0.221		0.133
160	0.302	0.276	0.212	0.197		0.177
170	0.270	0.249	0.189	0.176		0.104
180	0.243	0.225	0.169	0.159		0.0926
190	0.220	0.204	0.153	0.144		0.0831
200	0.199	0.186	0.138	0.131		0.0750

表 11-1 还给出铸铁等材料不同 λ 时的稳定系数 φ 值。

用这种方法进行稳定计算时，不需要计算临界荷载或临界应力，也不必给出稳定安全系数，因为 λ-φ 表的编制中，已考虑了稳定安全系数的影响。

11-4-2 压杆的稳定计算

与强度计算类似，可以用稳定条件式 (11-19) 对压杆进行三类问题的计算。

1. 稳定校核

若已知压杆的长度、支承情况、材料截面及荷载，则可校核压杆的稳定性，即

$$\sigma = \frac{F_\mathrm{N}}{A} \leqslant \varphi[\sigma]$$

2. 设计截面

将稳定条件式 (11-19) 改写为

$$A \geqslant \frac{F_\mathrm{N}}{\varphi[\sigma]}$$

在设计截面时，由于 φ 和 A 都是未知量，并且它们又是两个相依的未知量，所以常采用试算法进行计算。步骤如下：

1) 假设一个 φ_1 值（一般取 $\varphi_1 = 0.5 \sim 0.6$），由此可初步定出截面尺寸 A_1。

2) 按所选的截面 A_1，计算柔度 λ_1，查出相应的 φ_1'，比较 φ_1 与 φ_1'，若两者接近，可对所选截面进行稳定校核。

3) 若 φ_1 与 φ_1' 相差较大，可再设 $\varphi_2 = \dfrac{\varphi_1 + \varphi_1'}{2}$，重复 1)、2) 步骤试算，直至求得 φ_1 与所设的 φ 接近为止。

3. 确定许用荷载

若已知压杆的长度、支承情况、材料及截面，则可按稳定条件来确定压杆能承受的最大荷载值，即

$$F \leqslant A\varphi[\sigma]$$

【例 11-3】 由 Q$_{235}$ 钢制成的千斤顶如图 11-11 所示。丝杆长 $l = 800\mathrm{mm}$，上端自由，下端可视为固定，丝杆的直径 $d = 40\mathrm{mm}$，材料的弹性模量 $E = 2.1 \times 10^5 \mathrm{MPa}$。若该丝杆的稳定安全系数 $n_\mathrm{st} = 3$，试求该千斤顶的最大承载力。

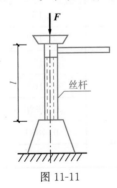

图 11-11

解 先求出丝杆的临界荷载 F_cr，再由给定的稳定安全系数求得其容许荷载，即为千斤顶的最大承载力。

丝杆为一端自由，一端固定，$\mu = 2$。丝杆截面的惯性半径为

$$i = \sqrt{\frac{I}{A}} = \sqrt{\frac{\dfrac{\pi d^4}{64}}{\dfrac{\pi d^2}{4}}} = \frac{d}{4} = \frac{40}{4} = 10\mathrm{mm}$$

故其柔度为

$$\lambda = \frac{\mu l}{i} = \frac{2 \times 800}{10} = 160$$

Q_{235} 钢的 $\lambda_p = 100$。由于 $\lambda > \lambda_p$，故该丝杆属于细长杆，应用欧拉公式计算临界荷载，即

$$F_{cr} = \frac{\pi^2 EI}{(\mu l)^2} = \frac{\pi^2 \times 2.1 \times 10^{11} \times \frac{1}{64} \times \pi \times (0.04)^4}{(2 \times 0.8)^2} = 101\,739\text{N} = 101.7\text{kN}$$

所以，丝杆的容许荷载为

$$[F_{st}] = \frac{F_{cr}}{n_{st}} = \frac{101.7}{3} = 33.9\text{kN}$$

此即千斤顶的最大承载力。

【例 11-4】　一圆木柱高 $l = 6\text{m}$，直径 $d = 20$，两端铰支，承受轴向荷载 $F = 50\text{kN}$，试校核其稳定性，已知木材的许用应力 $[\sigma] = 10\text{MPa}$（木材为南方松 TC_{15}）。

解　圆截面的惯性半径和长细比为

$$i = \frac{d}{4} = \frac{20}{4} = 5, \quad \lambda = \frac{\mu l}{i} = \frac{1 \times 6}{5 \times 10^{-2}} = 120$$

查表 11-1 得，稳定系数 $\varphi = 0.208$。

稳定校核

$$\sigma = \frac{F}{\varphi A} = \frac{50 \times 10^3}{0.208 \times \frac{\pi}{4}(20 \times 10^{-2})^2} = 7.66 \times 10^6 \text{Pa} = 7.66\text{MPa}, [\sigma]$$

故木柱满足稳定性要求。

【例 11-5】　截面为 I40a 的压杆，材料为 Q_{345} 钢，许用应力 $[\sigma] = 230\text{MPa}$，杆长 $l = 5.6\text{m}$，在 xz 平面内失稳时杆端约束情况接近于两端固定，故长度系数可取为 $\mu_y = 0.65$；在 xy 平面内失隐时为两端铰支，$\mu_z = 1.0$，截面形状如图 11-12所示。试计算压杆所允许承受的轴向压力 F。

解　查型钢表 I40a 得

$$A = 86.1\text{cm}^2, \quad i_y = 2.77\text{cm}, \quad i_z = 15.9\text{cm}$$

计算长细比

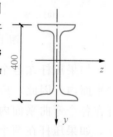

图 11-12

$$\lambda_y = \frac{\mu_y l}{i_y} = \frac{0.65 \times 5.6}{2.77 \times 10^{-2}} = 131.4$$

$$\lambda_z = \frac{\mu_z l}{i_z} = \frac{1 \times 5.6}{15.9 \times 10^{-2}} = 35.2$$

在 λ_y 与 λ_z 中应取大的长细比 $\lambda_y = 131.4$ 来确定稳定系数 σ，由表 11-1 中 Q_{345} b 类，并用直线插入法求得

$$\varphi = 0.283 + \frac{1.4}{10}(0.249 - 0.283) = 0.278$$

压杆允许承受的轴向压力为

$$F = A\varphi[\sigma] = 86.1 \times 10^{-4} \times 0.278 \times 230 \times 10^6 = 55\,100\text{N} = 551\text{kN}$$

11-5　提高压杆稳定性的措施

提高压杆稳定性的关键在于提高其临界力（或临界应力）。由欧拉公式可以看出，影响压杆稳定性的因素有：压杆的柔度和材料的机械性质。而柔度又是压杆的截面形状、杆件长度和杆端约束等因素的综合反映。因此，提高压杆稳定性的措施，也应从这几个方面入手。

11-5-1　选择合理的截面形式

从欧拉公式可以看出，在其他条件相同的情况下，截面的惯性矩 I 越大，则临界力 F_{cr} 也越大。为此，应尽量使材料远离截面的中性轴。例如，空心的截面就比实心截面合理，如图 11-13 所示。同理，四根角钢分散放置在截面的四个角处比集中放置在形心附近合理，如图 11-14 所示。

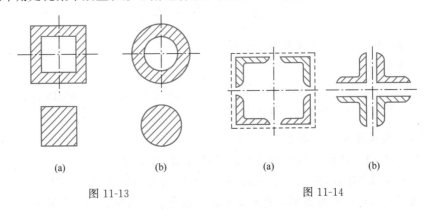

图 11-13　　　　　　　　图 11-14

如果压杆在各个弯曲平面内的支承条件相同，压杆的失稳总是发生在 I_{min} 的平面内。因此，应尽量使截面对任一形心主轴的惯性矩相同，这样可使压杆在各个弯曲平面内具有相同的稳定性。

如果压杆在两个互相垂直平面内的支承条件不同，可采取 $I_z \neq I_y$ 的截面来与相应的支承条件配合，使压杆在两个互相垂直平面内的柔度值相等，即 $\lambda_z = \lambda_y$，这样就保证压杆在这两个方向上具有相同的稳定性。

11-5-2　减小压杆长度和增加杆端约束

减小压杆长度可以降低压杆柔度，这是提高压杆稳定性的有效措施。因此，在条件允许的情况下，应尽量使压杆的长度减小，或者在压杆中间增加支撑。

从表 11-1 中可以看到，压杆端部固结越牢固，长度系数 μ 值越小，则压杆的柔度 λ 越小，这说明压杆的稳定性越好。因此，在条件允许的情况下，应尽可能加强杆端约束。

11-5-3　合理选择材料

对于大柔度杆，临界应力与材料的弹性模量 E 有关，由于各种钢材的弹

性模量 E 相差不大，所以对大柔度杆来说，选用优质钢材对提高临界应力是没有意义的。对于中小柔度杆，其临界应力与材料强度有关，强度越高的材料，临界应力也越高。所以，对中小柔度杆而言，选用优质钢材将有助于提高压杆的稳定性。

思考题与习题

思考题

11-1　如何判断压杆的失稳平面？有根一端固定、一端自由的压杆，如有图示形式的横截面，试指出失稳平面。失稳时横截面绕哪个轴转动。

11-2　有一圆截面细长压杆，其他条件不变，若直径增大一倍时，其临界力有何变化？若长度增加一倍时，其临界力有何变化？

11-3　两根细长压杆，其材料、杆端约束、杆长、横截面面积均相同，仅截面形状不同，如图所示，其临界力比值为多少？

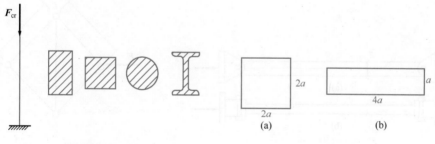

思考题 11-1 图　　　　　　　　思考题 11-3 图

11-4　如图所示两根直径为 d 的压杆，要使两杆的临界力相等，则两杆的长度有什么关系？试分别就大柔度杆和中长杆两种情况进行讨论。

11-5　柔度 λ 的物理意义是什么？它与哪些量有关？各个量如何确定？

11-6　提高压杆的稳定性可以采取哪些措施？采用优质钢材对提高压杆稳定性的效果如何？

11-7　试求可用欧拉公式计算临界力的压杆的最小柔度，如果杆分别由下列材料制成：（1）比例极限 $\sigma_p = 220\text{MPa}$，弹性模量 $E = 190\text{GPa}$ 的钢；（2）$\sigma_p = 20\text{MPa}$，$E = 11\text{GPa}$ 的松木。

习　题

11-1　两端铰支的压杆，截面为 I22a，长 $l = 5\text{m}$，钢的弹性模量 $E = 2.0 \times 10^5 \text{MPa}$，试用欧拉公式求压杆的临界力 F_{cr}。

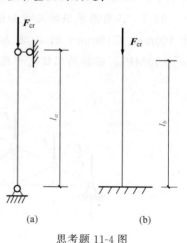

思考题 11-4 图

11-2 如图所示各杆材料和截面均相同，问哪一根压杆能承受的压力最大？哪一根最小。

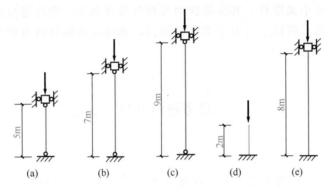

习题 11-2 图

11-3 如图所示压杆横截面为矩形，$h=80\mathrm{mm}$，$b=40\mathrm{mm}$，杆长 $l=2\mathrm{m}$，材料为 Q_{235} 钢，$E=2.1\times10^5$ MPa，支端约束如图所示。在正视图（a）的平面内为两端铰支；在俯视图（b）的平面内为两端弹性固定，采用 $\mu=0.8$，试求此杆的临界力。

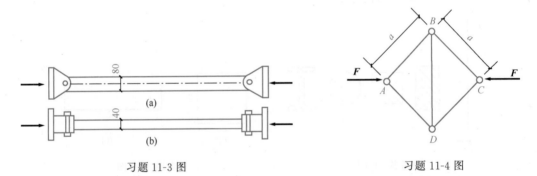

习题 11-3 图　　　　　　　　　　　习题 11-4 图

11-4 如图所示五根圆杆组成的正方形结构。$a=1\mathrm{m}$，各结点均为铰接，杆的直径均为 $d=35\mathrm{mm}$，截面类型为 a 类。材料均为 Q_{235} 钢，$[\sigma]=170\mathrm{MPa}$，试求此时的容许荷载 F。又若 F 的方向改为向外，试求此时的容许荷载 F 应为多少？

11-5 三角形屋架的尺寸如图所示。$F=9.7\mathrm{kN}$，斜腹杆 CD 按构造要求用最小截面尺寸 $100\mathrm{mm}\times100\mathrm{mm}$ 的正方形，材料为东北落叶松 TC_{17}，其顺纹抗压许用应力 $[\sigma]=10\mathrm{MPa}$，若按两端铰支考虑，试校核 CD 杆的稳定性。

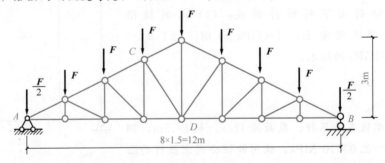

习题 11-5 图

11-6 如图所示托架，其撑杆 AB 为由西南云杉 TC_{15} 制成的圆木杆，$q=50kN/m$，AB 杆两端为柱形铰，$[\sigma]=11MPa$。试求 AB 杆的直径 d。

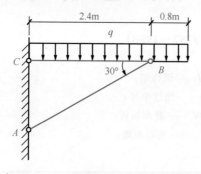

习题 11-6 图

习题参考答案

11-1 $F_{cr}=178kN$

11-2 图（b）为 $F_{cr(min)}$，图（e）和图（d）为 $F_{cr(max)}$

11-3 $F_{cr}=345kN$

11-4 $F=124.9kN$，$F=48.5kN$

11-5 稳定性满足

11-6 $d=19.1cm$

附录　型　钢　表

一、热轧等边角钢（GB 9787－1988）

符号意义：

b——边宽度；　　　　I——惯性矩；

d——边厚度；　　　　i——惯性半径；

r——内圆弧半径；　　W——截面系数；

r_1——边端内弧半径；　z_0——重心距离。

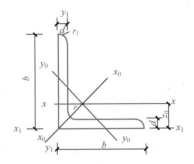

角钢号码	尺寸/mm			截面面积/cm²	理论重量/(kg/m)	外表面积/(m²/m)	参考数值												z₀/cm
							$x-x$			x_0-x_0			y_0-y_0			x_1-x_1			
	b	d	r				I_x/cm⁴	i_x/cm	W_x/cm³	I_{x0}/cm⁴	i_{x0}/cm	W_{x0}/cm³	I_{y0}/cm⁴	i_{y0}/cm	W_{y0}/cm³	I_{x1}/cm⁴		z_0/cm
2	20	3	3.5	1.132	0.889	0.078	0.40	0.59	0.29	0.63	0.75	0.45	0.17	0.39	0.20	0.81		0.60
		4		1.459	1.145	0.077	0.50	0.58	0.36	0.78	0.73	0.55	0.22	0.38	0.24	1.09		0.64
2.5	25	3		1.432	1.124	0.098	0.82	0.76	0.46	1.29	0.95	0.73	0.34	0.49	0.33	1.57		0.73
		4		1.859	1.459	0.097	1.03	0.74	0.59	1.62	0.93	0.92	0.43	0.48	0.40	2.11		0.76
3.0	30	3		1.749	1.373	0.117	1.46	0.91	0.68	2.31	1.15	1.09	0.61	0.59	0.51	2.71		0.85
		4		2.276	1.786	0.117	1.84	0.90	0.87	2.92	1.13	1.37	0.77	0.58	0.62	3.63		0.89
3.6	36	3	4.5	2.109	1.656	0.141	2.58	1.11	0.99	4.09	1.39	1.61	1.07	0.71	0.76	4.68		1.00
		4		2.756	2.163	0.141	3.29	1.09	1.28	5.22	1.38	2.05	1.37	0.70	0.93	6.25		1.04
		5		3.382	2.654	0.141	3.95	1.08	1.56	6.24	1.36	2.45	1.65	0.70	1.09	7.84		1.07
4.0	40	3		2.359	1.852	0.157	3.59	1.23	1.23	5.69	1.55	2.01	1.49	0.79	0.96	6.41		1.09
		4		3.086	2.422	0.157	4.60	1.22	1.60	7.29	1.54	2.58	1.91	0.79	1.19	8.56		1.13
		5		3.791	2.976	0.156	5.53	1.21	1.96	8.76	1.52	3.01	2.30	0.78	1.39	10.74		1.17
4.5	45	3	5	2.659	2.088	0.177	5.17	1.40	1.58	8.20	1.76	2.58	2.14	0.90	1.24	9.12		1.22
		4		3.486	2.736	0.177	6.65	1.38	2.05	10.56	1.74	3.32	2.75	0.89	1.54	12.18		1.26
		5		4.292	3.369	0.176	8.04	1.37	2.51	12.74	1.72	4.00	3.33	0.88	1.81	15.25		1.30
		6		5.076	3.985	0.176	9.33	1.36	2.95	14.76	1.70	4.64	3.89	0.88	2.06	18.36		1.33
5.0	50	3	5.5	2.971	2.332	0.197	7.18	1.55	1.96	11.37	1.96	3.22	2.98	1.00	1.57	12.50		1.34
		4		3.897	3.059	0.197	9.26	1.54	2.56	14.70	1.94	4.16	3.82	0.99	1.96	16.69		1.38
		5		4.803	3.770	0.196	11.21	1.53	3.13	17.79	1.92	5.03	4.64	0.98	2.31	20.90		1.42
		6		5.688	4.465	0.196	13.05	1.52	3.68	20.68	1.91	5.85	5.42	0.98	2.63	25.14		1.46
5.6	56	3	6	3.343	2.624	0.221	10.19	1.75	2.48	16.14	2.20	4.08	4.24	1.13	2.02	17.56		1.48
		4		4.390	3.446	0.220	13.18	1.73	3.24	20.92	2.18	5.28	5.46	1.11	2.52	23.43		1.53
		5		5.415	4.251	0.220	16.02	1.72	3.97	25.42	2.17	6.42	6.61	1.10	2.98	29.33		1.57
		6		8.367	6.568	0.219	23.63	1.68	6.03	37.37	2.11	9.44	9.89	1.09	4.16	47.24		1.68

续表

角钢号码	尺寸/mm			截面面积/cm²	理论重量/(kg/m)	外表面积/(m²/m)	参考数值										z₀/cm
							$x-x$			x_0-x_0			y_0-y_0			x_1-x_1	
	b	d	r				I_x/cm⁴	i_x/cm	W_x/cm³	I_{x0}/cm⁴	i_{x0}/cm	W_{x0}/cm³	I_{y0}/cm⁴	i_{y0}/cm	W_{y0}/cm³	I_{x1}/cm⁴	
6.3	63	4	7	4.978	3.907	0.248	19.03	1.96	4.13	30.17	2.46	6.78	7.89	1.26	3.29	33.35	1.70
		5		6.143	4.822	0.248	23.17	1.94	5.08	36.77	2.45	8.25	9.57	1.25	3.9	41.73	1.74
		6		7.288	5.721	0.247	27.12	1.93	6.0	43.03	2.43	9.66	11.2	1.24	4.46	50.14	1.78
		8		9.515	7.469	0.247	34.46	1.90	7.75	54.56	2.40	12.25	14.33	1.23	5.47	67.11	1.85
		10		11.657	151	0.246	41.09	1.88	9.39	64.85	2.36	14.56	17.33	1.22	6.36	84.31	1.93
7	70	4	8	5.570	4.372	0.275	26.39	2.18	5.14	41.8	2.76	8.44	10.99	1.40	4.17	45.74	1.86
		5		6.875	5.397	0.275	32.21	2.16	6.32	51.08	2.73	10.32	13.34	1.39	4.95	57.21	1.91
		6		8.160	6.406	0.275	37.77	2.15	7.48	59.93	2.71	12.11	15.61	1.38	5.67	68.73	1.95
		7		9.424	7.398	0.275	43.09	2.14	8.59	68.35	2.69	13.81	17.82	1.38	6.34	80.29	1.99
		8		10.667	8.373	0.274	48.17	2.12	9.68	76.37	2.68	15.43	19.98	1.37	6.98	91.92	2.03
7.5	75	5	9	7.412	5.818	0.295	39.97	2.33	7.32	63.3	2.92	11.94	16.63	1.50	5.77	70.56	2.04
		6		8.797	6.905	0.294	46.95	2.31	8.64	74.38	2.90	14.02	19.51	1.49	6.67	84.55	2.07
		7		10.16	7.976	0.294	53.57	2.30	9.93	84.96	2.89	16.02	22.18	1.48	7.44	98.71	2.11
		8		11.503	9.03	0.294	59.96	2.28	11.2	95.07	2.88	17.93	24.86	1.47	8.19	112.97	2.15
		10		14.126	11.089	0.293	71.98	2.26	13.64	113.92	2.84	21.48	30.05	1.46	9.56	141.71	2.22
8	80	5	9	7.912	6.211	0.315	48.79	2.48	8.34	77.33	3.13	13.67	20.25	1.60	6.66	85.36	2.15
		6		9.397	7.376	0.314	57.35	2.47	9.87	90.98	3.11	16.08	23.72	1.59	7.65	102.5	2.19
		7		10.86	8.525	0.314	65.58	2.46	11.37	104.07	3.1	18.4	27.09	1.58	8.58	119.7	2.23
		8		12.303	9.658	0.314	73.49	2.44	12.83	116.6	3.08	20.61	30.39	1.57	9.46	136.97	2.27
		10		15.126	11.874	0.313	88.43	2.42	15.64	140.09	3.04	24.76	36.77	1.56	11.08	171.74	2.35
9	90	6	10	10.637	8.35	0.354	82.77	2.79	12.61	131.26	3.51	20.63	34.28	1.80	9.95	145.87	2.44
		7		12.301	9.656	0.354	94.83	2.78	14.54	150.47	3.50	23.64	39.18	1.78	11.19	170.3	2.48
		8		13.944	10.946	0.353	106.47	2.76	16.42	168.97	3.48	26.55	43.97	1.78	12.35	194.8	2.52
		10		17.167	13.476	0.353	128.58	2.74	20.07	203.9	3.45	32.04	53.26	1.76	14.52	244.07	2.59
		12		20.306	15.94	0.352	149.22	2.71	23.57	236.21	3.41	37.12	62.22	1.75	16.49	293.76	2.67
10	100	6	10	11.932	9.366	0.393	114.95	3.10	15.68	181.98	3.9	25.74	47.92	2.00	12.69	200.07	2.67
		7		13.796	10.83	0.393	131.86	3.09	18.1	208.97	3.89	29.55	54.74	1.99	14.26	233.54	2.71
		8		15.638	12.276	0.393	148.24	3.08	20.47	235.07	3.88	33.24	61.41	1.98	15.75	267.09	2.76
		10		19.261	15.12	0.392	179.51	3.05	25.06	284.68	3.84	40.26	74.35	1.96	18.54	334.48	2.84
		12		22.8	17.898	0.391	208.9	3.03	29.48	330.95	3.81	46.8	86.84	1.95	21.08	402.34	2.91
		14		26.256	20.611	0.391	236.53	3.00	33.73	374.06	3.77	52.9	99	1.94	23.44	470.75	2.99
		16		20.627	23.257	0.39	262.53	2.98	37.82	414.16	3.74	58.57	110.89	1.94	25.63	539.8	3.06

续表

角钢号码	尺寸/mm			截面面积/cm²	理论重量/(kg/m)	外表面积/(m²/m)	参 考 数 值											z₀/cm
							$x-x$			x_0-x_0			y_0-y_0			x_1-x_1		
	b	d	r				I_x/cm⁴	i_x/cm	W_x/cm³	I_{x0}/cm⁴	i_{x0}/cm	W_{x0}/cm³	I_{y0}/cm⁴	i_{y0}/cm	W_{y0}/cm³	I_{x1}/cm⁴		
11	110	7	12	15.196	11.928	0.433	177.16	3.41	22.05	280.94	4.3	36.12	73.38	2.2	17.51	310.64		2.96
		8		17.238	13.532	0.433	199.46	3.4	24.95	316.49	4.28	40.69	82.42	2.19	19.39	355.2		3.01
		10		21.261	16.69	0.432	242.19	3.38	30.6	384.39	4.25	49.42	99.98	2.17	22.91	444.65		3.09
		12		25.20	19.782	0.431	282.55	3.35	36.05	448.17	4.22	57.62	116.93	2.15	26.15	534.6		3.16
		14		29.056	22.809	0.431	320.71	3.32	41.31	508.01	4.18	65.31	133.4	2.14	29.14	625.16		3.24
12.5	125	8	14	19.75	15.504	0.492	297.03	3.88	32.52	470.89	4.88	53.28	123.16	2.50	25.86	521.01		3.37
		10		24.373	19.133	0.491	361.67	3.85	39.97	573.89	4.85	64.93	149.46	2.48	30.62	651.93		3.45
		12		28.912	22.696	0.491	423.16	3.83	41.17	671.44	4.82	75.96	174.88	2.46	35.03	783.42		3.53
		14		33.367	26.193	0.490	481.65	3.80	54.16	763.73	4.78	86.41	199.57	2.45	39.13	915.61		3.61
14	140	10	14	27.373	21.488	0.551	514.65	4.34	50.58	817.27	5.46	82.56	212.04	2.78	39.2	915.11		3.82
		12		32.512	25.522	0.551	603.68	4.31	59.8	958.79	5.43	96.85	248.57	2.76	45.02	1099.28		3.90
		14		37.567	29.49	0.550	688.81	4.28	68.75	1093.56	5.40	110.47	284.06	2.75	50.45	1284.22		3.98
		16		42.539	33.393	0.549	770.24	4.26	77.46	1221.81	5.36	123.42	318.67	2.74	55.55	1470.07		4.06
16	160	10	16	31.502	24.729	0.63	779.53	4.98	66.7	1237.3	6.27	109.36	321.76	3.20	52.76	1365.33		4.31
		12		37.441	29.391	0.630	916.58	4.95	78.98	1455.68	6.24	128.67	377.49	3.18	60.74	1639.57		4.39
		14		43.296	33.987	0.629	1048.36	4.92	90.95	1665.02	6.20	147.17	431.7	3.16	68.24	1914.68		4.47
		16		49.067	38.518	0.629	1175.08	4.89	102.63	1865.57	6.17	164.89	484.59	3.14	75.31	2190.82		4.55
18	180	12	16	42.241	33.159	0.71	1321.35	5.59	100.82	2100.1	7.05	165	542.61	3.58	78.41	2332.8		4.89
		14		48.896	38.383	0.709	1514.48	5.56	116.25	2407.42	7.02	189.14	621.53	3.58	88.38	2723.48		4.97
		16		55.467	43.542	0.709	1700.99	5.54	131.13	2703.37	6.98	212.4	698.6	3.55	97.83	3115.29		5.05
		18		61.955	48.634	0.709	1875.12	5.50	145.64	2988.24	6.94	234.78	762.01	3.51	105.14	3502.43		5.13
20	200	14	18	54.642	42.894	0.788	2103.55	6.20	144.7	3343.26	7.82	236.4	863.83	3.98	111.82	3734.1		5.46
		16		62.013	48.68	0.788	2366.15	6.18	163.65	3760.89	7.79	265.93	971.41	3.96	123.96	4270.39		5.54
		18		69.301	54.401	0.787	2620.64	6.15	182.22	4164.54	7.75	294.48	1076.74	3.94	135.52	4808.13		5.62
		20		76.505	60.056	0.787	2867.3	6.12	200.42	4554.55	7.72	322.06	1180.04	3.93	146.55	5347.51		5.69
		24		90.661	71.168	0.785	3338.25	6.07	236.17	5294.97	7.64	374.41	1381.53	3.90	166.55	6457.16		5.87

注：截面图中的 $r_1 = \frac{1}{3}d$ 及表中 r 值的数据用于孔型设计，不作交货条件。

二、热轧不等边角钢 （GB 9788—1988）

符号意义：

B——长边宽度；　　　　　　b——短边宽度；

d——边厚度；　　　　　　　r——内圆弧半径；

r_1——边端内弧半径；　　　　I——惯性矩；

i——惯性半径；　　　　　　W——截面系数；

x_0——重心距离；　　　　　　y_0——重心距离。

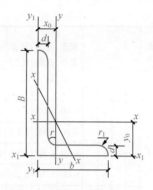

角钢号码	尺寸/mm				截面面积/cm²	理论重量/kg/m	外表面积/m²/m	参考数值														
								$x-x$			$y-y$			x_1-x_1		y_1-y_1		$u-u$			
	B	b	d	r				I_x/cm⁴	i_x/cm	W_x/cm³	I_y/cm⁴	i_y/cm	W_y/cm³	I_{x1}/cm⁴	y_0/cm	I_{y1}/cm⁴	x_0/cm	I_u/cm⁴	i_u/cm	W_{y0}/cm³	$\tan\alpha$
2.5/1.6	25	16	3	3.5	1.162	0.912	0.080	0.700	0.780	0.430	0.220	0.440	0.190	1.560	0.860	0.430	0.420	0.140	0.340	0.160	0.392
			4		1.499	1.176	0.079	0.880	0.770	0.550	0.270	0.430	0.240	2.090	0.900	0.590	0.460	0.170	0.340	0.200	0.381
3.2/2	32	20	3		1.492	1.171	0.102	1.530	1.010	0.720	0.460	0.550	0.300	3.270	1.080	0.820	0.490	0.280	0.430	0.250	0.382
			4		1.939	1.522	0.101	1.930	1.000	0.930	0.570	0.540	0.390	4.370	1.120	1.120	0.530	0.350	0.420	0.320	0.374
4/2.5	40	25	3	4	1.890	1.484	0.127	3.080	1.280	1.150	0.930	0.700	0.490	5.390	1.320	1.590	0.590	0.560	0.540	0.400	0.386
			4		2.467	1.936	0.127	3.930	1.360	1.490	1.180	0.690	0.630	8.530	1.370	2.140	0.630	0.710	0.540	0.520	0.381
4.5/2.8	45	28	3	5	2.149	1.687	0.143	4.450	1.440	1.470	1.340	0.790	0.620	9.100	1.470	2.230	0.640	0.800	0.610	0.510	0.383
			4		2.806	2.203	0.143	5.690	1.420	1.910	1.700	0.780	0.800	12.130	1.510	3.000	0.680	1.020	0.600	0.660	0.380
5/3.2	50	32	3	5.5	2.431	1.908	0.161	6.240	1.600	1.840	2.020	0.910	0.820	12.490	1.600	3.310	0.730	1.200	0.700	0.680	0.404
			4		3.177	2.494	0.160	8.020	1.590	2.390	2.580	0.900	1.060	16.650	1.650	4.450	0.770	1.530	0.690	0.870	0.402
5.6/3.6	56	36	3	6	2.743	2.153	0.181	8.88	1.80	2.32	2.92	1.03	1.05	17.54	1.78	4.70	0.80	1.73	0.79	0.87	0.408
			4		3.59	2.818	0.18	11.45	1.79	3.03	3.76	1.02	1.37	23.39	1.82	6.33	0.85	2.23	0.79	1.13	0.408
			5		4.415	3.466	0.18	13.86	1.77	3.71	4.49	1.01	1.65	29.25	1.87	7.94	0.88	2.67	0.78	1.36	0.404
6.3/4	63	40	4	7	4.058	3.185	0.202	16.49	2.02	3.87	5.23	1.14	1.70	33.3	2.04	8.63	0.92	3.12	0.88	1.40	0.398
			5		4.993	3.92	0.202	20.02	2.00	4.74	6.31	1.12	2.71	41.63	2.08	10.86	0.95	3.76	0.87	1.71	0.396
			6		5.908	4.638	0.201	23.36	1.96	5.59	7.29	1.11	2.43	49.98	2.12	13.12	0.99	4.34	0.86	1.99	0.393
			7		6.802	5.339	0.201	26.53	1.98	6.40	8.24	1.10	2.78	58.07	2.15	15.47	1.03	4.97	0.86	2.29	0.389
7/4.5	70	45	4	7.5	4.547	3.57	0.226	23.17	2.26	4.86	7.55	1.29	2.17	45.92	2.24	12.26	1.02	4.40	0.98	1.77	0.41
			5		5.609	4.403	0.225	27.95	2.23	5.92	9.13	1.28	2.65	57.10	2.28	15.39	1.06	5.40	0.98	2.19	0.407
			6		6.647	5.218	0.225	32.54	2.21	6.95	10.62	1.26	3.12	68.35	2.32	18.58	1.09	6.35	0.98	2.59	0.404
			7		7.657	6.011	0.225	37.22	2.20	8.03	12.01	1.25	3.57	79.99	2.36	21.84	1.13	7.16	0.97	2.94	0.402
(7.5/5)	75	50	5	8	6.125	4.808	0.245	34.86	2.39	6.50	12.61	1.4.4	3.30	70.00	2.40	21.04	1.17	7.41	1.10	2.74	0.435
			6		7.26	5.699	0.245	41.12	2.38	8.12	14.7	1.42	3.88	84.3	2.44	25.37	1.21	8.54	1.08	3.19	0.435
			8		9.467	7.431	0.244	52.39	2.35	10.52	18.53	1.40	4.99	112.5	2.52	34.23	1.29	10.87	1.07	4.10	0.429
			10		11.59	9.098	0.244	62.71	2.33	12.79	21.96	1.38	6.04	140.8	2.6	43.43	1.36	13.1	1.06	4.99	0.423

角钢号码	尺寸/mm				截面面积/cm²	理论重量/kg/m	外表面积/m²/m	参考数值													
								x—x			y—y			x₁—x₁		y₁—y₁		u—u			
	B	b	d	r				I_x/cm⁴	i_x/cm	W_x/cm³	I_y/cm⁴	i_y/cm	W_y/cm³	I_{x1}/cm⁴	y_0/cm	I_{y1}/cm⁴	x_0/cm	I_u/cm⁴	i_u/cm	W_{y0}/cm³	tanα
8/5	80	50	5	8.5	6.375	5.005	0.255	41.96	2.56	7.78	12.82	1.42	3.32	85.21	2.60	21.06	1.14	7.66	1.10	2.74	0.388
			6		7.56	5.935	0.255	49.49	2.56	9.25	14.95	1.41	3.91	102.53	2.65	25.41	1.18	8.85	1.08	3.20	0.387
			7		8.724	6.848	0.255	56.16	2.54	10.58	16.96	1.39	4.48	119.33	2.69	29.82	1.21	10.18	1.08	3.70	0.384
			8		9.867	7.745	0.254	62.83	2.52	11.92	18.85	1.38	5.03	136.41	2.73	34.32	1.25	11.38	1.07	4.16	0.381
9/5.6	90	56	5	9	7.212	5.661	0.287	60.45	2.90	9.92	18.32	1.59	4.21	121.32	2.91	29.53	1.25	10.98	1.23	3.49	0.385
			6		8.557	6.717	0.286	71.03	2.88	11.74	21.42	1.58	4.96	145.59	2.95	35.58	1.29	12.90	1.23	4.18	0.384
			7		9.880	7.756	0.286	81.01	2.86	13.49	24.36	1.57	5.70	169.66	3.00	41.71	1.33	14.67	1.22	4.72	0.382
			8		11.183	8.779	0.286	91.03	2.85	15.27	27.15	1.56	6.41	194.17	3.04	47.93	1.36	16.34	1.21	5.29	0.380
10/6.3	100	63	6	10	9.617	7.55	0.32	99.06	3.21	14.64	30.94	1.79	6.35	199.71	3.24	50.5	1.43	18.42	1.38	5.25	0.394
			7		11.111	8.722	0.32	113.45	3.20	19.88	35.26	1.78	7.29	233.00	3.28	59.14	1.47	21.00	1.38	6.02	0.393
			8		12.584	9.878	0.319	127.37	3.18	19.08	39.39	1.77	8.21	266.32	3.32	67.88	1.50	23.5	1.37	6.78	0.391
			10		15.467	12.142	0.319	153.81	3.15	23.32	47.12	1.74	9.98	333.06	3.40	85.73	1.58	28.33	1.35	8.24	0.387
10/8	100	80	6	10	10.637	8.35	0.354	107.04	3.17	15.19	61.24	2.40	10.16	199.83	2.95	102.68	1.97	31.65	1.72	8.37	0.627
			7		12.301	9.656	0.354	122.73	3.16	17.52	70.08	2.39	11.71	233.2	3.00	119.98	2.01	36.17	1.72	9.60	0.626
			8		13.944	10.946	0.353	137.92	3.14	19.81	78.58	2.37	13.21	266.61	3.04	137.37	2.05	40.58	1.71	10.80	0.625
			10		17.167	13.476	0.353	166.87	3.12	24.24	94.65	2.35	16.12	333.63	3.12	172.48	2.13	49.1	1.69	13.12	0.622
11/7	110	70	6	10	10.637	8.35	0.354	133.37	3.54	17.85	42.92	2.01	7.90	265.78	3.53	69.08	1.57	25.36	1.54	6.53	0.403
			7		12.301	9.656	0.354	153.00	3.53	20.6	49.01	2.00	9.09	310.07	3.57	80.82	1.61	28.95	1.53	7.50	0.402
			8		13.944	10.946	0.353	172.04	3.51	23.3	54.87	1.98	10.25	254.39	3.62	92.70	1.65	32.45	1.53	8.45	0.401
			10		17.167	13.476	0.353	208.39	3.48	28.54	65.88	1.96	12.48	443.13	3.70	116.83	1.72	39.2	1.51	10.29	0.397
12.5/8	125	80	7	11	14.096	11.066	0.403	227.98	4.02	26.86	74.42	2.30	12.01	454.99	4.01	120.32	1.8	43.81	1.76	9.92	0.408
			8		15.989	12.551	0.40	256.77	4.01	30.41	83.49	2.28	13.56	519.99	4.06	137.85	1.84	49.15	1.75	11.18	0.407
			10		19.712	15.474	0.402	312.04	3.98	37.33	100.67	2.26	16.56	650.09	4.14	173.4	1.92	59.45	1.74	13.64	0.404
			12		23.351	18.33	0.402	364.41	3.95	44.01	116.67	2.24	19.43	780.39	4.22	209.67	2.00	69.35	1.72	16.01	0.400
14/9	140	90	8	12	18.038	14.16	0.453	365.64	4.50	38.48	120.69	2.59	17.34	730.53	4.50	197.79	2.04	70.83	1.98	14.31	0.411
			10		22.261	17.475	0.452	445.50	4.47	47.31	146.03	2.56	21.22	913.2	4.58	243.92	2.12	85.82	1.96	17.48	0.409
			12		26.40	20.724	0.451	521.59	4.44	55.87	169.79	2.54	24.95	1096.09	4.66	296.89	2.19	100.21	1.95	20.54	0.406
			14		30.456	23.908	0.451	594.10	4.42	64.18	192.1	2.51	28.54	1279.2	4.74	348.82	2.27	114.13	1.94	23.52	0.403
16/10	160	100	10	13	25.315	19.872	0.512	668.69	5.14	62.13	205.03	2.85	26.56	1362.89	5.24	336.59	2.28	121.74	2.19	21.92	0.39
			12		30.054	23.592	0.511	784.91	5.11	73.49	239.06	2.82	31.28	1635.56	5.32	405.94	2.36	142.33	2.17	25.79	0.388
			14		34.709	27.247	0.51	896.30	5.08	84.56	271.2	2.80	35.83	1908.5	5.40	476.42	2.43	162.23	2.16	29.56	0.385
			16		39.281	30.835	0.51	1003.04	5.05	95.33	301.6	2.77	40.24	2181.79	5.48	548.22	2.51	182.57	2.16	33.44	0.382

角钢号码	尺寸/mm				截面面积/cm²	理论重量/kg/m	外表面积/m²/m	参考数值													
								x−x			y−y			x₁−x₁		y₁−y₁		u−u			
	B	b	d	r				I_x/cm⁴	i_x/cm	W_x/cm³	I_y/cm⁴	i_y/cm	W_y/cm³	I_{x1}/cm⁴	y_0/cm	I_{y1}/cm⁴	x_0/cm	I_u/cm⁴	i_u/cm	W_{y0}/cm³	tanα
18/11	180	110	10	14	28.373	22.273	0.571	956.25	5.80	78.96	278.11	3.13	32.49	1940.4	5.89	447.22	2.44	166.5	2.42	26.88	0.376
			12		33.712	26.464	0.571	1124.72	5.78	93.53	325.03	3.10	38.32	2328.38	5.98	538.94	2.52	194.87	2.40	31.66	0.374
			14		38.967	30.589	0.57	1286.91	5.75	107.76	369.55	3.08	43.97	2716.66	6.06	631.95	2.59	222.3	2.39	36.32	0.372
			16		44.139	34.649	0.569	1443.06	5.72	121.64	411.85	3.06	49.44	3105.15	6.14	726.46	2.67	248.94	2.38	40.87	0.369
20/12.5	200	125	10	14	37.912	29.761	0.641	1570.9	6.44	116.73	483.16	3.57	49.99	3193.85	6.54	787.74	2.83	285.79	2.74	41.23	0.392
			12		43.867	34.436	0.64	1800.97	6.41	134.65	550.83	3.54	57.44	3726.17	6.62	922.47	2.91	326.58	2.73	47.34	0.39
			14		49.739	39.045	0.639	2023.35	6.38	152.18	615.44	3.52	64.69	4258.86	6.70	1058.86	2.99	366.21	2.71	53.32	0.388
			16		55.526	43.588	0.639	2238.3	6.35	169.33	677.190	3.49	71.74	4792	6.78	1197.13	3.06	404.83	2.70	59.18	0.385

注：(1) 括号内型号不推荐使用。

(2) 截面图中的 $r_1 = \frac{1}{3}d$ 及表中 r 值的数据用于孔型设计，不作交货条件。

三、热轧普通工字钢（GB 706—1988）

符号意义：

h——高度；	r_1——腿端圆弧半径；
b——腿宽；	I——惯性矩；
d——腰厚；	W——截面系数；
t——平均腿厚；	i——惯性半径；
r——内圆弧半径；	S——半截面的面积矩。

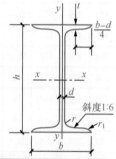

型号	尺寸/mm						截面面积 cm²	理论重量 kg/m	参考数值						
									x−x				y−y		
	h	b	d	t	r	r_1			I_x/cm⁴	W_x/cm³	i_x/cm	$I_x : S_x$/cm	I_y/cm⁴	W_y/cm³	i_y/cm
10	100	68	4.5	7.6	6.5	3.3	14.3	11.2	245	49	4.14	8.59	33	9.72	1.52
12.6	126	74	5	8.4	7	3.5	18.1	14.2	488.43	77.529	5.195	10.85	46.906	12.677	1.609
14	140	80	5.5	9.1	7.5	3.8	21.5	16.9	712	102	5.76	12	64.4	16.1	1.73
16	160	88	9.9	8	8	4	26.1	20.5	1130	141	6.58	13.8	93.1	21.2	1.89
18	180	94	6.5	10.7	8.5	4.3	30.6	24.1	1660	185	7.36	15.4	122	26	2
20a	200	100	7	11.4	9	4.5	35.5	27.9	2370	237	8.15	17.2	158	31.5	2.12
20b	200	102	9	11.4	9	4.5	39.5	31.1	2500	250	7.96	16.9	169	33.1	2.06
22a	220	110	7.5	12.3	9.5	4.8	42	33	3400	309	8.99	18.9	225	40.9	2.31
22b	220	112	9.5	12.3	9.5	4.8	46.4	36.4	3570	325	8.78	18.7	239	42.7	2.27
25a	250	116	8	13	10	5	48.5	38.1	5023.54	401.88	10.18	21.58	280.046	43.283	2.403
25b	250	118	10	13	10	5	53.5	42	5283.96	422.72	9.938	21.27	309.297	52.423	2.404

续表

型号	尺寸/mm						截面面积 cm²	理论重量 kg/m	参 考 数 值						
									x－x				y－y		
	h	b	d	t	r	r_1			I_x /cm⁴	W_x /cm³	i_x /cm	$I_x:S_x$ /cm	I_x /cm⁴	W_y /cm³	i_y /cm
28a	280	122	8.5	13.7	10.5	5.3	55.45	43.492	7114.14	508.15	11.32	24.62	345.051	56.565	2.495
28b	280	124	10.5	12.7	10.5	5.3	61.05	47.9	7480	534.29	11.08	24.24	379.496	61.208	2.493
32a	320	130	9.5	15	11.5	5.8	67.05	52.7	11 075.5	692.2	12.84	27.46	459.93	70.758	2.619
32b	320	132	11.5	15	11.5	5.8	73.45	57.7	11 621.4	726.33	12.58	27.09	501.53	75.989	2.614
32c	320	134	13.5	15	11.5	5.8	79.95	62.8	12 167.5	760.47	12.34	26.77	543.81	81.166	2.608
36a	360	136	10	15.8	12	6	76.3	59.9	15 760	875	14.4	30.7	552	81.2	2.69
36b	360	138	12	15.8	12	6	83.5	65.6	16 530	919	14.1	30.3	582	84.3	2.64
36c	360	140	14	15.8	12	6	90.7	71.2	17 300	962	13.8	29.9	612	87.4	2.6
40a	400	142	10.5	16.5	12.5	6.3	86.1	67.6	21 700	1090	15.9	34.1	660	93.2	2.77
40b	400	144	12.5	16.5	12.5	6.3	94.1	73.8	22 800	1140	15.6	33.6	692	96.2	2.71
40c	400	146	14.5	16.5	12.5	6.3	102	80.1	23 900	1190	15.2	33.2	727	99.6	2.65
45a	450	150	11.5	18	13.5	6.8	102	80.4	22 200	1430	17.7	38.6	855	114	2.89
45b	450	152	13.5	18	13.5	6.8	111	87.4	33 800	1500	17.4	38	894	118	2.84
45c	450	154	15.5	18	13.5	6.8	120	94.5	35 300	1570	17.1	37.6	938	122	2.79
50a	500	158	12	20	14	7	119	93.6	46 500	1860	19.7	42.8	1120	142	3.07
50b	500	160	14	20	14	7	129	101	48 600	1940	19.4	42.4	1170	146	3.01
50c	500	162	16	20	14	7	139	109	50 600	2080	19	41.8	1220	151	2.96
56a	560	166	12.5	21	14.5	7.3	135.25	106.2	65 585.6	2342.31	22.02	47.73	1370.16	165.08	3.182
56b	560	168	14.5	21	14.5	7.3	146.45	115	68 512.5	2446.69	21.63	47.17	1486.75	174.25	3.162
56c	560	170	16.5	21	14.5	7.3	157.85	123.9	71 439.4	2551.41	21.27	46.66	1558.39	183.34	3.158
63a	630	176	13	22	15	7.5	154.9	121.6	93 916.2	2981.47	24.62	54.17	1700.55	193.24	3.314
63b	630	178	15	22	15	7.5	167.5	131.5	98 083.6	3163.98	24.2	53.51	1812.07	203.6	3.289
63c	630	180	17	22	15	7.5	180.1	141	102 251.1	3298.42	23.82	52.92	1927.91	213.88	3.268

注：截面图和表中标注的圆弧半径 r，r_1 的数据用于孔型设计，不作交货条件。

四、热轧普通槽钢（GB 707—1988）

符号意义：

h——高度；　　　　　　r_1——腿端圆弧半径；

b——腿宽；　　　　　　I——惯性矩；

d——腰厚；　　　　　　W——截面系数；

t——平均腿厚；　　　　i——惯性半径；

r——内圆弧半径；　　　z_0—— y－y 与 y_0－y_0 轴线间距离。

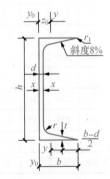

型号	尺寸/mm						截面面积 cm²	理论重量 kg/m	参 考 数 值							
									x－x			y－y			y₀－y₀	z₀ /cm
	h	b	d	t	r	r_1			I_x /cm⁴	W_x /cm³	i_x /cm	$I_x:S_x$ /cm	I_y /cm⁴	W_y /cm³	i_y /cm	
5	50	37	4.5	7	7	3.5	6.93	5.44	10.4	26	1.94	3.55	8.3	1.1	20.9	1.35
6.3	63	40	4.8	7.5	7.5	3.8	8.45	6.63	16.1	50.8	2.45	4.5	11.9	1.19	28.4	1.36
8	80	43	5	8	8	4	10.25	8.05	25.3	101	3.15	5.79	16.6	1.27	37.4	1.43
10	100	48	5.3	8.5	8.5	4.2	12.75	10.01	39.7	198	3.95	7.8	25.6	1.41	54.9	1.52
12.6	126	53	5.5	9	9	4.5	15.69	12.37	62.137	391.466	4.953	10.242	37.99	1.567	77.09	1.59
14a	140	58	6	9.5	9.5	4.75	18.51	14.53	80.5	563.7	5.52	13.01	53.2	1.7	107.1	1.71
14b	140	60	8	9.5	9.5	4.75	21.31	16.73	87.1	609.4	5.35	14.12	61.1	1.69	120.6	1.67
16a	160	63	6.5	10	10	5	21.95	17.23	108.3	866.2	6.28	16.3	73.3	1.83	144.1	1.8
16b	160	65	8.5	10	10	5	25.15	19.74	116.8	934.5	6.1	17.55	83.4	1.82	160.8	1.75
18a	180	68	7	10.5	10.5	5.25	25.69	20.17	141.4	1272.7	7.04	20.03	98.6	1.96	189.7	1.88
18b	180	70	9	10.5	10.5	5.25	29.29	22.99	152.2	1369.9	6.84	21.52	111	1.95	210.1	1.84
20a	200	73	7	11	11	5.5	28.83	22.63	178	1780.4	7.86	24.2	128	2.11	244	2.01
20b	200	75	9	11	11	5.5	32.83	25.77	191.4	1913.7	7.64	25.88	143.6	2.09	268.4	1.95
22a	220	77	7	11.5	11.5	5.75	31.84	24.99	217.6	2393.9	8.67	28.17	157.8	2.23	298.2	2.1
22b	220	79	9	11.5	11.5	5.75	36.24	28.45	233.8	2571.4	8.42	30.05	176.4	2.21	326.3	2.03
25a	250	78	7	12	12	6	34.91	27.47	269.597	3369.62	9.823	30.607	175.529	2.243	322.256	2.065
25b	250	80	9	12	12	6	39.91	31.39	282.402	3530.04	9.405	32.657	196.421	2.218	353.187	1.982
25c	250	82	11	12	12	6	44.91	35.32	295.236	3690.45	9.065	35.926	218.415	2.206	384.133	1.921
28a	280	82	7.5	12.5	12.5	6.25	40.02	31.42	340.328	4764.59	10.91	35.718	217.989	2.333	387.566	2.097
28b	280	84	9.5	12.5	12.5	6.25	45.62	35.81	366.46	5130.45	10.6	37.929	242.144	2.304	427.589	2.016
28c	280	86	11.5	12.5	12.5	6.25	51.22	40.21	392.594	5496.32	10.35	40.301	267.602	2.286	426.597	1.951
32a	320	88	8	14	14	7	48.7	38.22	474.879	7598.06	12.49	46.473	304.787	2.502	552.31	2.242
32b	320	90	10	14	14	7	55.1	43.25	509.012	8144.2	12.15	49.157	336.332	2.471	592.933	2.158
32e	320	92	12	14	14	7	61.5	48.28	543.145	8690.33	11.88	52.642	374.175	2.467	643.299	2.092
36a	360	96	9	16	16	8	60.89	47.8	659.7	11 874.2	13.97	63.54	455	2.73	818.4	2.44
36b	360	98	11	16	16	8	60.09	53.45	702.9	12 651.8	13.63	66.85	496.7	2.7	880.4	2.37
36c	360	100	13	16	16	8	75.29	50.1	746.1	13 429.4	13.36	70.02	536.4	2.67	947.9	2.34
40a	400	100	10.5	18	18	9	75.05	58.91	878.9	17 577.9	15.30	78.83	592	2.81	1067.7	2.49
40b	400	102	12.5	18	18	9	83.05	65.19	932.2	18 644.5	14.98	82.52	640	2.78	1135.6	2.44
40c	400	104	14.5	18	18	9	91.05	71.47	985.6	19 711.2	14.71	86.19	687.8	2.75	1220.7	2.42

注：截面图和表中标注的圆弧半径 r，r_1 的数据用于孔型设计，不作交货条件。

主要参考文献

［1］［英］季天健，Adrian Beii. 感知结构概念（Seeing and Touching Structural Concepts）［M］. 武岳，孙晓颖，李强译. 北京：高等教育出版社，2009.

［2］范钦珊. 工程力学（工程静力学与材料力学）［M］. 北京：机械工业出版社，2002.

［3］高健. 工程力学（第二版）［M］. 北京：科学出版社，2009.

［4］高健. 工程力学练习册［M］. 北京：科学出版社，2009.

［5］哈尔滨工业大学理论力学教研室. 理论力学（第六版）［M］. 北京：高等教育出版社，2002.

［6］计欣华，邓宗白，鲁阳，等. 工程实验力学［M］. 北京：机械工业出版社，2005.

［7］刘鸿文，吕荣坤. 材料力学实验（第三版）［M］. 北京：高等教育出版社，2006.

［8］沈养中. 工程力学（第一、二分册）［M］. 北京：高等教育出版社，2008.

［9］孙训方，方孝淑，关来泰. 材料力学（第三版）［M］. 北京：高等教育出版社，1994.

［10］王永岩. 工程力学（第二版）［M］. 北京：科学出版社，2010.

［11］奚绍中，邱秉权. 工程力学教程（第3版）［M］. 北京：高等教育出版社，2010.

［12］徐道远，黄孟生，朱为玄，等. 材料力学［M］. 南京：河海大学出版社，2001.

［13］庄表中，王惠明. 理论力学工程应用新实例［M］. 北京：高等教育出版社，2009.

［14］庄表中、王惠明. 应用理论力学实验［M］. 北京：高等教育出版社，2009.